Martin Wehrle
Ich arbeite in einem Irrenhaus

Martin Wehrle

# Ich arbeite in einem Irrenhaus

Vom ganz normalen
Büroalltag

Econ

14. Auflage 2011

Econ ist ein Verlag der
Ullstein Buchverlage GmbH

ISBN 978-3-430-20097-4

© Ullstein Buchverlage GmbH, Berlin 2011
Alle Rechte vorbehalten
Illustrationen: © Dirk Meissner
Gesetzt aus der Minion und der Fago
Satz: LVD GmbH, Berlin
Druck und Bindearbeiten: CPI – Clausen & Bosse, Leck
Printed in Germany

# Inhalt

| | |
|---|---|
| **TEIL EINS – EIN KÄFIG VOLLER NARREN** | 9 |
| Einleitung: Die Spuren des Irrsinns | 11 |
| **1. Gestatten, Irrenhaus GmbH!** | 15 |
| Ich heirate eine Firma | 16 |
| Kleiner Irrenhaus-Steckbrief | 19 |
| Die Wachstumsstory: Wie Firmen (irrsinnig) groß werden | 22 |
| Der Honecker-Effekt | 32 |
| Wenn die Sparwut auf den Keks (los)geht | 37 |
| Die Wäsche des Irrsinns färbt ab | 41 |
| **2. Ab in die Zwangsjacke – vom Bewerber zum Insassen** | 45 |
| Die Absagebrief-Bombe | 46 |
| Das Tarnkleid der Objektivität | 49 |
| Die Kunst des Fehlgriffs | 53 |
| Das große Einweisungs-Theater | 55 |
| Hochprozentige Gewohnheiten | 61 |
| Ein Witz namens Assessment Center | 64 |
| **3. Die heimliche Irrenhaus-Ordnung** | 69 |
| Der Entscheidungsdschungel | 70 |
| Der Kunde, das unerwünschte Wesen | 74 |
| Ein toter Briefkasten der Telekom | 77 |
| Meetings, bis der Arzt kommt | 80 |
| Das Action-Theater | 86 |
| Vom Pfuschen und Vertuschen | 89 |

**4. Image-Lügen: Ach wie gut, dass niemand weiß …** 95
Ha, ha, ha – die Vision 96
Das Märchen von der Internationalität 101
Die Fortbildungslüge 105
Im Bildungsdschungelcamp 110
In Schlankheit sterben 114
Der Schlecker-Trick 117

**5. Durchgeknallte Konzerne: Irrsinn in XXL** 121
Das unheimliche Zentralhirn 122
Der Prozess 127
Die Quartalszahlen-Säufer 132
Das Fusionsfieber steigt 135
Was will Daimler mit Waschmaschinen? 137
Der verrückte Papierkrieg 141
Die Trümmerhaufen der Restrukturierung 146

**6. Unverstand im Mittelstand: Vererbter Wahnsinn** 151
Vater unser, der du bist im Mittelstand 152
Onkel Dagobert oder: Spare bis zur Bahre 157
Nachäffer & Co. KG 160
Wenn die Erben es verderben … 165
Der Sekretärinnen-Krieg 169

**7. »Mein Chef hat sie nicht alle!«** 175
Von Mäusen und Managern 176
Die unbefleckte Empfängnis 179
Eine Bomben-Führung 183
Neue Besen kehren kesser 187
Ein Bett im Lazarett 192

## TEIL ZWEI – RAUS AUS DER ANSTALT!    197

### 1. Der große Irrenhaus-Test    199
Erforschen Sie, was Sie verrückt macht    200
Aufgabe: Wahnsinn färbt ab – ein irres Experiment    204
Die verpassten Wechseljahre    206
Die Werte-Fährte    209
Aufgabe: Fünf Glücksmomente Ihres Lebens    212
Der große Irrenhaus-Test: Spinnt Ihre Firma?    214
Generelle Auswertung: Der Irrsinn im Allgemeinen    220
Spezifische Auswertung: Der Irrsinn im Detail    221

### 2. Lästern ist keine Lösung    227
Keine Ausreden mehr!    228
Aufgabe: Plädoyer vor Gericht    232
Die Lästerfalle    233
Sieben Fehler, die ins Irrenhaus führen    236

### 3. Ausbruch mit Köpfchen: So entwischen Sie!    241
Lässt der Irrsinn sich vertreiben?    242
Fliehen Sie nicht mit den Beinen – sondern mit Köpfchen!    246
Ach wie gut, dass niemand weiß …    251
Der spurenlose Fluchtplan    254
Nutzen Sie einen Betriebsspion    257
Das große Frühwarnsystem: So meiden Sie irre Firmen    260
Macht die Irrenhäuser dicht!    272

Weiterführende Literatur    279
Quellenverzeichnis    281

## TEIL EINS

Ein Käfig voller Narren

# Einleitung
# Die Spuren des Irrsinns

Was deutsche Firmen anpacken, das packen sie gründlich an. Ihre Arbeit gilt als präzise, auf den Millimeter. Ihre Termintreue gilt als legendär, auf die Sekunde. Und ihnen wird immer noch so viel Seriosität zugeschrieben, dass einige Kunden den Mann hinterm Bankschalter als »Schalterbeamten« bezeichnen, auch wenn er nicht für den Staat arbeitet, sondern für eine moderne Zockerbande.

Doch eines fällt auf. Der Ruf der deutschen Firmen ist umso besser, je weiter man sich aus Deutschland entfernt. Am besten auf andere Kontinente. Wer in Fernost den Namen einer deutschen Weltfirma nennt, zaubert Glanz in die Augen seines Gesprächspartners. Dagegen kann es in Deutschland passieren, dass der andere nur die Augen verdreht. Vielleicht ist er ja Mitarbeiter dieser Firma. Und kennt die ganze Wahrheit!

Wenn Mitarbeiter auspacken, bröckeln die Fassaden deutscher Unternehmen. Scheinbar seriöse Firmen, mit Namen wie Gütesiegeln, entpuppen sich als Blindgänger, als Geldvernichter, als lächerliche Chaostruppen. Die Vernunft hat zum Firmengelände keinen Zutritt – der Irrsinn sehr wohl.

Wie ich zu dieser Aussage komme? Ich bin Karriereberater. Wer mich bucht, will offen über seine Firma reden – über Zustände, Missstände und Abgründe. Über das, was er im Alltag runterschluckt, statt es rauszubrüllen, was er in seiner Firma sieht, aber nicht gesehen haben darf: All diesen Irrsinn packt er im Beratungsgespräch aus. So entsteht ein *ungeschminktes* Bild seiner Firma, eine Innenansicht, die jeder Werbeagentur die Haare zu Berge stehen ließe.

Wie oft habe ich schon gedacht: »Völlig irre, was in deutschen Firmen läuft! Das sollte die Öffentlichkeit einmal wissen.« Zeit für dieses Buch! Hier habe ich haarsträubende Erlebnisse von Mitarbeitern versammelt und zeige die Unternehmen von einer Seite, die in der Imagebroschüre aus gutem Grund fehlt: von der Innenseite.

Wenn Sie bislang dachten, nur Ihre Firma sei ein Irrenhaus – Sie werden sich die Augen reiben. Denn die meisten Unternehmen in Deutschland gibt es zweifach: in der Außendarstellung, wie sie gerne wären – und in der Innenansicht, wie sie wirklich sind. Verschleiert von Hochglanzbroschüren, ausgelassen in Geschäftsberichten, schöngeredet von Managern, tobt sich hinter vielen Firmenmauern der reinste Irrsinn aus.

Die Firmen sind nicht mit den Märkten, sondern mit sich selbst beschäftigt: Konzerne gleichen Kindergärten. Mittelständler pflegen Mittelmaß. Familienbetriebe bräuchten Familientherapie. Die Führung kommt als Verführung, der Vertrieb als Kundenvertreibung, die Gemeinschaft als Gemeinheit daher.

Diesen alltäglichen Irrsinn hinter Firmenmauern kennen nur die Mitarbeiter. Sie erleben ihre Firma, wie sie keiner kennt – als Käfig voller Narren, als Irrenhaus GmbH. Nach einer Umfrage der Internet-Jobbörse StepStone »schämen« sich 50 Prozent der Mitarbeiter in Deutschland für ihren Arbeitgeber.[1]

Man kann die Firmen mit Restaurants vergleichen. Es gibt den Speiseraum, wo die Gäste dinieren, die Kunden hofiert werden, das Personal freundlich ist. Aber die eigentliche Arbeit passiert hinter den Kulissen: in der Küche. Kein Außenstehender bekommt mit, wie viele Teller am Boden zerschellen, wie viele Pfannen in Flammen aufgehen und ob der Küchenchef in die Suppe spuckt. Dieses Gesicht – das wahre Gesicht einer Firma – ist in der Speisekarte nicht enthalten. Nur das Personal sieht es.

Wer in einer Küche arbeitet, nimmt den Geruch der Speisen an. Wer in einem Irrenhaus arbeitet, auf den kann der Irrsinn abfärben. Das fängt an mit kleinen Marotten, etwa indem ein Mitarbeiter seinen tyrannischen Chef imitiert, und hört auf mit gesundheitlichen Katastrophen. Nie war die Zahl der psychischen Erkrankungen unter deutschen Arbeitnehmern so hoch wie heute; ihr Anteil hat sich von 1990 bis 2008 verdoppelt. Als Gründe gelten: *irrer* Stress und *irrsinnig* wenig Anerkennung.[2]

Die Unternehmen, Tretmühlen von einst, sind die Klapsmühlen von heute geworden. Was in diesen »geschlossenen Anstalten« vorfällt, wie es zur Einweisung der Insassen kommt und welche Zwangsjacken gängig sind – diese Abgründe werde ich für Sie ausleuchten.

Im ersten Teil des Buches stelle ich Ihnen »Einen Käfig voller Narren« vor und erkläre die heimliche Irrenhaus-Ordnung. Sie werden erleben, wie der »Irrsinn in XXL« die Konzerne regiert, wie der »vererbte Wahnsinn« den Mittelstand ruiniert und wie schäbige Wahrheiten mit grellen Imagelügen überpinselt werden.

Im zweiten Teil können Sie mit einem »großen Irrenhaus-Test« prüfen, wie durchgeknallt Ihre Firma wirklich ist. Und Sie bekommen Wege aufgezeigt, wie Sie diesen Irrsinn hinter sich lassen. Ein »Frühwarnsystem« sorgt dafür, dass Sie künftig durchgeknallte Firmen meiden.

Machen Sie sich auf ein *irres* Buch gefasst, auf Katastrophenberichte aus einem Krisengebiet namens Unternehmen. Einiges ist so dumm, dass man heulen könnte; anderes so schräg, dass man einfach lachen muss. Und auf jeder Seite dieses Buches kann Ihnen eine alte Bekannte beggegnen: Ihre Firma.

P. S. Schreiben Sie mir gerne, welche Blüten der Irrsinn in Ihrer Firma treibt und wie Sie über dieses Buch denken. Sie erreichen mich über meine Homepage www.karriereberater-akademie.de

# 1.
# Gestatten, Irrenhaus GmbH!

*Sie wollten doch unbedingt wissen, wie dick
Ihr Fell noch werden muss, um hier auf
Dauer zu arbeiten!*

Der neue Mitarbeiter will wissen: »Wie tickt die Firma?« Der Erfahrene fragt sich eher: »Tickt sie noch richtig?« Dieses Kapitel verrät Ihnen ...

- an welchen vier Symptomen Sie ein Irrenhaus erkennen,
- in welchen Phasen der Irrsinn in einer Firma wächst,
- wie der Geiz in einem Konzern zur Hungersnot führte
- und warum Erich Honecker eines Abends nicht ganz zufällig fünf Hirsche erlegte.

## Ich heirate eine Firma

»*Wir* sind der Meinung, dass ...« Wenn ein Mitarbeiter die Wir-Form verwendet, dürfen Sie sicher sein: Er spricht für sein Unternehmen. Wie der Fan mit seinem Verein verschmilzt (»Wir haben gewonnen!«) und die Mutter mit ihrem Baby (»Wir löffeln unseren Brei!«), so wird der Mitarbeiter mit seiner Firma eins. Er spricht nicht in der dritten Person, nicht mit Distanz, sondern ergreift stellvertretend das Wort. Die Firma ist er. Und er ist die Firma.

Und so geschieht ein kleines Wunder: Einem einzelnen Menschen, der eigentlich nur über *ein* Gehirn verfügt, wachsen dreitausend Köpfe (falls das Unternehmen so viele Mitarbeiter hat). Sein Jahresumsatz schießt von 40 000 Euro auf 4 Milliarden in die Höhe (falls seine Firma so viel Geld macht). Er ist nicht mehr Hans Müller, nicht mehr Lisa Schulz – er ist Teil von etwas Größerem.

Ist Daimler. Ist Microsoft. Ist Porsche. Und tritt auch so in seinem Freundeskreis auf.

Er ist *bedeutend*.

Welche Sogwirkung dieses »Wir« hat, erlebe ich in der Karriereberatung: Nach fünf Tagen in einer neuen Firma sagt der Mitarbeiter noch: »*Die* wollen ein neues Produkt einführen!« Doch bereits nach zwei Wochen heißt es: »*Unser* neues Produkt kommt voran.« Der Mitarbeiter verschmilzt mit der Firma wie ein Zuckerwürfel mit dem heißen Kaffee. Eine solche Vereinigung ist durch nichts in der Welt rückgängig zu machen, nicht mal durch eine Kündigung.

Einer meiner Klienten war Manager bei einem Chemiekonzern und wurde mit einer Abfindung vom Hof gejagt. Doch noch heute, fünf Jahre später, ist seine Distanz zum ehemaligen Arbeitgeber gleich null. Er spricht von »unserem Aktienkurs«, »unserer Produktlinie«, und es fehlt nur noch, dass er seine eigene Entlassung bald als »unsere weise Personalentscheidung« bezeichnet.

Neulich habe ich ihn auf diese Tatsache angesprochen: »Mir fällt auf, dass Sie immer noch ›wir‹ sagen, wenn Sie Ihre alte Firma meinen …«

»Ach, tu ich das? War mir gar nicht klar.«

»Warum immer noch ›wir‹?«

»Ich war 15 Jahre dort. Ich habe viel bewegt. Das ist die liebe Gewohnheit.«

»Aber nach fünf Jahren könnten Sie sich auch daran gewöhnt haben, dass Sie jetzt nicht mehr dort sind …«

»Hab ich ja auch. Aber mit einer Firma ist das doch so wie mit …« Er zögerte und sah lange zur Decke, als würde er dort nach einem Wort suchen. Dann hellte sich sein Gesicht auf: »Wie mit einem eigenen Kind ist das!«

»Inwiefern?«

»Wenn ich ein Kind in die Welt setze, wird es immer meines

bleiben. Auch wenn die Mutter mich verlässt und ich es nicht mehr sehe: Es bleibt mein Kind!«

Ich musste schmunzeln: »Sie der Vater, der Konzern Ihr Kind – bringen Sie da nicht die Größenverhältnisse durcheinander?«

Er zog eine Grimasse: »Jetzt legen Sie doch nicht jedes Wort auf die Goldwaage! Es geht mir ums Prinzip. Ich habe dort viele Projekte in die Welt gesetzt. Einige laufen bis heute.«

Es ist tatsächlich so: Die meisten Mitarbeiter sehen ihr Verhältnis zur Firma nicht als nüchterne Geschäftsbeziehung, sondern als emotionale Bindung. Manche lieben ihre Firma. Manche hassen sie. Aber kaum einer steht ihr gleichgültig gegenüber, wie es bei einem nüchternen Vertragsverhältnis zu erwarten wäre.

Der Spruch »Ich heirate eine Firma« mag augenzwinkernd gemeint sein, doch er streift die Wahrheit: Erstens *lieben* die meisten Menschen ihren Beruf und damit ihren Arbeitgeber – wenigstens so lange, bis ihnen der Firmen-Irrsinn diese Liebe austreibt. Zweitens heiratet jeder neue Mitarbeiter nicht nur seinen Job, sondern gleichzeitig die komplette Arbeitsfamilie – als wäre der Chef ein mächtiger Schwiegervater mit weitverzweigtem Anhang. Und drittens gilt für Arbeits-Ehen dasselbe wie für andere Ehen auch: Mit den Jahren werden sich die Eheleute immer ähnlicher. Nicht, weil die Firma sich verändert. Sondern, weil der Mitarbeiter sich anpasst.

Aber welche Sitten gelten in dieser schrägen Firmenfamilie? Was muss ein (neuer) Mitarbeiter erdulden? Und wo liegt die Grenze zum Irrsinn? Zum Beispiel könnten Sie sich fragen:

Ist es normal, dass Ihr Chef in der Weihnachtsrede ein hohes Lied auf Weiterqualifizierung singt, Sie aber mit Ihrem Fortbildungswunsch gegen eine Wand laufen?

Ist es normal, dass eine ausgeschriebene Stelle, auf die Sie sich bewerben, schon zwei Monate zuvor unter der Hand vergeben wurde?

Ist es normal, dass der Dienstweg, den Sie gehen, und das Meeting, das Sie besuchen, nur Treffpunkte für Idioten sind – während die Entscheidungsfäden hinter den Kulissen gezogen wurden?

Ist es normal, dass Ihr neuer Chef ein erfolgreiches Projekt seines Vorgängers killt, nur weil es nicht von ihm selbst auf den Weg gebracht wurde?

Ist es normal, dass Ihre Firma die Teamarbeit offiziell hochleben lässt, aber immer nur die Ellbogentypen ins Management befördert werden?

Ist es normal, dass in der Werbebroschüre der Kundenservice in höchsten Tönen gepriesen, aber in Wirklichkeit die ganze Serviceabteilung von Ihrer Firma wie stinkender Sondermüll »ausgelagert« wird?

Und ist es normal, dass auf die Aktionäre ein Dividendenregen einprasselt, während bei den Mitarbeitern Einstellungsstopps verhängt, Gehälter eingefroren und Sozialleistungen gekürzt werden – angeblich mangels Geld?

Ja, all das ist unter deutschen Firmendächern gängig. Üblich. Weit verbreitet. Aber *normal*, wenn Sie mich fragen, ist es nicht – es ist *irre*!

**§ 1 Irrenhaus-Ordnung:** Ein neuer Mitarbeiter denkt, Teil des Unternehmens zu werden. Dabei wird das Unternehmen ein Teil von ihm.

## Kleiner Irrenhaus-Steckbrief

Woran können Sie *schnell* erkennen, ob Ihre Firma ein Irrenhaus ist (ein detaillierter Test erwartet Sie ab Seite 199)? Im Laufe der Jahre sind mir vier wichtige Kennzeichen aufgefallen, von denen mindestens eines zutreffen muss:

1. *Heuchelei:* Die Firma tut nicht, was sie sagt, und sagt nicht, was sie tut. Sie verspricht Mitarbeitern (und Kunden) mehr, als sie hält. Sie pflegt Leitsätze, die nicht gelten. Sie stellt Forderungen, die nicht zu erfüllen sind. Nur eine Moral ist ihr heilig: die Doppelmoral. Wahr ist, was ihr nützt. Solche Firmen sind Spezialisten für Fassadenbau – nur ihr Außenbild ist makellos.

2. *Profitsucht:* Die Firma fühlt sich nur einem »höheren« Ziel verpflichtet: der Gewinnmaximierung. Der Kunde ist für sie nur eine Einnahmequelle, ein »Account«; die Umwelt ist für sie nur ein Rohstoff, den es auszubeuten gilt; und der Mitarbeiter ist nur ein Mohr, der gehen kann, wenn er seine Schuldigkeit getan hat. Der Bagger des Personal- und Kostenabbaus schlägt ohne Skrupel zu. Vor allem Konzerne handeln nach dieser plutokratischen Maxime.

3. *Egozentrik:* Die Firma ist vor allem mit sich selbst beschäftigt – nicht mit dem Markt. Man definiert Prozesse, zelebriert Meetings, schlägt Schaum. Mal herrscht Chaos, etwa nach einer Restrukturierung, dann Erstarrung, etwa nach einer Budgetsperre. Die Mitarbeiter sind auf den Chef fixiert. Der Kunde spielt die letzte Geige.

4. *Dilettantismus:* Die Firma stolpert über die eigenen Füße. Hier wird kein Geschäft geführt, hier wird fröhlich dilettiert. Die Führungskräfte verdienen ihren Namen nicht. Die Entscheidungen werden gewürfelt. Der Horizont reicht nicht weiter als der Stadtbus. Vor allem im Mittelstand macht sich dieser unfähige Irrenhaus-Typus breit.

Haben Sie Ihre aktuelle Firma erkannt? Und Ex-Firmen womöglich auch? Dann interessiert es Sie bestimmt, wie dieser Irrsinn unterm Firmendach gewachsen ist. Davon handelt gleich »die Wachstumsstory«.

## Betr.: Ich arbeite für eine Windmaschine

Unsere Firma ist eine einzige Windmaschine. Das mag typisch für eine Werbeagentur sein, aber wir schießen den Vogel ab. Unser Ruf in der Branche ist erstklassig. Und warum? Wir betreuen zwei deutsche Top-Firmen. Und diese Namen posaunen wir bei jeder Gelegenheit hinaus.

Was aber kein Mensch von außerhalb weiß (und ich auch nur durch eine Indiskretion): Diese Aufträge, mit denen wir trommeln, sind gar keine Aufträge. Es sind Geschenke an die Kunden. Wir texten Slogans, fahren Kampagnen und betreuen die Homepages. Doch unsere GL hat einen schrägen Deal vereinbart: Wir erbringen unsere Leistung für ein besseres Trinkgeld, einen nichtigen Betrag – im Gegenzug dürfen wir die Namen dieser Firmen stolz auf unsere Fahnen schreiben.

Diese Kunden ziehen die meiste Arbeitskraft auf sich, spülen aber kaum Geld in die Kasse. Und die Sogwirkung, die sie entfalten sollen, hält sich in Grenzen: Die anderen Konzerne, die wir dringend als zahlende Kunden bräuchten, denken offenbar: »Mehr als zwei Großkunden schaffen die nicht!«

Wir sperren die Tür, durch die normal zahlende Großkunden spazieren sollen, durch einen Bluff selbst zu. Völliger Irrsinn, zumal Einnahmen fehlen. Die Gehaltszahlungen kommen immer wieder verzögert. Unsere halbe Firma besteht schon aus Praktikanten. Keiner von denen weiß, dass ihr »Geschäftsmodell« mit dem der Agentur identisch ist: Arbeiten ohne Vergütung, nur für den klangvollen Namen im Lebenslauf.

Bitte behandeln Sie diese Angaben vertraulich und verändern Sie alle Namen und wiedererkennbaren Fakten (das ist hier und auch bei allen folgenden Fallgeschichten geschehen, M. W.).

*Tanja Klever, Werbetexterin*

**§ 2 Irrenhaus-Ordnung:** Menschen, die durchdrehen, kommen ins Irrenhaus. Mitarbeiter, die durchdrehen, arbeiten schon für eines.

## Die Wachstumsstory:
## Wie Firmen (irrsinnig) groß werden

Wo kommt der Irrsinn her? Das fragen sich die Psychiater seit Jahrhunderten. Gründliche Therapeuten graben den Misthaufen der Vergangenheit so lange um, bis es nicht nur ordentlich stinkt, sondern die Ursachen für jedes psychische Problem aufgedeckt sind. Wer von seinem Vater zu wenig Anerkennung und von seiner Mutter zu viel Lakritze bekommen hatte, dessen Psyche musste ja vom Gleis springen!

Leider haben Firmen eine unpraktische Eigenschaft: Sie sind zu groß, um sich mal eben auf eine Couch legen zu können. Selbst wenn das möglich wäre, würde der »Patient Firma« nicht mit *einer* Stimme sprechen. Ein Unternehmen hat so viele Münder wie Mitarbeiter, vom Gründer bis zum Portier würden alle durcheinander reden. Das ließe auf eine schwere Schizophrenie schließen.

Und doch spielt die Entwicklung eine Rolle. Was für ein Menschenleben die Sozialisation ist, der prägende Weg von der Geburt ins Erwachsenenleben, ist für Firmen ihre Gründungsphase. Welche Rolle spielt dabei die Persönlichkeit des Gründers? Muss das, was ein Irrer sich ausdenkt, zwangsläufig auch in Irrsinn ausarten?

Oder gibt die Geschäftsidee den Ausschlag? Muss eine Werbeagentur, um sich verrückte Ideen auszudenken, nicht selbst ein wenig verrückt sein? Wird eine Unternehmensberatung, die täglich Weisheiten verkauft, ohne sie zu besitzen, nicht zwangsläufig schizophren? Und ist ein Marktführer, an dessen Festung ständig Konkurrenten rütteln, nicht für den Verfolgungswahn prädestiniert?

Und nicht zuletzt: Welchen Einfluss haben die Irrenhaus-Direktoren auf das (geistige) Befinden ihrer Mitarbeiter? Kann ein Chef, der sich wie ein Brüllaffe aufführt, zivilisierte Mitarbeiter erwarten? Oder muss ein Fisch, dessen Kopf nach Wahnsinn stinkt, bis zum Schwanz denselben Geruch haben?

Diese Fragen zeigen Ihnen: Ein Blick in den Lebenszyklus der Firma, von der Gründungsphase bis zur Etablierung, kann äußerst spannend sein – um dem Irrsinn auf die Schliche zu kommen.

Es gibt vier Firmenkulturen, die oft ineinander übergehen.[3]

## 1. Dorfkultur

Die meisten Gründer, die ich beraten habe, hatten eine Gemeinsamkeit: Sie verstanden nichts vom Gründen. Ihre Geschäftsidee war ihnen zugeflogen wie ein buntes Vögelchen, das sie aufpäppeln wollten. Aber wie bloß?

Gründung – dieses Thema ist in Deutschland so tabu, als wäre es eine unappetitliche Krankheit. In der Schule lernt man bestenfalls, wie die Weimarer Republik gegründet wurde. Aber Unternehmertum? Pfui Teufel, damit wird immer noch der fette Kapitalist mit der Zigarre, der menschliche Blutsauger verbunden. Der anständige Weg führt in eine Festanstellung.[4]

Doch viele Gründer werden von einem fleißigen Gehilfen unterstützt: ihrem jugendlichen Übermut. Sie lenken, ehe sie denken. So ging auch Bill Gates ans Werk, als er 1975 mit nur 19 Jahren Microsoft aus dem Boden einer Garage stampfte. Vorteil der Jugend: Wenn der Gründer schnell pleitegeht, bleiben ihm 60 Jahre, um seinen Gläubigern das Geld zurückzuzahlen.

Und wenn seine Firma wie eine Rakete durchstartet? Dann ist

niemand so überrascht wie er selbst. Seine Schockstarre hält an, bis ihn die anschwellende Arbeitslawine unter sich begräbt. Jetzt braucht er fleißige Hände, die ihn wieder ans Licht buddeln.

Welche Eigenschaft müssen die ersten Mitarbeiter haben? Schon manches Anforderungsprofil habe ich zusammen mit Gründern entwickelt – und am Ende in den Papierkorb gesteckt. Denn mit einem Kettcar lassen sich keine Formel-1-Piloten und mit einer leeren Firmenkasse keine Hochqualifizierten anlocken. Die billigsten Bewerber – meist Bekannte des Gründers – bekommen den Zuschlag, auch wenn ihr Gehalt nur eine geringe Qualifikation, wenig Erfahrung und schlimmstenfalls Talentmangel spiegelt.

Damit ist ein Saatkorn für den späteren Irrsinn gepflanzt. Die Gründungstruppe ist oft ein Kompetenzfrei-Team. Aber ausgerechnet diese Mitstreiter der ersten Stunde betrachtet der Gründer als Erste unter Gleichen. Der Ritterschlag einer Beförderung trifft sie unvermeidlich, sobald der Rubel zu rollen und das Personalkarussell sich zu drehen beginnt.

In der Dorfkultur kennt jeder jeden. Die Entscheidungswege sind Katzensprünge. Eine Idee, die dem Mitarbeiter nach dem Frühstück kommt, nickt der Gründer noch vor dem Mittagessen ab. Der Antrag auf eine Dienstreise besteht aus der Aussage: »Ich flieg dann mal nach Zürich.« Eine neue Planstelle entsteht durch den Satz: »Ich muss jemanden einstellen!« Und über Gehaltserhöhungen wird grundsätzlich nur dann gesprochen, wenn der Chef in der Kneipe schon so besoffen ist, dass ihm ein »ja« (mit zwei Buchstaben) leichter als ein »nein« (mit vier Buchstaben) über die Lippen geht.

Viele Abteilungen bestehen aus einem einzigen Mitarbeiter. Wenn ich in solchen Firmen anrufe und den Gründer sprechen will, höre ich oft Antworten wie: »Der hat gerade noch einen Brief geschrieben. Und jetzt ist er rüber zur Post gelaufen. Danach will er noch im Bürogeschäft vorbeischauen.« Jeder Einwohner des

Firmendorfes weiß, was der andere gerade macht. Die Informationen werden wie Tennisbälle hin und her gespielt.

Der Gründer ist nicht nur Geschäftsführer, sondern zur gleichen Zeit Personalchef, Produktionsleiter, Controller und Werbeagentur. Sein Firmendorf regiert er wie ein Bürgermeister. Jeden Tag sieht, spricht, erlebt er seine Mitarbeiter, werkelt an ihrer Seite und hört im Detail, was läuft und was hakt. Niemals käme er auf die Idee, darüber ein Protokoll anzufertigen. Wozu auch? Es hören ja alle mit!

Seine Mitarbeiter kennt der Gründer so gut, dass er ihren zweiten Vornamen auf Anhieb nennen und ihren Lieblingsdrink an der Bar ohne Rücksprache bestellen kann. Einige Firmen kommen nie über diese Größe hinaus. Diese Zwerge unter den Firmen bleiben Klein- oder Kleinstbetriebe.

Andere Firmen bekommen ein gewaltiges Problem: Der Erfolg lässt sie wachsen.

## *2. Dschungelkultur*

Mehr Aufträge, mehr Mitarbeiter, mehr Büros – mehr Chaos. Bislang war alles so übersichtlich, dass der einzige Dienstweg der Firmenflur war. Jetzt, da die Firma größer wird, fehlen die Strukturen. Wofür eine Abteilung zuständig ist, auf welchem Weg Informationen fließen, wie weit die Entscheidungsbefugnisse gehen – nichts ist geregelt. In der Dorfkultur arbeiten alle miteinander. In der Dschungelkultur arbeiten alle aneinander vorbei.

In einer jungen Internetfirma wurde zum Beispiel dringend ein Kalkulator gesucht, da die Ausgaben aus dem Ruder liefen. Der Gründer wäre nie auf die Idee gekommen, die Stelle auszuschreiben. Er trommelte seine Leute zusammen und bat sie, einen solchen Mitarbeiter aufzutreiben.

Diesem Wunsch wurde Folge geleistet. Allerdings von *zwei* Mitarbeitern, die jeweils durch mündliche Zusage einen Bekannten anheuerten – was im allgemeinen Durcheinander erst auffiel, als sich zwei Leute auf denselben Stuhl setzen wollten. Beide übrigens keine gelernten, sondern nur angelernte Kalkulatoren.

Das Chaos ging in dieser Firma noch viel weiter: Wenn ein Mitarbeiter morgens nicht am Arbeitsplatz war, wurde eine lange Fahndung eingeleitet, um herauszufinden: War er …

a.) … im Urlaub?
b.) … erkrankt?
c.) … plötzlich verstorben?

In den ersten beiden Fällen galt die Regelung, sich selbst um einen Stellvertreter zu kümmern. Ein offizieller Dienstweg, etwa Urlaubsanträge, war so unbekannt wie die DVD im Spätmittelalter. Und der dritte Fall (»Lebt er eigentlich noch?«) kam ins Gespräch, als ein junger Mitarbeiter einfach nicht mehr auftauchte. Seine Telefonnummer? Hatte niemand parat. Seine Postanschrift? Galt nicht mehr. Erst Wochen später wurde bekannt: Er war zu einer anderen Firma gewechselt. Eine offizielle Kündigung hatte er, ganz Dschungelkind, nicht für nötig gehalten.

Die einzige Ordnung im Chaos: Die Firma spaltet sich in eine Zwei-Klassen-Gesellschaft. Die Oberschicht besteht aus denen, die von Anfang an mit dabei waren, den Pionieren. Sie stehen an der Spitze, mittlerweile auch mit ihren Gehältern. Die Unterschicht besteht aus allen, die den Anfang verpasst und sich später hinzugesellt haben. Sie gelten als Zugereiste, als Diener der Gründungsfürsten.

Wenn die Firma genug Geld hat, sich erstklassige Mitarbeiter zu leisten, haben es sich auf den Führungssesseln schon die Insassen der ersten Stunde bequem gemacht. Diese Amateure leiten nun hochqualifizierte Profis an. Das ist so, als ließe ein Kreisligaverein nach seinem Bundesligaaufstieg immer noch Hobbyspieler auflaufen – und verbannte die inzwischen erworbenen Profis ins zweite Glied.

Der Pionierverein, angeführt vom Gründer, hält wie Pech und Schwefel zusammen. Alle Beschlüsse, die über die Anschaffung eines Bleistiftspitzers hinausgehen, machen die alten Haudegen unter sich aus. Am liebsten nach Feierabend, etwa an der Bar. Die Neuen sind verzweifelt. Dort, wo sie den Dienstweg vermuten, ist gar nichts.

Und der Gründer? Nach wie vor will er wie ein Dorfbürgermeister regieren. Doch sein Terminkalender quillt über, sein Telefon klingelt permanent, und sein Mailfach ist voller als die örtliche Mülldeponie. Er schafft seine Arbeit nicht mehr – die Arbeit schafft ihn. Wichtige Vorgänge bleiben auf der Strecke. Mitarbeiter bekommen keine Termine. Meetings fallen aus. Kundenanfragen bleiben ohne Antwort.

Der Dschungel überwuchert den Erfolg. Jetzt wird's gefährlich.

## Betr.: Als ich vor der verschlossenen Firma stand

Es passierte in der Zeit, als unsere Firma allmählich von 15 auf 60 Mitarbeiter aufstockte. Ich war drei Wochen in Urlaub gewesen. Erster Arbeitstag, ich gehe in großen Schritten auf die Firmentür zu – doch pralle zurück. Sie ist abgeschlossen. Nanu, wir haben doch schon 8.00 Uhr. Die ersten Kollegen fangen sonst um sieben an.

Ich klingele. Nichts tut sich. Ich schaue auf das Gebäude. Nichts regt sich. Ich warte auf weitere Kollegen. Niemand kommt.

Verdammt, was war hier los? War mein Arbeitgeber pleitegegangen, während ich urlaubte? Und hatte es niemand für nötig gehalten, mich zu informieren? Bei all dem Chaos, das ich in den letzten Monaten erlebt hatte, hätte mich das nicht gewundert.

Eine Kollegin, die auch aus dem Jahresurlaub kam, stieß nach fünf Minuten zu mir. Beide hatten wir keinen Schlüssel für das Gebäude – und erst recht keine Ahnung, was hier gespielt wurde.

Was tun? Per Handy rief ich einen Kollegen an. Als er sich meldete, hörte ich fröhliche Bierzelt-Musik im Hintergrund. »Wir sitzen hier gerade im Bus«, erzählte er. »Hat euch denn keiner gesagt, dass heute der Betriebsausflug ist?« Diese Tour war kurzfristig anberaumt worden. Man hatte schlicht übersehen, dass zwei im Urlaub waren. Es gab ja keine Personalabteilung – diese Arbeit machte die völlig überforderte Sekretärin mit.

Saudummes Gefühl, bei einem Ausflug nicht dabei sein zu können. Und ein Wunder, dass auf der Fahrt kein Mitarbeiter verloren gegangen ist. Es hätte gut zu dieser Chaos-Firma gepasst.

*Alexander Dremmler, Projektleiter*

*3. Stadtkultur*

Wenn die Schäden nicht mehr zu übersehen sind, wenn Rechnungen nicht gestellt, Gehälter nicht beglichen, Steuern nicht bezahlt wurden, wenn die ersten Mitarbeiter in den Wahnsinn getrieben, zum Heulen gebracht oder als Sündenböcke vom Hof gejagt worden sind – irgendwann mitten im Chaos dämmert die Erkenntnis: »Wir brauchen Regeln!«

Bis dahin war oft nicht klar, worin die Aufgabe eines Mitarbeiters eigentlich besteht (mangels Stellenprofilen), wer einen Anspruch auf welche Leistung hat (mangels Gehaltsstruktur) oder dass vielleicht doch eine Personalabteilung und eine Buchhaltung vonnöten wären.

Ein Teil der »Pioniere« schafft es, die eigene Macht in der Stadtkultur zu erhalten. Der Rest stößt an seine Grenzen: Die frisch gegründete Personalabteilung reklamiert, dass man diese Dilettanten nichts führen lassen darf, höchstens ein Tagebuch. Einige Pioniere werden degradiert.

»Stadtkultur« bedeutet auch: Das Unternehmen wird anonymer. Statt mit dem Gründer täglich zu plaudern, sprechen die Mitarbeiter nur noch mit ihrem Abteilungsleiter. Statt alle Kollegen zu duzen, kennen sie von den Neuen kaum mehr die Namen. Und statt eine Aufgabe von Anfang bis Ende im Alleingang durchzuziehen, laufen die Mitarbeiter oft nur noch Sprints, ehe sie das (nun sauber definierte) Ende ihrer Kompetenzen erreicht haben und die nächste Abteilung den Staffelstab übernimmt.

Mit jeder Regel, die eingeführt wird, nimmt die Beweglichkeit des Unternehmens ab. Die Bürokratie lähmt Entscheidungen. In dieser Phase habe ich es schon erlebt, dass wichtige Beschlüsse – etwa ein Angebot, auf das der Kunde gewartet hat – nur deshalb aufgeschoben wurden, weil ein Gremium nicht komplett war (in größeren Unternehmen urlaubt immer jemand!), ein Etat schon ausgeschöpft oder den Abteilungen der Machtkampf untereinander wieder einmal wichtiger als die Interessen des Unternehmens.

Die Stadtkultur regelt alles. Die Gehälter werden gruppiert, die Personalakten gepflegt, die Arbeitszeiten erfasst. Kein Schritt ist mehr möglich, ohne sich im Spinnennetz der Bürokratie zu verfangen: Vor den Räumen der Firma wird eine Stempeluhr postiert, vor die Dienstreise ein Antrag geschaltet, vor die Einstellung ein Auswahlverfahren. Jeder Vorgang, der komplizierter als das Hochfahren eines Computers ist, artet in einen bürokratischen Prozess aus (siehe auch Seite 127). Die Formalie feiert Feste. Die Vernunft wird zum Zaungast.

Zum Beispiel stand ein Klient von mir vor folgendem Problem:

Einer seiner Mitarbeiter betreute ein wichtiges Kundenprojekt, hatte einen Motorradunfall und meldete sich sechs Wochen krank. Es war klar: Der Mitarbeiter musste für diese Zeit ersetzt werden. Blitzschnell. Doch die Personalabteilung teilte meinem Klienten mit, der Etat für Zeitarbeitskräfte sei leider schon aufgebraucht.

Sein Argument, dass ein Auftrag mit sechsstelligem Umsatzvolumen an diesem Arbeitsplatz hinge, stieß auf taube Ohren. Die Personalabteilung verwies ihn an die Geschäftsleitung. Die Geschäftsleitung verwies ihn zurück an die Personalabteilung. Und wenn sie nicht gestorben sind, suhlen sie sich noch heute in ihrer Bürokratie – während der Kunde ein langes Gesicht macht. Das ist die irre Seite der Stadtkultur.

*4. Wanderkultur*

Ein Kommen und Gehen wie im Taubenschlag, ein ständiger Wechsel der Mitarbeiter – das ist typisch für eine Wanderkultur, die der Stadtkultur nicht folgen muss, aber kann. Wer hier arbeitet, will dem Irrenhaus entfliehen. Kaum haben die Mitarbeiter eine solche Firma betreten, suchen sie auch schon nach dem Notausgang, einem neuen Job. Wenn sie doch ein oder zwei Jahre bleiben, dann nur dem Lebenslauf zuliebe. Und gegen ihre Überzeugung.

Ich kenne eine solche Firma im IT-Bereich. Die durchschnittliche Verweildauer liegt hier bei unter zwei Jahren. Der Grund sitzt auf dem Chefsessel: Der Direktor dieses Irrenhauses erwartet von seinen Mitarbeitern, dass sie einen Begriff aus ihrem Wortschatz streichen – Feierabend. Die Arbeitstage dauern von 9.00 bis 21.00 Uhr. Wer früher nach Hause will oder gar das Geständnis ablegt, er habe auch noch ein Privatleben, wird von allen Seiten mit Giftpfeilen beschossen.

Irrsinnigerweise gelingt es den Mitarbeitern nicht, sich gegen ihren Chef zu solidarisieren. Vielmehr mutieren sie zu Wachhunden und schlagen an, wenn ein Kollege später kommt oder früher geht. Und sie beißen zu, wenn sich dieser Vorgang wiederholt. Weil sie selbst Gefangene dieser Unternehmenskultur sind, können sie offenbar nicht ertragen, dass sich andere mehr Freiheit nehmen. Kaum einer hält das länger als zwei Jahre aus.

Meist stinkt der Fisch vom Kopf her. Das gilt auch für Abteilungen. Ich kenne Unternehmen, wo die Mitarbeiter es in der einen Einheit im Schnitt zwölf Jahre aushalten, während es in der nächsten nur zwölf Monate sind. Früher war das gefährlich für den Vorgesetzten, denn Abteilungen mit hoher Fluktuation galten als schlecht geführt. Doch heute, in Zeiten des Personalabbaus, begrüßen es viele Irrenhäuser, wenn sich zweibeinige Kostenstellen ohne Kündigungs-Tritt aus der Anstalt verabschieden (das kostet keine Abfindung!). So kommt es zu der grotesken Situation, dass Personalvertreibung statt -führung durch das Prinzip des Profit-Centers auch noch belohnt wird, etwa durch höhere Prämien.

Einige Branchen neigen zur Wanderkultur. Zum Beispiel ist die Fluktuation der Arbeitskräfte im Hotelgewerbe, in der Werbung oder in den Unternehmensberatungen deutlich höher als in der Autoindustrie oder in der Energiewirtschaft.

Der Irrsinn kann sich in allen Kulturen einnisten, doch ich habe beobachtet: Je älter ein Unternehmen wird, desto hartnäckiger setzt er sich fest, desto konsequenter breitet er sich aus und desto schwerer ist er zu tilgen. Stellen Sie sich das wie bei einem Baum vor: Ist er frisch gepflanzt, lässt er sich mit etwas Kraft aus der Erde ziehen. Aber wurzelt er seit Jahrzehnten und hat Größe gewonnen, dann lässt er sich nicht mehr bewegen. Es sei denn mit der Axt.

Die folgenden Kapitel liefern Ihnen ein paar Beispiele, welche grotesken Blüten der Irrsinn in deutschen Firmen treibt und welche Rolle die Mitarbeiter dabei spielen.

**§ 3 Irrenhaus-Ordnung:** Alle Dummheiten, die eine Firma früh begeht, sind durch ihre Jugend entschuldigt. Alle Dummheiten, die sie später begeht, durch die Abwesenheit ihrer Jugend.

## Der Honecker-Effekt

Was glauben Sie: Hat sich Erich Honecker, der Staatsratsvorsitzende der DDR, für einen guten Jäger gehalten? Und ob! Jedes Mal, wenn er zur Jagd ging, liefen ihm die kapitalsten Hirsche, die fettesten Wildschweine, die stolzesten Rehe vor die Flinte. Niemand schoss so viel wie Honecker. Er hielt sich für den Schützenkönig der Wälder, für einen vorzüglichen Waidmann.

Und auch andere hohe SED-Tiere, von Willi Stoph bis Günter Mittag, konnten sich für ihre Jagderfolge auf die Schulter klopfen. Dass die Herren ihr Revier einmal verließen, ohne Beute gemacht zu haben – wie bei anderen Jägern üblich –, kam so gut wie nicht vor.

Dieser phänomenale Jagderfolg basierte auf einem kleinen Geheimnis: Honecker jagte in einem Revier, der Schorfheide nordöstlich von Berlin, das in Wirklichkeit kein Revier war – sondern ein mit Tieren gefüllter Freilichtzoo.[5]

Um Honeckers Jagdareal hatten fleißige Untertanen in aller Stille einen Zaun gezogen. Nicht mal ein Hase konnte aus dem Revier heraushoppeln, wenn der SED-Chef mit seiner Flinte durch den Wald zog.

Gleichzeitig waren Dutzende von Forstmeistern im Einsatz, die rund um die Uhr so viele Hasen, Rehe und Rothirsche heranschafften, dass es fast schwerer war, vorbeizuschießen als zu treffen. Die »Abschussbücher« sprechen eine deutliche Sprache: Pro Jahr machte Honecker hundert Hirschen den Garaus, dazu noch ebenso vielen Rehen und Hasen. Sein spektakulärster Jagderfolg: An einem einzigen Abend strecke er mit einem Kugelhagel fünf Hirsche nacheinander nieder.

Honecker und Co. wünschten sich »Waidmanns Heil« – und wären nie auf die Idee gekommen, dass ihre Glanzleistungen als Jäger nur eine Illusion, nur das künstliche Produkt eines überbesetzten Jagdreviers waren.

Genau dieses Spielchen findet jeden Tag in den deutschen Irrenhäusern statt. Die Irrenhaus-Direktoren sind die Jäger, die Insassen präparieren das Revier. Das Bild der Wirklichkeit, das die Chefs präsentiert bekommen, hat nichts mit den Tatsachen, aber viel mit den Wunschphantasien der Chefs zu tun. Die Geschäftszahlen, die Kundenzufriedenheit, die Verkaufserwartungen werden so lange frisiert, bis die Mitarbeiter davon ausgehen können: Der Chef wird zufrieden sein!

Ein Beispiel für dieses Verhalten habe ich aus nächster Nähe erlebt. Der Verleger eines mittelständischen Verlages für Hobby-Zeitschriften, ein Mann mit prominentem Namen, hatte einen hohen Anspruch. Die Blätter seines Verlages sollten überall erhältlich sein, sogar im letzten Dorfkiosk. Er predigte seinen Mitarbeitern, dass die Zeitschriften nur dort verkauft würden, wo sie auch auslägen. Immer wieder zitierte er den Vertriebsleiter zu sich, um zu hören, welche Fortschritte das Vertriebsnetz machte.

Der Vertriebsleiter benahm sich wie ein Kellner: Sein Chef hatte Erfolgsmeldungen bei ihm bestellt – und er servierte sie auf dem Silbertablett. Das Problem war nur: Diese Erfolge gab es in Wirklichkeit gar nicht. Der Vertriebsmann polierte seine Statistik und rückte die Zahlen in ein immer positiveres Licht, bis schließlich der Eindruck entstand, ganz Deutschland sei mit den Blättern des eigenen Verlages gepflastert.

Der Honecker-Effekt wurde durch Anschauungsarbeit verstärkt: Wann immer der Herr Verleger verreiste (was verlagsintern von langer Hand geplant wurde), schicke der Vertriebchef eine Vorhut los. Diese flinken Helfer präparierten den jeweiligen örtlichen Kiosk mit Zeitschriften des Verlages so dicht, dass sie ebenso schnell wie der »Stern« oder der »Spiegel« zu finden waren.

Wo immer der Verleger bei seinen Reisen ankam, sei es am Flughafen in Zürich oder am Bahnhof in Buxtehude: Die Flaggschiffe seines Hauses, die wichtigsten Zeitschriften, segelten ihm an jedem Verkaufsstand entgegen. Kein Zweifel: Seine Zeitschriften waren auf dem Weg, »Spiegel« und »Stern« den Rang abzulaufen …

Alle im Verlag, sogar die Lagerarbeiter, wussten Bescheid über diese Komödie. Nur der Verleger selbst betrachtete die Aufführung als die Wirklichkeit – so wie sich Honecker für einen guten Jäger hielt.

In Wahrheit war der Vertrieb übrigens bescheiden. Er erreichte vor allem die Fachgeschäfte, aber viel zu selten über Grossisten die Kioske.

Mag diese Anekdote zum Schmunzeln sein: Andere sind zum Heulen, weil die Unternehmen sich selbst schädigen. Ein Klient von mir, Fertigungsingenieur eines großen Maschinenbauers, beschrieb mir folgende Situation: Die Lieferung des Prototyps einer Großmaschine, die in Serie gehen sollte, war vom Vorstand zu einem bestimmten Termin zugesagt worden – nicht nur dem Kunden, sondern über die Medien der ganzen Republik.

Vorher hatte der Vorstand die Manager der Bereiche zu sich getrommelt, den Wunschtermin genannt und streng gefragt: »Schaffen wir das?« Alle nickten eifrig – und schluckten ihre Bedenken hinunter.

Mein Klient erzählte mir: »Als ich den Liefertermin hörte, war mir sofort klar: ein Hirngespinst! Bei der Produktion einer neuen Maschine läuft immer etwas schief.« Auch diesmal klemmte es: »Mit der Zeit ergaben sich drei Probleme: Erstens kam ein Zulieferer mit seinen Spezialteilen nicht zu Potte. Zweitens passten die

Pläne für die Elektrik, die in zwei Ländern entwickelt worden waren, nicht zueinander. Und drittens hatte das Management dem Kunden leichtfertig Sonderwünsche zugestanden, für die keine Zeit einkalkuliert worden war.«

Der Zug der Produktion, der mit großen Worten ins Rollen gebracht worden war, blieb bereits nach einigen Wochen hinter seinem Zeitplan zurück – und je mehr Stationen er durchlief, desto mehr Verspätung sammelte er an. »Doch unser direkter Chef«, sagte mein Klient weiter, »wollte von den Problemen nichts wissen: ›Wir müssen den Liefertermin halten. Da stehe ich von oben unter Druck. Schauen Sie einfach, dass wir diesen Zeitrückstand wieder wettmachen.‹«

Dieses Verhalten ist unter Irrenhaus-Direktoren beliebt: Sie wollen nicht hören, wo der Schuh drückt – sie wollen nur hören, dass ihre Konzepte erfolgreich, ihre Termine einzuhalten sind. Alles im grünen Bereich! Unangenehme Wahrheiten, etwa die, dass ihr Jagdrevier nur ein Freilichtzoo ist, verbitten sie sich.

Ein fataler Kreislauf setzte ein: Der Chef des Entwicklungsingenieurs gab nach oben weiter, dass es zwar »kleinere« Verspätungen gebe, man jedoch den Termin halten werde. Mit jeder Ebene, über die nach oben kommuniziert wurde, schrumpfte das Problem – es wurde »Durchwink-Politik« betrieben, wie das die Konzernmitarbeiter spöttisch nannten.

Beim Top-Management kam nur noch die Fanfare des Jagderfolges an: »Hurra. Treffer. Plansoll erfüllt!« Und so wurden Liefertermine, von denen jeder Arbeiter in der Werkshalle wusste, dass sie niemals zu halten waren, von den gehobenen Managern bis zuletzt für realistisch gehalten – und gegenüber dem Kunden und der Öffentlichkeit bekräftigt.

Am Ende, als das Luftschloss einstürzte, übergossen die Medien den Konzern mit Spott. Etliche Kunden sprangen ab. Andere kürzten die Rechnungen. Der Imageschaden war enorm.

Ein Irrenhaus zeichnet sich dadurch aus, dass die Direktoren zwar mit allen Geschäftszahlen vertraut, mit allen wichtigen Geschäftspartnern per du und bei allen wichtigen Meetings anwesend sind – aber über die wahren Probleme, die im Keller der Hierarchie gären, wissen sie weniger als die Hauspost-Zusteller, die alle Abteilungen durchwandern und denen freimütig jeder von Problemen erzählt.

Die Wahrheit dringt deshalb nicht zum (Top-)Management vor, weil die Mitarbeiter Angst haben, als Boten schlechter Nachrichten geköpft zu werden. Das Phänomen, dass die Realität zum Chefbüro keinen Zutritt hat, haben Psychologen mit einem treffenden Begriff belegt: »Geschäftsführer-Krankheit«.[6]

Der Liefertermin für die Maschine wurde übrigens nicht nur einmal, sondern insgesamt dreimal verschoben. Der Konzern schoss einen kapitalen Bock. Wie Honecker. Nur nicht mit der Büchse.

### Betr.: Wie unser Chef sein Stauproblem beendete

Unsere Vertriebsfirma sitzt in einer großen Stadt in Norddeutschland. Letztes Jahr wurde uns von der Geschäftsleitung mitgeteilt, wir müssten leider umziehen, der Vermieter des Firmengebäudes habe Eigenbedarf angemeldet. Der neue Firmensitz liege am nördlichen Rand der Stadt, nicht mehr am südlichen.

Das war für viele Mitarbeiter eine Katastrophe: Sie hatten Häuser gebaut, Wohnungen gemietet und Schulen für ihre Kinder ausgesucht, die günstig zum Firmensitz lagen. Jetzt trennte sie von ihrem Arbeitsplatz eine der stauträchtigsten Strecken Deutschlands. Die zusätzliche Fahrzeit lag bei locker einer Stunde. Etliche Mitarbeiter hielten nach neuen Wohnungen Ausschau. Andere wollten sogar die Firma verlassen.

Der Hammer: Eines Tages hing an unserem alten Gebäude ein neues Firmenschild. Wir fanden heraus: Unsere Firma hatte den Mietvertrag selbst aufgelöst – die »Eigenbedarfskündigung« war eine Lüge gewesen.

Den wahren Hintergrund ließ eine Assistentin durchblicken: Der Geschäftsführer lebte am südlichen Stadtrand. Seinen staureichen Arbeitsweg hatte er immer verflucht. Und als er eines Tages erfuhr, dass ein Gebäude in seinem Stadtteil frei wurde, hatte er die Chance beim Schopf gepackt – ohne Rücksicht darauf, dass dieser Umzug für nahezu alle seiner 250 Angestellten eine Zumutung war.

Seither zählen etliche Mitarbeiter einen Teil des zusätzlichen Arbeitsweges beim Aufschreiben ihrer Arbeitsstunden hinzu. Ich übrigens auch.

*Michael Kaiser, Bürokaufmann*


**§ 4 Irrenhaus-Ordnung:** Nicht der Chef hat sich nach den Realitäten zu richten, sondern die Realitäten richten sich nach dem Chef.


## Wenn die Sparwut auf den Keks (los)geht

Wer kann schon von sich behaupten, ein reicher Araber habe ihn auf ein paar Kekse eingeladen? Meine Klientin Jana Heimfeld (32) kann das. Der Haken an der Geschichte: Nicht sie war zu Besuch bei dem Araber, sondern er in ihrem Unternehmen. Eigentlich war sie die Gastgeberin und hätte Kekse anbieten müssen. Eigentlich!

Doch der technische Weltkonzern, für den Heimfeld arbeitete, hatte einige Jahre zuvor den Rotstift gezückt. Ein Sparprogramm mit klangvollem Namen, nennen wir es »Lean Costing 2015«, sollte den bröckelnden Gewinn kompensieren. Ein Stoßtrupp junger Unternehmensberater hatte die Konzernzentrale durchpflügt. Die jungen Sparkommissare, deren eigene Tätigkeit ein kleines Vermögen verschlang, nahmen jeden Ausgaben-Cent ins Visier.

Als die Berater-Heuschrecken die Kostenlandschaft abgegrast und ihre Unterlagen mit Sparvorschlägen gefüllt hatten, sprachen sie bei der Konzernleitung vor. Dort wurden etliche Vorschläge mit Begeisterung aufgenommen. Der Zauberstab »Lean Costing 2015« sollte die Gesamtkosten des Konzerns im Zeitraum von zehn Jahren um eine zweistellige Prozentzahl nach unten hexen. Auf diese Weise wollte man der kostengünstigen Konkurrenz aus Fernost die Stirn bieten.

Die Presse war von dieser Mitteilung begeistert. Der Aktienkurs machte einen Luftsprung. Bei der Öffentlichkeit blieb hängen: Der Konzern hat die Zeichen der Zeit erkannt und in den Spargang umgeschaltet. Bravo!

Doch was dieser »Spargang« im Detail bedeutete, wusste keiner. Außer den Mitarbeitern. Jana Heimfeld erzählte mir: »Die jungen Berater haben gestrichen, ohne zu begreifen, *was* sie streichen. Denn es traf auch unsere Gäste.« Bis dahin hatte jeder Mitarbeiter entscheiden können, mit welchen Getränken und welchem Gebäck er einen Konferenzraum für seine Besucher ausstatten ließ. Wer zum Beispiel bei Hitze drei Gäste empfing, konnte für jeden Teilnehmer zwei Flaschen Mineralwasser anfordern. An einem kalten Wintermorgen wurden dagegen zwei große Kannen Kaffee geordert. So kamen die Mitarbeiter ihren Gastgeberpflichten nach und sorgten für gute Atmosphäre.

Doch genau diese Gastfreundschaft ließ »Lean Costing 2015« über die Klinge springen. Das hausinterne Catering, ein absoluter

Randposten, war als Geldfresser angeprangert und durch einen Zaun aus strengen Regularien begrenzt worden.

Jetzt galt die »Vier-Stunden-Regel«, von den Mitarbeitern spöttisch »Hartz IV« genannt. Für alle Sitzungen unter vier Stunden durfte das Catering *nicht* beansprucht werden. Kein Wasser. Kein Kaffee. Keine Speisen. Wer also an einem heißen Julitag fünf verschwitze Investoren aus Finnland zu Gast hatte, die gerade einen Millionenauftrag platzieren wollen, durfte ihnen nicht mal ein Glas Wasser anbieten.

Von Keksen ganz zu schweigen. Denn in derselben Firma, die ihre Gäste über Jahre mit Feinkost-Gebäck verwöhnte, hat »Lean Costing 2015« den Fruchtgenuss entdeckt. Bei Sitzungen von über vier Stunden – und nur dann! – darf für jeden Teilnehmer *ein* Stück Obst bestellt werden. Seither ist es ein gewohntes Bild, dass die Meeting-Teilnehmer mit klebrigen Birnenfingern an ihren Tagungsunterlagen festpappen.

Gab die Geschäftsleitung zu, dass die Gastfreundschaft (und damit auch die Kundenbetreuung und -gewinnung) dem Rotstift zum Opfer gefallen ist? Nein, die Umstellung auf Obst wurde den Mitarbeitern als Wohltat verkauft. In einer Hausmitteilung hieß es, der Firma sei am gesundheitlichen Wohl ihrer Mitarbeiter und Gäste gelegen. Und da die schädliche Wirkung von gezuckerten Plätzchen hinreichend bekannt sei, habe man beschlossen …

Das Sparschwein lief durch alle Etagen. Nur zur Vorstandsetage hatte es wieder mal keinen Zutritt. Dort wurde – wie das Catering-Personal verlauten ließ – nach wie vor feinstes Gebäck serviert. Und abends floss Champagner.

Aber wie ging es den Gästen der Abteilungen? Jenen Kunden, die mit ihren Aufträgen das Unternehmen finanzierten, die seit Jahren mit Gebäck und Wasser bewirtet worden waren? Nun war das höchste der Trinkgefühle noch ein kleines Fläschchen Wasser (denn mehr ist auch bei Sitzungen von über vier Stunden nicht gestattet!). Könnte man sich eine härtere Ohrfeige, ein deutlicheres Signal der Geringschätzung vorstellen?

Am Anfang waren die Kunden erschüttert. Dann griffen einige zur Selbsthilfe: Sie brachten Dosen mit Gebäck, Flaschen mit Wasser, Thermoskannen mit Kaffee in die Sitzungen mit. Natürlich wurden diese Rationen brüderlich mit den Mitarbeitern des Weltkonzerns geteilt. Gäste bewirten ihren Gastgeber – wie peinlich.

Auf diese Weise war meine Klientin Jana Heimfeld auch an die Kekse des Geschäftspartners aus Saudi-Arabien gekommen. Sie erinnert sich: »Das war schon ein irres Gefühl, als ›der Scheich‹ – wie wir ihn heimlich nannten – auf einmal den Sitzungsraum verlässt, zum Shop latscht und dann mit zwei Keksdosen unterm Arm zurückkommt und sie rumreicht. Alle haben sofort zugelangt, ich auch. Wir hatten Hunger!«

Doch nicht sämtliche Kunden fanden es lustig, einen Rotstift in den Bauch gerammt zu bekommen. Einige haben aus dieser Behandlung ihre Konsequenzen gezogen und sind mit ihren Aufträgen zu Wettbewerbern abgewandert.

Wenn Irrenhäuser kürzen, fällt mir immer wieder auf: Die Direktoren sehen genau, wie viel Geld eine Kürzung spart. Aber sie übersehen konsequent, wie viel Geld sie *kostet*. Wer eine Flasche Wasser oder einen Keks einspart, dafür aber einen Kunden vergrault, einen Millionenauftrag einbüßt, einen Investor verschreckt – der hat unterm Strich ein verdammt schlechtes Geschäft gemacht.

**§ 5 Irrenhaus-Ordnung:** Wer einen Cent spart, ist auch dann ein Held, wenn der Sparvorgang zwei Cent gekostet hat.

## Die Wäsche des Irrsinns färbt ab

Wie wirkt es sich auf einen Mitarbeiter aus, wenn er jeden Tag am Irrsinn schnüffelt? Wenn er für seinen Chef eine Scheinwelt à la Honecker bastelt? Wenn er von seiner Geschäftsführung zum zweibeinigen Keks-Sparschwein erklärt wird? Oder wenn der Umgangston in seiner Firma so rau ist, dass jedes Affengeschnatter als zivilisiert gelten muss?

Wie die Krankheit eines Baumstamms zwangsläufig in seine Äste vordringt, so greift der Firmen-Irrsinn zwangsläufig auf das (Privat-)Leben der Mitarbeiter über. Geben Sie mir zehn Minuten Zeit, um mit dem Beschäftigten einer beliebigen Firma zu sprechen – und ich sagen Ihnen danach, wie seine Firma tickt bzw. nicht richtig tickt, ohne dass er explizit darüber gesprochen hätte.

Neulich habe ich mit einer Versicherungskauffrau telefoniert, um einen Beratungstermin zu vereinbaren. Sie legte großen Wert darauf, dass ich ihr den Termin noch einmal bestätigte – »bitte per Briefpost und nicht nur per Mail!«. Aha, dache ich, sie arbeitet in einer Verdachtskultur, in einer Firma, in der man keinen Außentermin machen, keinen Cent ausgeben, keine Druckerpatrone wechseln darf, ohne sich vorher durch eine Unterschrift des Vorgesetzten abzusichern.

Leider lag ich mit meiner Einschätzung richtig. Die Frau war in dieser Firma, einer angesehenen Krankenkasse, schon seit über zehn Jahren tätig. Offenbar litt die Irrenhaus-Direktion unter der Wahnvorstellung, ihr Haus sei für die Mitarbeiter ein einziges Naherholungsgebiet. Immer wieder wurden die direkten Vorgesetzten angewiesen, die Mitarbeiter in kurzer Frequenz »reporten« zu lassen. Ziel dieses Vorgehens war es, die exakte Arbeitsbelastung der einzelnen Mitarbeiter herauszufinden – und zu merken, wer vielleicht überflüssig war.

Jeder in dieser Firma stand unter dem Druck, seinen eigenen Arbeitsplatz zu rechtfertigen. Meine Klientin war dazu übergegangen, täglich »Arbeitsprotokolle« zu schreiben. Sie klangen wie Schulaufsätze unter dem Motto »Mein Tag in der Firma«: »7.30 Uhr, Rechner hochgefahren, Maileingänge geprüft. Sieben Kundenbeschwerden. Zuerst geantwortet auf …«

Aber genau diese Art der Absicherung war der Mitarbeiterin von ihrem Vorgesetzten eingeimpft worden, damit dieser wiederum seinem Chef detailliert aufzeigen konnte, dass seine Mitarbeiter rund um die Uhr in Aktion waren.

Die Absicherungsbürokratie ging noch weiter: Wann immer meine Klientin marktübliche Nachlässe einräumte, druckte sie Mailwechsel aus, tippte Gesprächsprotokolle und legte vergleichbare Angebote von Konkurrenzunternehmen der Unterschriftsmappe bei. Erst wenn dieses Netz unter dem Hochseil gespannt war, erklärte sich ihr Chef bereit, mit seiner Unterschrift das Geschäft freizugeben.

Das Groteske: Durch den Verfolgungswahn ihrer Firma hatten die Mitarbeiter tatsächlich alle Hände voll zu tun – nur dass sie sich einen großen Teil der Zeit nicht mit den Kunden befassten, sondern mit der Rechtfertigungsbürokratie.

Am Ende unseres Beratungstermins verblüffte mich die Versicherungskauffrau: Sie griff in ihre Handtasche, fingerte ihr Portemonnaie hervor und wollte meine Dienstleistung in bar bezahlen. Mein Hinweis, ich würde ihr eine Rechnung stellen, hat sie völlig verblüfft: »Aber wie können Sie sicher sein, dass Sie Ihr Geld bekommen?« So viel Vertrauen hatte sie in ihren über zehn Firmenjahren offenbar nie geschenkt bekommen …

Der Absicherungswahn ihres Irrenhauses hatte sich wie ein Borkenkäfer in sie hineingefressen. Doch offenbar spürte sie, dass diese Verdachtskultur sie auffraß – sie war auf der Suche nach einem neuen Arbeitgeber.

Ein weiteres Beispiel für übergreifenden Firmenwahn: Letztes Jahr hat mich ein leitender Mitarbeiter eines mittelständischen Unternehmens kontaktiert, um sich beruflich zu verändern. Seine Ausgangsfrage lautete: »Ich möchte klären, welcher deutsche Konzern am besten zu meinen Karrierezielen passt.« Dass die Großunternehmen nur auf ein Mittelstands-Genie wie ihn warteten, setzte er voraus. In der Beratung erfuhr ich: Die 300-Mann-Firma, für die er arbeitete, regierte den regionalen Markt wie ein Königreich und wurde bei jeder Gelegenheit bejubelt. Die Überzeugung, überall begehrt zu sein, war von der Firma auf den Mitarbeiter übergesprungen – dabei war es für ihn mit Ende 40 höchst schwierig, einen Wechsel von einer mittleren in eine große Firma noch zu bewerkstelligen.

Sogar die »Landessprache« einer Firma färbt auf die Mitarbeiter ab. Zum Beispiel stelle ich bei Behördenmitarbeitern immer wieder fest, dass sie das Wort »Mensch« aus ihrem Wortschatz gestrichen und durch »Bürger« ersetzt haben. Ein Oberamtsrat sagte zu mir: »Ich persönlich als Bürger habe die Erwartung …« Wohlgemerkt: Er sprach über seine beruflichen Vorstellungen – nicht über sein Wahlrecht.

Unter den Mitarbeitern etlicher Technologiekonzerne gehört das Wort »ich« zu den aussterbenden Arten. »Man« – so das Ersatzwort – arbeitet nicht mit Menschen, sondern mit »Projektbeteiligten« zusammen. Und die haben, wie Maschinen, zu »funktionieren«. Solche Klienten sprechen in der Beratung von »familiären Umständen«, wenn sie ihre schwangere Frau meinen, von einem »unterrepräsentierten Privatleben«, wenn sie gerade den letzten Freund vergrault haben, und schlimmstenfalls von einem »Loch in der Personaldecke«, wenn ihre beste Kollegin an Krebs gestorben ist.

Die floskelhafte Firmen-Landessprache verstellt ihnen den Blick auf die eigenen Gefühle – weshalb meine Frage in der Beratung lautet: »Wenn die Ereignisse, die Sie gerade mit diesen trockenen Worten geschildert haben, von Schauspielern in einem emotionalen Hollywoodfilm dargestellt würden – was bekäme der Zuschauer auf der Leinwand zu sehen?« Dieser Ansatz bringt die Menschen wieder mit ihren Gefühlen, mit ihrem Wesenskern abseits des Firmenirrsinns in Berührung.

Phänomenal ist für mich, wie schnell die Gepflogenheiten einer Firma auf einen neuen Mitarbeiter überspringen. In den ersten Wochen fremdelt er noch mit Eigenarten des Irrenhauses, etwa damit, den Kollegen *jeden* Morgen oder bei *jedem* Betreten eines anderen Büros zur Begrüßung die Hand zu geben (wie in etlichen deutschen Firmen praktiziert). Aber ein Jahr später, wenn derselbe Klient mir bei einer Messe zweimal über den Weg läuft, schnappt er auch beim zweiten Mal meine Hand und reißt sie mir beim freundlichen Schütteln fast ab.

Der Saft des Baumstamms hat den Zweig bis in die Blätterspitzen durchdrungen.

**§ 6 Irrenhaus-Ordnung:** Mitarbeiter dürfen schimpfen: »Das sieht der Firma ähnlich!« – aber nur, solange sie dabei in den Spiegel schauen!

# 2.
# Ab in die Zwangsjacke – vom Bewerber zum Insassen

*Zunächst ein paar Fragen zu Ihrer Person:*
*Herr … Frau … oder Fräulein?*

Was haben Lotto und die Personalauswahl der Irrenhäuser gemeinsam? Die Trefferquote. In diesem Kapitel erfahren Sie …

- wie ein Absagebrief ganz Deutschland in Rage brachte,
- warum »Personalauswahl« nur ein anderes Wort für »Willkür« ist,
- was hinter den Kulissen einer Firma passiert, ehe ein Bewerber zum Insassen wird,
- und weshalb internationale Studien die deutsche Personalauswahl auf dem letzten Platz sehen (zusammen mit der Türkei!).

### Die Absagebrief-Bombe

Als die Buchhalterin Gabriela S. in ihren Briefkasten griff, ahnte sie noch nicht, welche »Bombe« sie gleich ans Licht fördern würde. Die Sprengkraft des Briefes war so groß, dass sich ein Arbeitsgericht und sämtliche deutsche Medien mit ihm befassen sollten. Dabei schickte ihr der schwäbische Fensterbauer, bei dem sie sich beworben hatte, nur eine Absage.

Doch dieser Umschlag enthielt etwas, das in Absagen sonst nicht vorkommt: die ganze Wahrheit. Die meisten Irrenhäuser ergehen sich bei solchen Briefen in Floskeln, die ebenso höflich wie gelogen sind. Zum Beispiel heißt es, man habe sich über die Bewerbung gefreut (auch wenn sie als unnötige Arbeit verflucht wurde) und der Bewerber solle die Absage nicht als Geringschätzung seiner Qualifikation oder Person werten (obwohl sie genau so zu werten ist).

Doch die Absage des Fensterbauers enthielt einen unfreiwilligen Kassiber, der Gabriela S. die Zornesröte ins Gesicht trieb: Neben ihren Namen im Lebenslauf hatte jemand das Wort »OSSI« gekritzelt, davor stand ein eingekreistes Minuszeichen. Das klang wie das negative Urteil eines Gerichts. Dieser Verdacht erhärtete sich, als Gabriela S. den ganzen Lebenslauf durchsah. Mehrfach war neben ihre Berufsstationen an den Rand des Lebenslaufes die Abkürzung »DDR« geschrieben worden.

Die Buchhalterin (49) war zutiefst gekränkt. Wie konnte es sein, dass es offenbar nicht auf ihre Qualifikation ankam, sondern nur auf ihren Geburtsstaat? Und wie konnte jemand, für den die DDR offenbar ein Reizwort war, bei seiner Personalauswahl genau das praktizieren, was viele dem SED-Regime vorgeworfen hatten: Willkür und Diskriminierung?

Ironie der Geschichte: Gabriela S. hatte die DDR bereits 1988 verlassen, vor der Wende. Seit über zwei Jahrzehnten lebte sie in Baden-Württemberg. Sogar die Landessprache, den schwäbischen Dialekt, verstand und beherrschte sie.

Die Buchhalterin war sauer: »Ich kann mir nicht vorstellen, dass ich mich als ›Minus-Ossi‹ bezeichnen lassen muss«, sagte sie dem »Spiegel«.[7] Mit ihrem Anwalt ging sie gegen die irre Personalauswahl der Fensterbau-Firma vor. Nach dem Allgemeinen Gleichstellungsgesetz (AGG), das die Diskriminierung von Ethnien verbietet, wollte sie eine Entschädigung durchfechten.

Der Fensterbauer reagierte irrenhausverdächtig: Er schickte Gabriela S. die Todesanzeige eines langjährigen Mitarbeiters zu, mit der makaberen Anmerkung, der Verstorbene sei auch Ostdeutscher gewesen und habe bis zum Tode in der Firma bleiben dürfen. Und »Ossi«, so behauptete die Firma weiter, sei nicht als

Schimpfwort, sondern als positiver Begriff, sozusagen als Ehrentitel, gemeint gewesen ...

Vor dem Arbeitsgericht Stuttgart spielte die Frage, ob die Bewerberin wegen ihrer ostdeutschen Herkunft abgelehnt worden war, keine Rolle. Vielmehr konzentrierte sich der Richter auf eine formale Wortspalterei: Ist »Ossi« nun eine eigene »Ethnie«, wie im Gesetzestext genannt? Dann wäre das Vorgehen der Firma anfechtbar. Oder ist »Ossi« keine eigene Abstammungsgruppe? Dann wäre kein gesetzliches Kraut gegen diese willkürliche Absage an die Bewerberin gewachsen.

Das Gericht entschied gegen die Bewerberin – zu Unrecht, wie ich meine. Der Richter hätte mehr auf die Intention des Gesetzgebers und weniger auf den Wortlaut des Gesetzes achten müssen. Die Idee ist doch: *Jede* Art von Diskriminierung durch (irre) Firmen soll verhindert werden. Das Wort »Gleichstellung« bezieht sich auf *alle* Arbeitnehmer, auch auf deutsche.

### Betr.: Der Dank für ein Gespräch, das ich nie geführt habe

Letzten Juli habe ich mich bei einem Unternehmen in der Energiewirtschaft beworben. Vier Wochen hörte ich nichts. Früher hatte ich nach dieser Zeit per Telefon nachgefragt: »Sind meine Unterlagen angekommen?« Doch in den letzten Jahren bin ich von mehreren Firmen wie eine Stalkerin abgekanzelt worden: »Haben Sie doch Geduld! Sie sind nicht die einzige Bewerberin!« Seither halte ich beim Warten still.

Nach fünf Wochen trudelte ein dicker Umschlag der Energiefirma ein. Mit wachsendem Erstaunen las ich den Text: Der Personaler bedankte sich bei mir für das »interessante Vorstellungsgespräch«. Weiter hieß es: »Wir haben einen positiven Eindruck von Ihren fachlichen und persönlichen Qualitäten gewonnen.« Dennoch sei die Wahl auf einen anderen Bewerber gefallen.

Ich hatte ja immer geahnt, dass die Absagebriefe nichts als Floskeln enthalten. Aber dass mir für ein Gespräch, das ich gar nicht geführt hatte, gute Noten erteilt wurden – das setzte der Heuchelei die Krone auf.

Am liebsten hätte ich geantwortet: »Vielen Dank, dass Sie mir einen Arbeitsvertrag zugeschickt habe. Aber leider ist meine Wahl auf eine andere Firma gefallen.«

*Jana Lürssen, Volkswirtin*

**§ 7 Irrenhaus-Ordnung:** Absagen an Bewerber dürfen zu 99 Prozent auf Vorurteilen basieren (das stört keinen) – aber der Absagebrief darf nicht ein Prozent davon durchblicken lassen (das führt zu Prozessen).

## Das Tarnkleid der Objektivität

Obwohl das Gericht danebenlag – *ein* treffsicheres Urteil erlaubt die »Ossi-Ohrfeige« dann doch, und zwar über die deutsche Personalauswahl. Was im Tarnkleid der Objektivität daherkommt, ist in Wirklichkeit eine gefährliche Mischung aus Pfusch und Willkür. Jeden Tag erlebe ich Personalentscheidungen, die nichts mit der Qualifikation eines Bewerbers zu tun haben, nur mit den Vorurteilen in einem Irrenhaus.

Zum Beispiel ist mir eine mittelständische Firma bekannt, die grundsätzlich *keine* Arbeitslosen einstellt. Lieber schaltet sie teure Inserate oder lässt Stellen unbesetzt, als die Vorschläge der Arbeitsagentur auch nur zu überfliegen. Der Geschäftsführer hat mir gesagt: »Schauen Sie sich doch die heutigen Kündigungsfristen an. Jeder hat genug Zeit, sich einen neuen Job zu suchen. Wer das nicht schafft, dem fehlt es an Einsatzfreude. Solche Mitarbeiter brauchen wir nicht.«

Dummes Zeug? Aber sicher! Zumal diese Firma selbst schon Mitarbeiter über Nacht zu Arbeitslosen gemacht hat. Aber kann nicht jeder Arbeitslose ein Lied davon singen, dass ihn die meisten Firmen nur mit der Kneifzange anfassen?

Noch ein Beispiel für Willkür: Vor Jahren habe ich eine Biochemikerin (32) an einen Pharmabetrieb empfohlen, dessen Personalchef ich seit Jahren kenne. Die Frau war mir durch hohe soziale Kompetenz und einen Lebenslauf aufgefallen, der perfekt zu der ausgeschriebenen Position passte. Umso erstaunter war ich, als ich nach ein paar Wochen von der Bewerberin hörte: »Das Erstgespräch lief ausgezeichnet – doch dann kam eine Absage.«

Neugierig rief ich den Personalchef an. Der entschuldige sich tausendfach: Natürlich sei die Frau die mit Abstand beste Kandidatin für den Job gewesen. Nur habe der Fachchef kategorisch gesagt: »Sie ist verheiratet und Anfang 30 – das Risiko, dass sie demnächst in Mutterschaftsurlaub geht, ist mir zu groß.« Die wahre Begründung drang nie zu der Bewerberin vor.

Solche Vorurteile betreffen alle Hierarchieebenen. So kenne ich mittelständische Firmen, die grundsätzlich eine Abneigung gegen hohe akademische Abschlüsse haben. Ein Bewerber mit Promotion oder MBA gilt sofort als »Trockenschwimmer« und wird abgelehnt – egal, wie gut er ins Unternehmen passen würde. Umgekehrtes Bild in anderen Firmen: Dort haben Bewerber ohne Doktortitel keine Chance auf Führungsjobs – auch wenn sie den fehlenden akademischen Grad durch intellektuelle Brillanz aufwiegen.

Jede Firma hat ihre eigene Religion, ihre eigenen Glaubenssätze bei der Personalauswahl. Im einen Irrenhaus ist es gern gesehen, wenn jemand längere Zeit im Ausland war. Im nächsten gelten solche Stationen als »unnötige Schlenker«. Die eine Firma schätzt Bewerber, die jedes Jahr mindestens zwei Fortbildungen durchlaufen haben. Die andere hält genau solche Bewerber für faule Socken.

Wie kommen diese verdeckten Maßstäbe zustande? Ein wichtiger Anhaltspunkt sind die Biographien der Irrenhaus-Direktoren. Wo zum Beispiel ein Ingenieur mit Auslandserfahrung an der Spitze steht, haben Bewerber mit Ingenieursstudium und Auslandserfahrung die allerbesten Karten – während Inlandserfahrungen oder geisteswissenschaftliche Abschlüsse nichts gelten. Wo ein Autodidakt die Geschicke der Firma bestimmt, haben Quereinsteiger gute Chancen – während Hochqualifizierte oft abgelehnt werden. Und wo ein Mann das Heft der Entscheidung in der Hand hält, werden Männer eher als Frauen eingestellt, wie eine Studie des Instituts für Mittelstandsforschung nachweist.[8]

Der heimliche Leitsatz vieler Irrenhäuser: »Der Bewerber soll exakt so sein, wie wir es auch sind.« Diese Personalauswahl ist etwa so logisch, als würde ein Fußballtrainer, der selber mal Stürmer war, ein Team aus lauter Angreifern aufstellen und immer weitere Stürmer einkaufen. Keine Torleute. Keine Verteidiger. Keine Mittelfeldspieler. Immer nur Stürmer.

Warum wurden Firmen einst gegründet? Weil Menschen, die miteinander arbeiten, sich mit ihren unterschiedlichen Stärken und Schwächen ergänzen können. Gut möglich, dass die Buchhalterin aus der ehemaligen DDR in ihren jungen Jahren Kompetenzen erworben hat, die ein Lebenslauf im Westen nicht beinhaltet – zum Beispiel die Kunst der Improvisation oder Teamfähigkeit.

Gerade diese Buntheit einer Belegschaft sorgt dafür, dass sich die Stärken der Einzelnen zu einer gemeinsamen Kraft bündeln. Denn wenn ein Team mit elf Mittelstürmern aufläuft, kassiert es ein Tor nach dem anderen. Die Fußballtrainer haben das begriffen. Die Irrenhaus-Direktoren noch nicht.

**Betr.: Wie ich per Marathon zum neuen Job kam**

Eigentlich hatte ich mir von der Bewerbung nicht viel versprochen. Die Catering-Firma suchte einen Buchhalter mit »mehreren Jahren Erfahrung«. Ich konnte nur 14 Monate Zeitarbeit vorweisen. Umso überraschter war ich, als ich tatsächlich zum Vorstellungsgespräch eingeladen wurde.

Mit dem Geschäftsführer, einem drahtigen Mittvierziger, habe ich etwa 15 Minuten über meinen Werdegang gesprochen. Dann wechselte er das Thema: »In Ihrem Lebenslauf steht, dass Sie Marathon laufen. Darf ich nach Ihrer Bestzeit fragen?« Als ich drei Stunden und vierzig sagte, leuchteten seine Augen. Er erzählte mir, dass die Firma ein Marathonteam habe. Wir verstrickten uns in eine Fachsimpelei übers Laufen.

Leider! Denn so ging das Gespräch vorbei, ohne dass ich meine Qualifikation näher ausgeführt hatte.

Auf dem Heimweg war ich sauer auf mich selbst. Jetzt hatte ich viel übers Laufen erzählt – aber kaum über meine berufliche Qualifikation. Eine nette Plauderei war einfach zu wenig. Ich rechnete mit einer Absage.

Zwei Tage später rief mich der Geschäftsführer an. Ich sollte vorbeikommen, um den Vertrag zu unterzeichnen. Es gab nicht mal ein Zweitgespräch. Mein wichtigster Einsatz in der ersten Arbeitswoche: das betriebliche Marathontraining nach Feierabend.

Inzwischen weiß ich: Der Chef, selbst Marathonläufer, zieht in jeder Hinsicht Läuferkollegen vor. Beim Einstellen. Beim Befördern. Und sogar bei seinen »Duzfreundschaften«. Glück für mich – und Pech für alle, die zufällig nicht laufen.

*Karsten Mingers, Buchhalter*

**§ 8 Irrenhaus-Ordnung:** Bei der Einstellung sind Bewerber zu bevorzugen, die den vorhandenen Mitarbeitern so sehr ähneln, dass man sie eigentlich nicht bräuchte – aber sicher sein kann, dass sie keine Neuerungen einschleppen.

## Die Kunst des Fehlgriffs

Einer meiner Klienten, ein Elektroingenieur, verblüfft mich immer wieder: In kürzester Zeit treibt er sich neue Arbeitsplätze auf. Immer in renommierten Firmen. Dabei ist seine Bewerbungsmappe eigentlich schwer vermittelbar. Die Arbeitszeugnisse klingen unterkühlt. Die Zahl seiner Wechsel ist zu hoch. Und seine Verweilzeiten in den Firmen nehmen ab, was von den Personalern eigentlich als Warnsignal gewertet wird.

Aber mein Klient hat einen Vorzug, den niemand übersehen kann: Sein Name wird geschmückt von einem Adelstitel. Dieser Umstand überstrahlt die Defizite – ein klassischer Halo-Effekt, ein Wahrnehmungsfehler.

Ist die typische Handbewegung des deutschen Personalentscheiders der Fehlgriff? Beherrschen diejenigen, die einstellen sollen, ihr eigenes Handwerk nicht? Und schleicht sich der Irrsinn durch dieses Einfallstor in die Firmen?

Der renommierte Unternehmensberater Prof. Jörg Knoblauch spricht von einem »Recruiting-Roulette«. In seinem Buch »Die Personalfalle«[9] greift er die willkürliche Auswahl von Personal an: »Das Personalmanagement weiß in der Regel überhaupt nicht, wie es den Recruiting-Prozess gestalten soll. Zu diesem Thema steht vielleicht noch einige Fachliteratur im Regal, die aber auch nicht mehr zu bieten hat als ein paar Standardfragen für das Vorstellungsgespräch. Und selbst wenn, hat keiner einen Blick reingeworfen, geschweige denn die Anregungen aufgegriffen und praktiziert.«

Knoblauch führt sechs Glaubenssätze auf, von denen sich die deutschen Unternehmen in die Irre führen ließen, zum Beispiel: »Hauptsache ist doch, wir können miteinander.« Diese Haltung führe dazu, dass ein Bewerber nicht etwa durch seine Qualifikation glänze, sondern durch zufällige Gemeinsamkeiten mit dem Personaler: »Wow! Sie kommen aus Heidelberg? Da wohnen meine Schwiegereltern … Was für eine nette Stadt.«

»Ob man damit aber am Ende den richtigen Mitarbeiter findet«, resümiert Knoblauch bissig, »darf bezweifelt werden. Außer man hat ein Unternehmen, das Stadtführungen in Heidelberg anbietet.«

Auch die anderen Glaubenssätze, die Jörg Knoblauch auseinandernimmt, öffnen den Blick in einen Abgrund aus Naivität. Die Unternehmen verwechselten das, was ein Bewerber von sich zeigt, mit seiner wahren Persönlichkeit; sie schlössen aus dem Foto auf die Eignung des Bewerbers, als stünde sie ihm auf die Stirn geschrieben; sie verließen sich lieber auf ihr Bauchgefühl als auf qualifizierte Maßstäbe; und sie scheuten nicht einmal vor küchenpsychologischen Fragen wie der zurück, welches Tier der Bewerber gerne wäre.

»Wenn sich der Bewerber mit einem Wolf vergleicht«, so Knoblauch spöttisch, »dann ist er offensichtlich stark in Sachen Teamwork, denn der Wolf ist ja bekanntlich ein Rudeltier.«

Dieses Bild des Personalpfuschs lässt sich mit Fakten untermauern. Eine Umfrage des internationalen Beratungsunternehmens DDI enthüllte: 96 Prozent der deutschen Personalentscheider beherrschen nicht mal das kleine Einmaleins ihres Jobs – sie konnten nicht zwischen verbotenen und erlaubten Fragen fürs Vorstellungsgespräch unterscheiden.[10] Zum Beispiel hätten sie bedenkenlos nach dem Alter und dem Familienstand eines Kandidaten gefragt. Das aber ist nicht gestattet.

Andere Wissenschaftler kritisieren, in Deutschland würde zu oft aus dem Bauch heraus eingestellt – und zu selten mit jener Methode, die weltweit als Königsweg gilt: dem Leistungstest. Von zwölf untersuchten Ländern schnitt Deutschland hierbei am schlechtesten ab. Zusammen mit der Türkei! In Finnland setzen 74 Prozent der Firmen auf Einstellungstests – in Deutschland nur lächerliche sechs Prozent.[11]

**§ 9 Irrenhaus-Ordnung:** Die moderne Personalauswahl hat längst erkannt, dass Entscheidungen nicht aus dem Bauch heraus erfolgen dürfen. Inzwischen werden modernere Methoden eingesetzt. Zum Beispiel: Kaffeesatz-Leserei.

## Das große Einweisungs-Theater

Welche Voraussetzungen müssen erfüllt sein, damit eine Firma einen neuen Insassen aufnimmt? Es reicht schon, dass eine Zelle leer steht, sprich ein Arbeitsplatz frei ist. Mal ist der Vorgänger ausgebrochen. Mal hat ihn die Bundesrentenanstalt in Gewahrsam genommen. Mal ist die Zelle komplett neu und deshalb noch unbesetzt.

Während die echte Psychiatrie nie auf die Idee käme, einen Menschen nur deshalb einzuweisen, weil zufällig ein Bett freigeworden ist, verfolgen die Firmen-Irrenhäuser genau diesen Ansatz: Man sucht nicht Stellen für Menschen – man sucht Menschen für Stellen. Das ist ein großer Unterschied.

Wer das Individuum in den Mittelpunkt stellt, kann dessen Stärken und Schwächen anschauen und ein Jobprofil schneidern, das dazu wie ein Maßanzug passt. Beim reinen Stopfen eines Personallochs läuft es umgekehrt: Der Bewerber schneidert so lange an sich und seinen Unterlagen herum, bis er ideal zur Stelle zu passen scheint.

Schon mal überlegt, warum für eine Theatervorstellung und für ein Bewerbungsgespräch derselbe Begriff verwendet wird, nämlich Vorstellung? Beide Seiten spielen Theater. Das Irrenhaus kaschiert seinen Irrsinn. Der Bewerber kaschiert seine Schwächen.

Oder ist Ihnen eine Firma bekannt, deren Vertreter im Vorstellungsgespräch *ehrlich* gesagt hätten: »Ihr Vorgänger brach unter der Arbeit zusammen. Er hinterlässt einen Arbeitsstau, der schätzungsweise 150 Kilometer lang ist. Und Ihr Vorgesetzter – dieser nette Herr, der Ihnen gerade Kaffee einschenkt – hat bei seinen Brüllanfällen Schaum vorm Mund.«

Nein, die Unternehmen gehen wie die Hexe im Märchen von Hänsel und Gretel vor. Sie verpassen sich eine Fassade aus Zuckerguss, um Bewerber anzulocken. Lesen Sie mal eine Stellenausschreibung Ihrer Firma. Ich wette, in dieser Eigenlob-Hymne erkennen Sie alles Mögliche wieder – nur nicht den Laden, in dem Sie arbeiten.

Jede Firma, die länger als einen Geschäftstag existiert, spielt sich zum »Traditionsunternehmen« auf – als würden die Arbeitsverträge erst von der Ewigkeit gekündigt. Jeder Saftladen, dessen Reichweite nicht über den Stadtplan hinausgeht, schmückt sich mit dem Siegel »international agierend« – auch wenn das Einzige, was je importiert wurde, der französische Käse für die Weihnachtsfeier war. Und jedes Schnarchunternehmen, dessen letzte Innovation länger her ist als der Dreißigjährige Krieg, lehnt sich aus dem Fenster als »innovativ und für gute Einfälle offen«.

Aber wahrscheinlich kennen Sie auch keinen Bewerber, der *ehrlich* gesagt hätte: »Hinter der einjährigen Fortbildung, die Sie so beeindruckt hat, verbirgt sich eine Arbeitslosigkeit. In die meisten Jobs bin ich zufällig gestolpert. Und mein letzter Chef war so unfähig, dass ich ihm den Spitznamen ›Cheftrottel‹ verpasst habe. Noch Fragen?«

Beide Seiten, das Irrenhaus und der Bewerber, präsentieren sich von ihrer besten Seite. Das klingt besser als »sie lügen sich die Hucke voll«, meint aber dasselbe.

Die Entscheidung, ob ein Bewerber über die Vorrunde hinauskommt, liegt zunächst bei den Personalern. Sie schreiben die Stelle aus, buddeln sich durch die Bewerbungsunterlagen und lassen die Kandidaten im Erstgespräch vorsingen. Ihre Methode, mit der sie die Spreu vom Weizen trennen wollen, ist das Aussortieren. Statt vor allem auf die Stärken eines Bewerbers zu achten, statt Argumente *für ihn* zu sammeln, halten sie Ausschau nach Gegenbeweisen. Wer von der Norm einen Zentimeter abweicht, fliegt aus dem Rennen.

Dieses Vorgehen hat zwei Folgen: Der Scheinwerfer, der nur nach Schwächen sucht, blendet entscheidende Stärken der Bewerber aus – aber genau diese Stärken machen einen Kandidaten für die Firma wertvoll.

Und zweitens sind die Kriterien, nach denen sortiert wird, direkt aus der obersten Schublade der Küchenpsychologie gegriffen. Man schaut auf die Vergangenheit des Bewerbers wie in eine Kristallkugel, um daraus Schlüsse für die Zukunft zu ziehen.

Ein beliebtes K. o.-Kriterium sind die Verweilzeiten in einer Firma. Wer seinen letzten Arbeitgebern nicht länger als zwei Jahre gedient hat, wird der Sprunghaftigkeit verdächtigt. So einer, so die Sorge, kündigt übermorgen wieder. Und schon machen seine Bewerbungsunterlagen den Abflug auf den Stapel »unbrauchbar«.

Groteskerweise reagieren die Aussortierer aber auch auf umgekehrte Reize: War der Kandidat für seine bisherigen Firmen über zehn Jahre lang tätig, fragen sie: »Warum ist er so *unflexibel*?« Sofort steht der Verdacht im Raum, der Bewerber sei ein träger Hund. Oder haben sich am Arbeitsmarkt alle Türen vor ihm verschlossen, weil er nichts zu bieten hat? Selbe Handbewegung: Stapel »unbrauchbar«.

Das geht so lange, bis nur noch die aalglatten Standardbewerbungen von aalglatten Standardbewerbern übrigbleiben. Ein Triumphzug des Mittelmaßes.

Dabei sind solche Lebenslauf-Interpretationen völlig willkürlich. Kann es nicht sein, dass ein wechselfreudiger Bewerber am Arbeitsmarkt besonders begehrt ist? Oder dass er, gerade *weil* die letzten Stationen kurz waren, jetzt eine dauerhafte Bindung sucht?

Und ist es bei einem Mitarbeiter mit langen Verweilzeiten nicht möglich, dass er von seiner Firma mit attraktiven Gegenangeboten immer wieder vom Wechsel abgehalten wurde – eben weil er dort als *flexibler* und wertvoller Mitarbeiter glänzt? Und ist diese Loyalität nicht genau das, was sich jede Firma von eigenen Mitarbeitern erträumt?

Im Bewerbungsgespräch setzt der Personaler einen psychologischen Schraubenschlüssel ein, um hinter die Fassade des Bewerbers zu schauen: seine ausgefeilten Fragen.

Zum Beispiel will er den Bewerber mit projektiven Fragen austricksen: »Was würden mir Ihre Freunde über Sie erzählen?« oder »Wie denken eigentlich Ihre Kollegen über Ihren Chef?« Als würde der Bewerber nicht wissen, dass er sich in einem Bewerbungsgespräch befindet! Als würde er nun freimütig berichten, dass seine Freunde ihn für seine Trinkfestigkeit loben und seine Kollegen am liebsten Dartpfeile zwischen die Augen des Chefs pfeffern – und sich dazu in seinem eigenen Partykeller treffen.

Es ist ein lächerliches Spiel: Einstudierte Fragen werden mit einstudierten Antworten gekontert, bis sich der Personaler am Ende sicher ist: »Das wäre ein toller Insasse für unsere Fachabteilung XY!«

Doch nun wird dieser Farce gekrönt. Das letzte Wort, ob der Weg in die Anstalt frei wird, hat nicht der Personalchef. Er ist lediglich der Kellner und serviert seine Vorauswahl dem Fachchef. Dieser, ein Personal-Amateur, kann im Zweitgespräch zulangen oder ablehnen. Das ist so, als würde die Einweisung in die Psychiatrie nicht von einem Arzt, sondern vom Fahrer des Ambulanzwagens vorgenommen.

Viele Fachchefs schlagen den Rat der Personaler in den Wind. So manches komplizierte Einstellungsverfahren endet auf höchst unkomplizierte Weise. Zum Beispiel habe ich schon erlebt, dass ein Fachchef alle vorgeschlagenen Einweisungs-Kandidaten ablehnt und Nachschub aus der Nachbarabteilung geholt hat. Oder er stellt einen ehemaligen Praktikanten ein, von dem nichts anderes in Erinnerung ist, als dass er die Firma nicht in die Luft gesprengt hat.

Die Einweisung ist gelungen. Die Zelle schließt sich. Und alles, was jetzt hinter den Fassaden passiert, wird von den dicken Mauern des Irrenhauses verschluckt.

## Betr.: Als mich an meinem ersten Arbeitstag keiner erwartete

Nach zwei Vorstellungsgesprächen stand fest: Der Fachchef des Solartechnik-Unternehmens wollte mich haben. Nur meine lange Kündigungsfrist von einem halben Jahr sah er als Problem. Ich sollte schon zum nächsten Quartalsbeginn anfangen: »Jeder Tag, den Sie früher kommen, ist ein gewonnener Tag.«

Also gingen wir so vor: Ich unterschrieb einen Arbeitsvertrag, der erst in einem halben Jahr einsetzte – zu meiner Absicherung. Danach habe ich in meiner alten Firma gekündigt und über einen früheren Abgang verhandelt. Das waren zähe Gespräche. Am Ende habe ich einen Teil meiner Prämie geopfert, um schon zum nächsten Quartal gehen zu können. Mein neuer Chef nahm diese Nachricht mit Freude auf.

Mein erster Arbeitstag begann mit einem Schrecken: Mein neuer Chef war nicht im Haus. Und von den anderen Mitarbeitern wusste keiner, dass heute ein neuer Mitarbeiter anfangen würde. Ich hatte kein Büro, keinen Schreibtisch, keinen Computer. Ich stand da wie ein Tourist, der sich zufällig in die Firma verirrt hatte.

Ein Kollege drückte mir ein paar Akten zum Einlesen in die Hand. Damit habe ich mich an den Besuchertisch auf dem Flur gesetzt, gegenüber der Kaffeeküche, wo ich von den vorübergehenden Mitarbeitern wie ein Zootier bestaunt wurde. Niemand stellte mich vor.

Am nächsten Tag war der Chef wieder da. Er hatte – »sorry« – einfach vergessen, dass ich schon ein Vierteljahr früher komme. Ein Schreibtisch war schnell organisiert. Doch es dauerte geschlagene vier Wochen, bis ich meinen Computer und meine kompletten Netzwerkzugänge hatte. Die Firma ließ sich alle Zeit der Welt. Warum hatte ich eigentlich meine Prämie für einen Frühstart geopfert?

Der Gipfel: Am Monatsende kam kein Gehalt. Ich wartete zwei Wochen, ehe ich nachhakte (als Neuer will man ja nicht als gierig gelten!). Ergebnis: Der Personalabteilung lag nur mein Vertrag mit dem ursprünglichen Eintrittsdatum vor. Er musste geändert und vom Geschäftsführer abgezeichnet werden. Bis mich das Geld erreichte, war der nächste Monat angebrochen. Und mein Girokonto in den Miesen.

*Klaus Hanser, Maschinenbauingenieur*

**§ 10 Irrenhaus-Ordnung:** Positionen sind schützenswert: Sie werden niemals auf Mitarbeiter zugeschnitten. Mitarbeiter sind nicht schützenswert: Sie werden auf Positionen zugeschnitten (das Wort »verstümmeln« ist in diesem Zusammenhang verboten).

## Hochprozentige Gewohnheiten

Woran scheitert die Personalpolitik der Irrenhäuser? Ein blitzgescheites Buch des Stanford-Professors Robert Sutton deckt Ursachen auf. Der Titel ist Programm: »Stellen Sie Leute ein, die Sie eigentlich nicht brauchen«.[12] Sutton zeigt auf, dass die meisten Firmen aus einem banalen Grund die falschen Bewerber einstellen – weil sie gar nicht wissen, wen sie *wirklich* benötigen.

Seine Vorschläge sind provokant. Zum Beispiel fordert er, Firmen sollten gezielt Mitarbeiter einstellen, die eben nicht perfekt zur Firma passen – und die sich nach ihrer Einstellung auch nicht perfekt anpassen. Doch in der Praxis? Läuft es umgekehrt. Die Unternehmen sehen einen neuen Mitarbeiter so lange als unzulänglich an, bis er ihren Windkanal der Anpassung durchlaufen, die langjährigen Mitarbeiter als Vorbild akzeptiert und das Firmenevangelium auswendig gelernt hat. Er soll die Denk-, Arbeits- und Sprechweise seines neuen Arbeitgebers eins zu eins übernehmen.

Offenbar gehen die Arbeitgeber davon aus, der Stein der Weisen gehöre zu ihrem Firmeninventar. Dagegen werden abweichende Gedanken und Verhaltensweisen, die ein neuer Mitarbeiter einschleppen könnte, nur als Hirngespinste gesehen, die es in der Probezeit auszumerzen gilt – wenn nicht schon beim Einstellen eine aalglatte Kopie der langjährigen Mitarbeiter den Zuschlag bekam.

Schnelle Anpassung wird von den Firmen durch schnelle Anerkennung belohnt. Wer schon nach vier Monaten nicht mehr von den etablierten Mitarbeitern der Firma zu unterscheiden ist, gilt als »auffassungsbegabt«, »integrationsfähig« und wird nicht selten durch eine verkürzte Probezeit geadelt. Dagegen droht jedem, der nicht sofort zum Chamäleon wird, die Verurteilung als »Quertreiber«, »Eigenbrötler« oder »Störenfried«.

Welch ein kleinkarierter Irrsinn! Wie will eine Firma neue Wege einschlagen, wenn jeder Neue gezwungen ist, in die alten Fußstapfen zu treten? Wie will eine Firma ihrer Betriebsblindheit vorbeugen, wenn sie neuen Mitarbeitern sogleich die eigene Augenklappe aufzwingt?

Kluge Firmen sollten die Chance nutzen, mit den neuen Mitarbeitern auch *neue* Ideen, *neue* Umgangsformen, *neue* Arbeitsweisen in die Firma zu holen. Sie sollten einen Neuen nicht bestrafen, sondern dafür belohnen, wenn er abweichende Meinungen vertritt, abweichende Arbeitswege einschlägt oder abweichende Umgangsformen zeigt. Eine solche Kultur führt zu Lebendigkeit, zu einem frischen Wind.

Aber wie kommt Robert Sutton auf seinen Vorschlag, die Firmen sollten Bewerber an Bord holen, die nicht benötigt werden? Fragen Sie mal einen eingefleischten Alkoholiker, ob er einen Therapeuten brauche. Natürlich wird er diese Idee weit von sich weisen. Hat er keinen Bedarf? Aber doch! Nur ahnt er schon: Dieser *neue* Einfluss wird ihn zu *unbequemen* Veränderungen zwingen. Dass diese Veränderungen ihm nützen, dass sie ihm Kopf und Kragen retten können, ist ihm in diesem Moment nicht bewusst.

Die Flasche, an der die Irrenhäuser hängen, sind ihre hochprozentigen Gewohnheiten. In einer Kultur, die von reinem Zahlendenken geprägt ist, wie in vielen technischen Konzernen, bekommen Geisteswissenschaftler als Bewerber einen Korb. Dabei könnten gerade sie, die über eine hohe Sprach- und Sozialkompetenz verfügen, den Denk- und Handlungsrahmen des Unternehmens entscheidend erweitern.

Dagegen ist mir schon manche Firma in der kreativen Branche begegnet, die sich von einer Idee zur nächsten schwang, ohne dabei zu überlegen: Rechnet es sich überhaupt? Eine solche Firma könnte ihre eigene Existenz sichern, indem sie sich einen rationalen Zahlenmenschen an Bord holt, etwa einen Controller. Natürlich prallen dann zwei Welten aufeinander. Aber gerade aus konträren Positionen kann ein fruchtbares neues Bewusstsein entstehen.

Unbegreiflich: Dieselben Firmen, die ihren Maschinenpark mit Akribie pflegen, die Riesensummen ins Marketing pumpen, die sich bei ihren kaufmännischen Berechnungen nicht auf den Zufall, sondern auf mathematische Formeln verlassen – diese Firmen huschen und puschen, orakeln und »debakeln« ausgerechnet bei ihrer Personalpolitik. Als wären nicht die Menschen für den Erfolg eines Unternehmens entscheidend, sondern die Maschinen und der Werbeslogan.

Diese Geringschätzung gegenüber der Personalabteilung ist in zahlreichen Firmen offensichtlich. Der Einfluss der Personalvorstände in den großen Unternehmen ist etwa so begrenzt wie der des Entwicklungshilfeministers im Bundeskabinett. Ihr Aufgabenfeld gilt als nette Spielwiese. Immer wieder wird den Personalabteilungen vorgehalten, sie brächten kein Geld in die Kasse wie andere Abteilungen, sondern würden nur welches verschleudern, etwa für Fortbildungen.

Dabei ist die Personalpolitik die Lebensader eines Unternehmens. Nur wenn durch diese Ader frisches Mitarbeiterblut ins Unternehmen fließt, nur wenn die größten Talente für die Firma gewonnen, in ihrer Entwicklung gefördert und auf diese Weise gehalten werden, kann ein Unternehmen kreativer, produktiver, besser als die Konkurrenz sein.

### Betr.: Als mir ein Praktikant die Firmentür zuschlug

Auf meine Bewerbung bei einem Hersteller von Bionahrungsmitteln bekam ich die abenteuerlichste Absage meines Lebens. Ich hatte mich als Abteilungsleiterin beworben, doch die Firma ließ mich wissen:»Die von Ihnen angestrebte Position einer Prokuristin wurde anderweitig vergeben.« Dabei hatte ich mich gar nicht als Prokuristin beworben!

Ich wollte dem Unterzeichner des Briefes eine Mail schicken. Vielleicht lag ein dummes Missverständnis vor. Doch als ich die Mailadresse sah, stieg mir die Zornesröte ins Gesicht: praktikant@Xy-Firma. War das möglich, dass mir ein Praktikant auf diese Weise die Tür zu meinem Wunschunternehmen vor der Nase zuschlug? Und das, obwohl ich als Führungskraft einen angesehenen Namen habe?

Ich habe keine Mail mehr geschrieben. Seither nutze ich jede Gelegenheit, um in meiner kleinen Branche vor diesem Arbeitgeber zu warnen.

*Bettina Schwer, Biologin*

**§ 11 Irrenhaus-Ordnung:** Ein neuer Mitarbeiter wird auf dem schnellsten Weg zur Vernunft gebracht und von seinen fixen Ideen geheilt. Als Vernunft darf gelten, was die Firma schon immer tat – als fixe Idee, was der Mitarbeiter einführen will.

## Ein Witz namens Assessment Center

Ein Irrenhaus, das etwas auf sich hält, nimmt nicht jeden Dahergelaufenen auf. Nur die besten Bewerber werden in das Arbeitshimmelreich der Firma vorgelassen. Doch wie gelingt es, diese Crème de la Crème *zuverlässig* abzuschöpfen? Wer sich nur auf die Bewerbungsunterlagen und auf Einstellungsgespräche verlässt, kann Bewerbungsschwindlern aufsitzen.

Doch gottlob ist die Personalauswahl im 21. Jahrhundert nicht mehr auf die Instrumente des vorindustriellen Zeitalters angewiesen. Mittlerweile gibt ein Ausleseinstrument, das der herkömmlichen Bewerberauswahl so weit überlegen scheint wie das Flugzeug der Postkutsche: das Assessment Center.

Bei dieser Methode mit wissenschaftlichem Anspruch ist nicht mehr entscheidend, was der Bewerber von sich behauptet, sondern vielmehr, wie er in realitätsgetreuen Situationen *handelt.* Die Kandidaten durchlaufen einen Übungsparcours. Derweil schauen ihnen professionelle Beobachter, zum Beispiel Psychologen, auf die Finger und den Mund. Jedes Wort, jede Bewegung wird interpretiert, um daraus Schlüsse auf das spätere Verhalten am Arbeitsplatz zu ziehen.

Schon mehrfach hatte ich die Gelegenheit, Assessment Centern als Beobachter beizuwohnen. Was passiert genau? Es gibt zwei Arten von Übungen: solche, die der Bewerber allein absolviert, etwa seine Selbstpräsentation; und solche, bei denen mehrere Teilnehmer gemeinsam antreten, etwa die Gruppendiskussion.

Diese Diskussion ist oft das Zünglein an der Waage. Den Möchtegern-Insassen wird ein Thema vorgegeben, sagen wir: »Bietet die Finanzkrise auch Chancen – oder ist sie vor allem ein Desaster?« Und dann, wie mit einem Gong im Boxring, ist der Diskussionskampf eröffnet.

Die Beobachter auf der Tribüne möchten nun sehen, wie sich die Bewerber in der Arena schlagen. Wer das Wort gleich an sich reißt und es in der nächsten Viertelstunde nicht mehr loslässt, ist als Egomane enttarnt und abgeschrieben. Wer wie ein Fähnchen im Wind schwankt, mal diesen, mal jenen Standpunkt teilt, wird als Meinungs-Angsthase verurteilt. Wer dagegen aktiv zuhört, seine Meinung klar äußert und schließlich eine konstruktive Lösung ansteuert, geht als Charakterheld und Kommunikationstalent aus der Übung hervor.

Nur zwei Haken hat dieses Spielchen. Erstens zeigt auf dieser Bühne niemand sein *natürliches* Verhalten. So wie ein Schulkind, wenn es vom Lehrer beobachtet wird, dem anderen keinen

Schneeball ins Gesicht feuern wird – wohl aber eine Sekunde später, wenn der Lehrer sich umgedreht hat!

Die Kandidaten agieren taktisch: Wer sonst ein Rechthaber ist, der andere Meinungen wegwischt, gibt sich alle Mühe, andere Bewerber ins Gespräch einzubinden (»Was meinst denn du dazu?«), Kompromisse anzusteuern (»Wie könnten wir uns einigen?«) und den eigenen Redefluss spätestens nach 30 Sekunden zu zügeln. Und natürlich werden die anderen Teilnehmer mit Namen angesprochen, denn auf diese Weise lassen sich weitere Punkte sammeln.

Ebenso verbiegen die meisten Diskutanten ihre Meinung, bis sie als Schlüssel zur Firmentür passt. Wer die Finanzkrise als gerechte Strafe für eine geldgierige und skrupellose Industrie sieht, die ihre riskanten Geschäfte auf dem Rücken der Allgemeinheit austrägt, wird sich diesen Standpunkt beim Assessment Center einer Bank hübsch verkneifen. Stattdessen legt er ein gutes Wörtchen für die Banker ein, die ja in ihrer überwiegenden Mehrheit – siehe den Direktor der örtlichen Volksbank! – anständige Leute sind, deren einziges »Termingeschäft« das pünktliche Auf- und Abschließen ihrer Filiale ist.

Nur die wirklich schüchternen Bewerber, die fachlich und charakterlich oft die besten sind, bleiben in dieser Quasselbude auf der Strecke. Es gelingt ihnen nicht, sich auf Knopfdruck vom stillen Wasser in einen sprudelnden Wortbach zu verwandeln. Sie verfügen über große Qualitäten (auf die eine professionelle Personalauswahl achten müsste), aber nur über ein geringes Talent, diese Qualitäten zu verkaufen (was bei der Personalauswahl für die meisten Berufe nur eine untergeordnete Rolle spielen sollte).

Jedes Assessment Center ist eine Einladung zum Karneval, zum Verkleiden der eigenen Schwächen. Die einzige Qualifikation, die sich hier oft nachweisen lässt, ist ein Talent zur Schauspielerei. Doch die Firmen tun so, als hätten sie bei dieser Art der Personalauswahl dieselbe Trefferquote wie ein Mathematikprofessor beim Durchrechnen des kleinen Einmaleins.

Die Rechnung der echten Experten sieht anders aus. Zum Beispiel sagt Professor Heinz Schuler von der Universität in Stuttgart-Hohenheim, Deutschlands Nummer eins für Personalpsychologie: Einfache Einstellungsinterviews sind oft zuverlässiger als Assessment Center.[13]

Auch die »AC-Studie 2008«, exklusiv von der Zeitschrift »Harvard Businessmanager« vorgestellt, watscht die Assessment Center ab: Zwar schicken 71 Prozent der DAX-Unternehmen mindestens einmal im Jahr Bewerber und Mitarbeiter durch ein AC. Doch trotz dieser Routine pfeift die Professionalität aus dem letzten Loch: »Anwendungsfehler (sind) an der Tagesordnung«, sagte Studienleiter Christof Obermann. »Ich schaue mir oft AC an, und da gibt es viele, die den Namen nicht verdienen.«[14]

An allen Ecken und Enden hapert es: Die Übungen sind weltfremd, sie haben mit den späteren Aufgaben nichts gemeinsam. Die AC werden dilettantisch vorbereitet und unpräzise durchgeführt. Und die Maßstäbe sind oft so ausgelegt, dass ein Unternehmen nur das eigene Personal reproduziert, statt sich frisches Blut zu holen.

Eine Klientin von mir, Personalerin eines Medienkonzerns, hat die Not zur Tugend gemacht: »Ich achte im Assessment Center auf das, was die meisten meiner Kollegen gar nicht interessiert: Was passiert *zwischen* den Übungen? Wie gehen die Bewerber *vor* dem Startschuss miteinander um, wenn es zum Beispiel darum geht: In welcher Reihenfolge treten die Kandidaten zu den Einzelübungen an? Diese Situation scheint den Bewerbern unverfänglich – da kann ich tatsächlich etwas über ihre Persönlichkeit erfahren. Später tragen sie eine Maske, das ist uninteressant. Wir veranstalten diesen AC-Zirkus nur, weil die Geschäftsleitung das für modern hält.«

Hier kommt wieder eine Lieblingsattitüde der Irrenhäuser zum Vorschein: Sie wollen ihrem irrationalen Handeln einen rationalen Anstrich geben. Auch wenn diese Personalauswahl nicht halb so wissenschaftlich, dafür doppelt so dilettantisch ist, wie die Irrenhaus-Direktoren es verkünden.

**§ 12 Irrenhaus-Ordnung:** Wer bei der Personalauswahl schwere Fehler begeht, braucht dafür gute Gründe. Einer dieser Gründe heißt: Assessement Center.

# 3.
# Die heimliche Irrenhaus-Ordnung

*Ich kenne sie doch auch, all die kritischen Fragen von Aktionären und Arbeitnehmern …, aber man muss ja nicht gleich verraten, wo man die Antworten findet.*

Der Kunde? Ist nicht König. Das Organigramm? Ist nicht gültig. Der Dienstweg? Führt in die Irre. Dieses Kapitel verrät Ihnen die heimliche Irrenhaus-Ordnung. Sie lesen …

- warum Jobs, die ausgeschrieben werden, immer schon vergeben sind,
- wie die Telekom ihre Kunden in einem toten Briefkasten entsorgte,
- warum bei Meetings der Sachverstand vor der Tür bleibt
- und wie krimineller Firmenirrsinn eine Innenstadt fast hätte einstürzen lassen.

## Der Entscheidungsdschungel

Die Entscheidungswege vieler Firmen sind so verschlungen, dass der brasilianische Regenwald dagegen übersichtlich wie der Stadtpark wirkt. Der Dienstweg spielt kaum eine Rolle. Zwar gilt er offiziell als Entscheidungshauptstraße, doch im Alltag schleichen sich wichtige Beschlüsse auf den informellen Trampelpfaden an. Diese Wirklichkeit ist im Organigramm nicht enthalten.

Das Organigramm! Es gaukelt eine Ordnung vor, die es so nicht gibt, ein klares Oben und Unten, ein Navigationssystem der Entscheidungswege. Als würden alle Beschlüsse so zuverlässig auf dem Dienstweg fließen wie das Wasser im Kanal. Die Irrenhäuser wollen den Eindruck erwecken, ihr Innenleben sei von Ordnung bestimmt und ihre Entscheidungen von Logik.

Doch diese Spielregeln gelten nur auf dem Papier. Die wahre Macht gehört demjenigen, der schnell, raffiniert und brutal genug ist, sie an sich zu reißen; demjenigen, der es schafft, seinen Willen gegen die Widerstände anderer durchzusetzen. Ein Spiel ohne Hierarchiegrenzen.

So manches Irrenhaus wird nicht von seinem Direktor, so manche Abteilung nicht von ihrem Leiter gesteuert. Zum Beispiel kenne ich einen Halbleiter-Hersteller, dessen Chef nicht einmal das Buffet für die Weihnachtsfeier freigeben würde, ehe ihm seine Assistentin durch ihr Nicken die Genehmigung dafür erteilt hat. Diese Assistentin, so erzählen es Mitarbeiter, ist sein Kompass. Sie hört den Flurfunk ab, bildet sich Urteile über Mitarbeiter, redet ihm Meinungen ein und aus. Und sie ist die Herrin seiner Zeit. Nicht mal ein Termin beim Irrenhaus-Direktor ist drin, wenn sie blockiert. Ohne sie – die im Organigramm keine Bedeutung hat – geht in dieser Firma gar nichts.

Ein Mitarbeiter erzählte mir: »Egal, was ihm seine Assistentin in die Unterschriftsmappe legt – er unterschreibt es ungelesen. Doch wenn sie ihre Stirn in Falten legt und sagt: ›Da muss ich erst mal mit dem Chef drüber reden‹ – dann kann man die Sache knicken.«

Auch im Vorfeld wichtiger Entscheidungen sieht man den Chef mit seiner Assistentin tuscheln – wie ein begriffsstutziger Schüler, der sich Lösungen vorsagen lässt. Es wird schon seine Gründe haben, warum sie ihn mittlerweile durch vier Unternehmen begleitet hat.

Einige Mitarbeiter haben den Einfluss des Vorzimmers erkannt und drehen Purzelbäume, um sich die Assistentin gewogen zu halten. Niemand bekommt wertvollere Geburtstagsgeschenke, charmantere Komplimente und eine größere Zahl an Einladungen zum Mittagessen als die Herrin des Vorzimmers.

Der Dienstweg ist ein Traumschiff der Theorie, das an den Klippen der Realität zerschellt. Das gilt in jeder Hinsicht, auch für die Bedeutung offizieller Meetings. Das sind keine Veranstaltungen, bei denen in großer Runde Beschlüsse gefällt werden – das sind Veranstaltungen, bei denen in großer Runde durchgesetzt wird, was vorher in kleiner Runde beschlossen wurde.

Eine Klientin von mir, die für ein amerikanisch geführtes Großunternehmen arbeitet, erzählte mir: »Lange war ich ein gutgläubiges Schaf und habe die Diskussionen für offen gehalten. Aber irgendwann fiel mir auf: Genau die Leute, die schon lange vor dem Meeting im Raum waren und ihre Köpfe zusammensteckten, haben bei den Sitzungen eine Front gebildet. Jede Idee aus ihrer Ecke haben sie zusammen durchgeboxt. Und jede Idee aus einer anderen Ecke gemeinsam blockiert.«

Später fand meine Klientin heraus, dass diese Herrenrunde sich jede zweite Woche nach Feierabend zum Biertrinken traf. Dann wurden Bündnisse fürs Meeting geschmiedet, Entscheidungen gefällt und auch vertrauliche Informationen ausgetauscht, zum Beispiel über frei werdende Stellen im Haus – so dass die Insider zulangen konnten, ehe die Allgemeinheit durch den Weckruf einer Ausschreibung aufmerksam wurde.

Manchmal habe ich den Eindruck: Von zehn Stellen, die eine Firma ausschreibt, sind elf inoffiziell schon besetzt. Die Entscheidungen fallen in der Kantine oder in der Kaffeeküche, auf dem Tennisplatz oder an der Bar. Dennoch wird offiziell der Dienstweg eingehalten, der in vielen großen Unternehmen zunächst eine interne und dann – sofern sich kein geeigneter Kandidat findet – eine externe Ausschreibung vorsieht.

Zum Beispiel geht das so: Über Nacht wird eine Planstelle frei. Der Abteilungsleiter greift um 8.01 Uhr zum Telefon, funkt einen alten Freund aus der Betriebssportgruppe an und lädt ihn in die Kantine ein. Zwischen Spargelsuppe und Schnitzel, um 12.10 Uhr, werden sich die beiden handelseinig: Der Freund bekommt den Job.

Nun gilt es, den Dienstweg zu befriedigen. Also reicht der Abteilungsleiter an die Personalabteilung ein Stellenprofil weiter, das er wie einen Maßanzug auf seinen Wunschkandidaten zugeschnitten hat. Dutzende von Bewerbungen trudeln ein. Doch nur eine, oh Wunder, passt perfekt in die Schablone der Ausschreibung. Zur Absicherung hat der Abteilungsleiter gegenüber dem Personaler durchblicken lassen, es gebe da einen besonders qualifizierten Kandidaten, den er unbedingt im Vorstellungsgespräch sehen wolle …

So wird Chancengleichheit vorgespiegelt, wo keine Chancengleichheit ist. So werden Stellen ausgeschrieben, wo keine Stellen sind. So spazieren Irrsinn und Willkür übers offizielle Regelwerk hinweg.

## Betr.: Als ich eingestellt wurde, war mein Rauswurf schon beschlossen

Warum behandelten mich die neuen Kollegen vom ersten Tag an, als hätte ich die Pest? Warum ließen sie mich sitzen, wenn sie in die Kantine gingen? Warum schnitten sie mich von wichtigen Infos ab? Und warum machte mich mein Chef vor der ganzen Gruppe nieder? Er selbst hatte mich doch eingestellt und musste daran interessiert sein, dass ich die Probezeit überstand.

Eine Kollegin steckte mir: Der Chef hatte die Stelle eigentlich einem Spezi im Unternehmen, einem Ex-Kollegen, versprochen. Auf ähnliche Weise waren die letzten freien Positionen besetzt worden. Doch diese Vetternwirtschaft hatte den Ärger des Personalchefs auf sich gezogen. Dem Bereichsleiter war nahegelegt worden, endlich mal eine »externe Lösung« zu suchen – weshalb ich zum Zuge gekommen war.

Die teuflische Strategie des Chefs: Offenbar wollte er guten Willen vortäuschen, indem er einen Bewerber von außerhalb holt. Doch dann – leider, leider – sollte das Experiment scheitern. Was ihn dann zwingen würde, eine kurzfristige und unkomplizierte Lösung zu finden.

Meine Probezeit war die Hölle. Die ständige Kritik zermalmte mein Selbstwertgefühl. Am Ende hatte ich den Verdacht, tatsächlich so unfähig und bescheuert zu sein, wie es alle behaupteten. Als der Chef mich entließ, war das wie eine Befreiung.

Und wer rückte nach? Sein Spezi. Kurzfristig und unkompliziert.

*Silke Kruse, Medizinisch-technische Assistentin*

§ 13 **Irrenhaus-Ordnung:** Der Dienstweg ist im Unternehmen das, was die Milchstraße im Universum ist: kein wirklich gangbarer Weg.

## Der Kunde, das unerwünschte Wesen

Es war ein interessanter Auftrag, den der Web-Designer Markus Klose (32) von seinem neuen Arbeitgeber bekommen hatte. Er sollte den Internetauftritt des Unternehmens, eines großen Vertreibers von Elektroprodukten, für ein internes Meeting kritisieren. Sein Chef hatte gesagt: »Schauen Sie mit unverbrauchten Augen: Was könnten wir besser machen?«

Klose tat, wie ihm geheißen. Dabei achtete er nicht nur auf das Design, sondern auch auf die Kundenfreundlichkeit: »Ich tat einfach mal so, als wäre ich ein Kunde, der etwas reklamieren will.«

Damit wurde seine Geduld auf eine harte Probe gestellt: »Der Punkt ›Reklamation‹ war tief in der Navigation versteckt. Dort fand ich keine Telefonnummer oder Mailadresse – ich lief direkt in ein virtuelles Verhör, musste Antworten anklicken.« Auf pauschale Problemfragen (›Mein Gerät funktioniert beim ersten Gebrauch nicht.‹) folgten pauschale Problemantworten (›Bitte überprüfen Sie die Steckverbindung am Gerät und …‹). Klose war frustriert: »Als Kunde hätte ich mich veräppelt gefühlt.«

Erst am Ende dieses Hindernislaufes gelangte er an eine Service-Mailadresse: »Ich beschrieb mein Anliegen – worauf eine automatisierte Mail zurückkam, in der mich Links zu den vermeintlichen Lösungen führen sollten.« Ganz am Ende hieß es scheinheilig: »Sollten diese Informationen Ihr Problem immer noch nicht lösen, dann bitten wir Sie, unsere Service-Hotline zu wählen …«

Das tat Markus Klose. »Da meldete sich kein Mensch – sondern eine Stimme vom Band. Und schon ging die nächste Befragung los: ›Handelt es sich um ein Neugerät? Sagen Sie bitte ja oder nein.‹ Als Kunde hätte ich längst den Hörer auf die Gabel und das Produkt in den Mülleimer geworfen.«

Nach einer halben Ewigkeit (»Brauchen Sie persönliche Unterstützung, um Ihr Anliegen zu lösen? Sagen Sie bitte ›Ja‹.«) schien das Ende des Irrweges erreicht: »Sie werden *sofort* mit dem nächsten freien Mitarbeiter verbunden.« Doch von »sofort« konnte keine Rede sein: »Es kam Musik vom Band. Ich habe gewartet. 17 Minuten lang. Dann hatte ich eine Frau vom Serviceteam am Apparat.«

Markus Klose sprach die Callcenter-Agentin auf die lange Wartezeit an. Sie antwortete: »Darüber regen sich alle Kunden auf! Uns fehlt Personal, wir reden rund um die Uhr. Aber unser Chef sagt immer, wir haben von Ihrer Firma kein Budget für weitere Leute.«

Diesen Ritt durch die Servicewüste beschrieb Klose bei dem

Meeting. Er schlug vor, den Reklamations-Button prominent auf der Homepage zu platzieren, dort auch gleich eine Telefonnummer zu nennen und für eine Wartezeit von unter einer Minute zu sorgen.

Die Antwort fiel einheitlich aus: schallendes Gelächter. Die Kollegen hatten vom Grafiker nur Anmerkungen zur Optik erwartet. Schließlich meldete sich der Vertriebschef zu Wort: »Was meinen Sie, warum wir nicht zum Reklamieren einladen? Wir verdienen mit Kunden, die etwas kaufen – nicht mit Meckerern. Jede Reparatur verhindert einen Neukauf.«

»Aber warum sollten verärgerte Kunden denn noch mal ein Gerät aus unserem Haus kaufen?«, hielt Markus Klose dagegen.

Der Vertriebsleiter lächelte mitleidig: »Haben Sie mal geschaut, wie die Servicewege bei anderen Herstellern sind? Der Kunde hat gar keine Ausweichmöglichkeiten. In diesem Punkt sind sich die meisten Firmen einig.«

Das ist bezeichnend für Irrenhäuser. Sie geben Millionen dafür aus, die Kunden per Werbung anzulocken, aber zappelt der Fisch erst mal am Haken, kümmern sie sich nicht weiter um ihn. Offenbar werden zwei Arten von Kunden unterschieden. Einer, der kauft – er ist höchst willkommen. Und einer, der *gekauft hat* – er wird, sofern er etwas fragen oder reklamieren will, vor den Kopf gestoßen. Der Horizont dieser Firmen reicht nicht weiter als die Handbewegung, mit der die Kassiererin das Geld in die Kasse stopft.

**§ 14 Irrenhaus-Ordnung:** Wer sein Geschäft in Ruhe betreiben will, muss drei Störfaktoren ausschalten: Steuergesetze, Naturkatastrophen und Kunden.

## Ein toter Briefkasten der Telekom

Eine skandalöses Beispiel, wie man Service und Abservieren verwechselt, hat die Telekom geliefert: Zehntausende von Kunden bekamen auf ihre Reklamationen alle dieselbe Antwort – keine. Was tun, wenn man auf seine Beschwerde nichts hört? Man wechselt den Anbieter, was vernünftig ist. Oder man beschwert sich erneut, was in diesem Fall unvernünftig war – die Antwort blieb nach wie vor aus.

Was war passiert? Zwei interne Vorgänge bei der Telekom, eine Umorganisation und ein Streik, waren auf zahllose Kunden zurückgefallen – diese hatten in der Folge mit Pannen zu kämpfen. Deshalb rollte eine Reklamationsflut auf das Unternehmen zu. Doch der Konzern war listig. Er leitete die Proteste an einen Ort um, wo niemand davon behelligt wurde – in einen toten Briefkasten.

Die Telekom sprach von einem »systembedingten Abschluss«. Gemeint war: Diese Beschwerden wurden ignoriert, blieben ungelesen und unbeantwortet. Klappe zu, Kunde tot![15]

Dieser dreiste Umgang mit den Kunden wollte den Mitarbeitern der Deutschen Telekom Kunden Service GmbH Nordwest, die auf Weisung gehandelt hatten, partout nicht gefallen: Auf einer Betriebsversammlung in Bielefeld schrieben sie ein für alle Irrenhäuser relevantes Thema auf die Tagesordnung: »Macht Mogelnmüssen krank?« Mit ihren Direktoren gingen die Insassen hart ins Gericht. Ihre Zielvorgaben, so meinten sie, seien nicht auf dem ehrlichen Weg, sondern nur durch Täuschen und Tricksen zu erfüllen.

Doch die Telekom hat Glück, wie offenbar auch die Firma von Markus Klose: Die Wettbewerber laufen ihr in Sachen Kundenverprellung den Rang ab. Als die Stiftung Warentest den Service der Internetprovider unter die Lupe nahm, war das beste Ergebnis ein einziges »befriedigend«.[16]

Die Tester brauchten starke Nerven, zum Beispiel beim Anbieter Freenet: Der Kunde hing durchschnittlich 14 Minuten in der

Telefon-Warteschleife und musste 17 Tage und drei Stunden warten, ehe er eine Antwort auf seine Anfrage bekam. Das Fachwissen etlicher Serviceteams spottete jeder Beschreibung. Einige Mitarbeiter konnten nicht mal beantworten, wie groß ein Mail-Anhang maximal sein darf.

Da wurden Internetanschlüsse zum versprochenen Termin nicht freigeschaltet, ohne dass der Kunde eine Erklärung bekam. Da wurden Dienstleistungen von Kundenkonten abgebucht, die nie bestellt worden waren. Und da ließen sich die Firmen Alice und Freenet sogar Kunden entgehen, die schon gewonnen worden waren – die Bestellungen kamen abhanden.

Diese Servicemängel sind umso fataler, als jede Ohrfeige, die ein Kunde von einer Firma einstecken muss, heute im Internet nachhallen kann. Was in Foren und Blogs steht, kann Millionen Menschen erreichen – und empören. Das Image von Firmen und Produkten ist schnell an die Wand gefahren.

Bei Beschwerden stellt sich zudem die Frage: Geht es nur um die Bedürfnisse des Kunden? Oder ist nicht jede Reklamation eine wertvolle Rückmeldung für Firmen, wie sie ihr Angebot optimieren, Fehlerquellen erkennen und künftig am Markt noch erfolgreicher agieren können? Und weiß nicht jeder Marketing-Student im ersten Semester, dass der »Direktkontakt« mit dem Kunden ein unschlagbarer Trumpf ist, um ihn zu binden?

Die Mitarbeiter der Irrenhäuser wissen all das auch. Aber sie passen ihr Handeln den ungeschriebenen Gesetzen an, wie mir eine Klientin neulich erklärte: »Klar, ich kann auf jeden Kunden ausführlich eingehen. Das würde ich auch gern. Aber wie soll ich dann meine Quote an Kundengesprächen schaffen? Außerdem ist doch klar: Kunden können mich nicht befördern. Kunden können mein Gehalt nicht erhöhen. Kunden schreiben mir auch kein Arbeitszeugnis. Im Zweifel stelle ich denjenigen zufrieden, der für mich wichtiger ist – meinen Chef!«

**Betr.: So steckten wir Kunden in den Papierkorb**

Unsere Firma hat einen Wettbewerb ausgeschrieben. Die Kunden sollten den Namen für ein neues Produkt erfinden. Das Motto der Aktion war: »Unsere Kunden sind kreativ – wir brauchen keine Werbeagentur.« Als Preis winkte eine Reise für zwei Personen in die Südsee. Tausende von Menschen haben uns geschrieben.

Doch die liebevoll betexteten Karten und Mails nahmen alle denselben Weg: direkt in den Papierkorb. Denn der neue Produktname, von einer Werbeagentur entwickelt, stand zum Zeitpunkt der Ausschreibung bereits fest. Später hat ihn dieselbe Agentur vollmundig als »Kundenidee« vermarktet.

Wer die Reise bekommen hat? Ein Großkunde, der an dem Wettbewerb gar nicht teilgenommen hatte. Seine Urlaubsbilder wurden im Internet und in unserer Kundenzeitschrift veröffentlicht unter der Überschrift: »Unsere Art, kreativen Kunden zu danken.«

Wenn Papierkörbe sprechen könnten …

*Hubert Stein, Marketing-Assistent*

§ 15 **Irrenhaus-Ordnung:** Ein Kunde, dem die Firma ein Problem gemacht hat, gilt als »Problemkunde«.

## Meetings, bis der Arzt kommt

Eines Tages brach im Dachgeschoss des Konzerns ein Feuer aus. Die Flammen fraßen sich durch den Flur und züngelten bald schon ins Büro des Vorstandsvorsitzenden. Der sagte durch die Sprechanlage zu seiner Sekretärin: »Frau Müller, rufen Sie bitte die Geschäftsleitung zu einem Meeting zusammen – wir haben da ein aktuelles Problem.«

Frau Müller tat, wie ihr geheißen. Fünf Minuten später, als der Rauch schon so dicht war, dass man kaum mehr seine Hand vor Augen sehen konnte, scharte sich die fünfköpfige Geschäftsleitung um den Sessel des Chefs.

»Was tun wir jetzt?«, rief der Prokurist aufgeregt.

»Dasselbe wie immer«, antwortet der Vorsitzende. »Wir handeln nach Tagesordnung.«

Alle schlugen das Protokoll des letzten Meetings auf. Man besprach nebensächliche Punkte, die zur Wiedervorlage vermerkt waren. Als die Flammen drauf und dran waren, den Holztisch mitsamt den Protokollen zu verschlingen, flog die Tür auf und ein Trupp der Betriebsfeuerwehr preschte mit einem löschbereiten Schlauch herein.

Der Vorstand hob seine Hand wie ein Verkehrspolizist, um den Männern Einhalt zu gebieten. Dann hüstelte er durch die Sprechanlage: »Frau Müller, wir haben ungebetenen Besuch. Würden Sie die Herren nach draußen begleiten? Ich sage Ihnen dann Bescheid, wenn die aktuelle Gefahrenlage und deren Bekämpfung bei uns auf dem Protokoll stehen.«

Diese Geschichte ist natürlich erfunden. Und sie ist wiederum doch wahr. Denn drei Beobachtungen darin sind der Realität entnommen.

*1. Meetings schieben nicht an, sondern bremsen aus*
Viele Firmen meinen: Je mehr Meetings es gibt, desto effektiver werden die Probleme bewältigt. Genauso gut könnte man sagen: Je mehr Lottoscheine einer ausfüllt, desto besser legt er sein Geld an. Eine hohe Zahl von Meetings deute nicht auf Organisationsstärke, sondern auf Organisationsmängel hin, bestätigt der Managementvordenker Fredmund Malik.[17] Die Wahrscheinlichkeit, dass nach einem Meeting etwas anders ist als davor, liegt nur einen Hauch über null.

Viele Irrenhäuser veranstalten ihre Meetings nach dem Motto: Gut, dass wir drüber geredet haben. Sitzungen werden als Ersatzdroge fürs Handeln missbraucht. Als käme das Wort »Sitzung« von »Aussitzen«.

Zum Beispiel weiß ich von einer Versicherung, die eine neue Produktkategorie mit Blick auf die Risiken der Internetkriminalität einführen wollte. Dieses Geschäftsfeld, von den klassischen Versicherern übersehen, versprach ein großes Umsatzvolumen. Also trommelte das Management ein »Kick-off«-Meeting zusammen.

Damit kam eine Diskussion ins Rollen. Es gab, wie immer bei Meetings, zwei Parteien. Und es ging, wie immer bei Meetings, nicht um den Vorteil der Firma, sondern um die Profilierung der Teilnehmer. Die Befürworter der neuen Produkte redeten die Risiken klein, die Gegner beschworen den Firmenuntergang herauf.

Beide Parteien legten sich ins Zeug. Sie schrieben Thesenpapiere, analysierten Wettbewerber und verschickten die Links von Fachartikeln. Die Verteiler der Mails wurden immer größer, die Diskussionen in den Meetings immer heftiger. Beide Parteien wollten sich, auf Irrenhaus komm raus, durchsetzen.

Ein Meeting jagte das nächste, während der Aggressionspegel stieg: Die Insassen fielen sich ins Wort, keiften sich an und stempelten die Prognosen der Gegenseite, je nach Standpunkt, als »Schwarzseherei« oder »naiven Optimismus« ab. Die Versicherungsgruppe hatte ein interessantes Thema am Wickel. Doch am Ende hoben sich die Kräfte auf. Man hatte viel geredet. Aber nichts getan.

So ist das oft bei Meetings: Ideen werden nicht angeschoben, sondern ausgebremst. Experimente nicht gewagt, sondern verhindert. Statt auf die Kunden, die Mitarbeiter oder den Markt zu hören, wird eine Weltmeisterschaft im Trockenschwimmen veranstaltet.

Eine Umfrage unter 800 Führungskräften im deutschsprachigen Raum öffnet den Blick in ein Jammertal: 71 Prozent halten die Meetings in ihrer Firma für schlecht vorbereitet. 57 Prozent sind der Überzeugung, Meetings verzögerten Arbeitsabläufe. Und 52 Prozent finden, Verantwortlichkeiten würden bei Sitzungen unzureichend geklärt.[18]

Direkt nach der Umfrage, befürchte ich, sind die Manager ins nächste Meeting gehüpft. Denn ein Drittel von ihnen gab an, jeden Tag drei bis vier Stunden in Meetings zu verbringen. Macht in einem Berufsleben schlappe 15 bis 20 Meetingjahre.

Ob das irre ist? Lassen Sie uns diese Frage gründlich klären. Beim nächsten Meeting.

## 2. Bei Meetings geht es um die Macht – nicht um die Sache

Bei wichtigen Meetings treffen sich die Häuptlinge des Unternehmens, die Führungskräfte. Jeder von ihnen ist es gewohnt, dass sein Wille bei den Indianern, sprich Mitarbeitern, als Befehl gilt. Völlig klar, dass es beim Zusammentreffen der Häuptlinge ein Problem gibt: Jeder will sich durchsetzen. Und den anderen auf den Pott setzen.

Es wäre keine schlechte Idee, Psychologie-Studenten als Beobachter in Meetings zu schicken. Was sie dort über Gruppendynamik, Kommunikationsverhalten und Machtkämpfe lernen könnten, würde die wissenschaftliche Literatur zu diesen Themen übertreffen. Am interessantesten sind Meetings, die vor einem Zuschauer aufgeführt werden: dem Irrenhaus-Direktor. Wenn der oberste Chef mit am Tisch sitzt, laufen die Insassen zu Hochform auf, wie strebsame Schüler vor dem Oberlehrer. Jeder will sich vor dem Chef keine Blöße geben, sondern seine wahre Größe zeigen.

Der Entwicklungsleiter rühmt sein jüngstes Produkt als größten Geniestreich seit Einführung der Glühbirne – ehe er die Schuld an der Misere dem Vertriebsleiter in die Lackschuhe schiebt. Der Vertriebsleiter bejubelt die Arbeit seiner Vertreter als größte Offensive seit Hannibals Marsch über die Alpen – ehe er dem Marketing-Leiter einen verbalen Kinnhaken verpasst: »Ein Produkt, für das wir nicht werben, muss sterben. So einfach ist das.« Der Marketing-Leiter stimmt ein Loblied auf seine jüngste Werbekampagne an – ehe er seine Giftspritze auf den Controller richtet: »Dass unser Werbeetat gekürzt wurde, war keine Dummheit – sondern eine große Dummheit!«

Beim Meeten wollen sich alle überbieten. Es geht um Rangkämpfe, um Imagepflege, um Machtspielchen.

Einig sind sich die Chefkollegen nur, wenn sie auf ihren Prügelknaben, die Personalabteilung, mit voller Wucht eindreschen: Die »Human Resources«-Mitarbeiter (HR), so heißt es, zauberten nicht genug »High Potentials« herbei, hielten die Angestellten durch Fortbildungen von der Arbeit ab und belästigten die Abteilungsleiter mit überflüssigen Seminarvorschlägen – wer hat schon Kurse nötig wie »Die Kunst, Meetings effektiver zu gestalten«?

## 3. Sachverstand bleibt vor der Tür

»Die neue Software ist eine Katastrophe«, klagte der Sachbearbeiter einer Dokumentationsfirma. »Was vorher nur ein Klick war, ist jetzt ein komplizierter Vorgang.«

»Warum wurde ein so untaugliches Programm überhaupt angeschafft?«, fragte ich.

»Weil die Kollegen und mich keiner gefragt hat. Die Entscheidung haben die Chefs bei einem Meeting unter sich ausgemacht.«

»Aber Ihr direkter Chef hätte den Standpunkt seiner Abteilung gegenüber doch vertreten können.«

»Wie denn? Er kannte ihn ja gar nicht!«

»Weshalb hat er nicht nachgefragt?«

»Das hält er nicht für nötig. Er springt von einem Meeting in das nächste, aber fühlt sich noch auf der Höhe des Tagesgeschäfts. Schließlich war er selbst Fachkraft in unserer Abteilung. Aber das ist gefühlte hundert Jahre her. Alle Veränderungen seit dieser Zeit sind an ihm vorbeigerauscht.«

»Auf welcher Grundlage wurde die Software dann angeschafft?«

»Die Bosse haben sich auf die Besprechung in einer Fachzeitschrift verlassen. Nur hatte man übersehen, dass unser Bedarf einen Tick anders aussieht.«

Typisch Irrenhaus: Die Platzkarten für Meetings werden nicht nach Kompetenz, sondern nach Hierarchie vergeben. Die feine Chefgesellschaft bleibt unter sich. Die Mitarbeiter und ihr Sachverstand bleiben vor der Tür.

Die Oberen fällen Entscheidungen, wie man Eichen fällt. Und bei den Unteren schlagen diese Entscheidungen krachend auf. Die Einzelhandels-Manager beschaffen neue Kassensysteme, ohne eine Kassiererin zu fragen. Die Speditions-Manager kaufen neue Lastwagen, ohne einen Fahrer zu hören. Die Versicherungs-Manager führen neue Produkte ein, ohne einen Vertreter zu sprechen. Sie veranstalten ein Ratespiel, was die Kunden oder die Mitarbeiter wohl wollen. Statt mit ihnen zu reden. Statt sie ins Meeting zu holen!

Der sicherste Weg, einen Mitarbeiter in einen störrischen Esel zu verwandeln, ist eine schwachsinnige Entscheidung über seinen Kopf hinweg. Zum Beispiel wird der Versicherungsvertreter ein törichtes Produkt, das ihm die Chefs aufgedrängt haben, seinen

Kunden wie Sauerbier verkaufen – dagegen würde er ein Produkt, an dem er mitgewirkt hat, mit Engelszungen anpreisen.

Doch die Irrenhaus-Direktoren fühlen sich schon dadurch, dass kein Mitarbeiter-Demonstrationszug aufmarschiert, in der Weisheit ihrer Entschlüsse bestätigt. Die Realität dringt erst später zu ihnen vor – wenn die Geschäftszahlen den Sprung vom Zehn-Meter-Brett üben.

## Betr.: Mein Chef ist ganz nah – und doch unerreichbar fern

Mein direkter Vorgesetzter sitzt nur ein paar Bürotüren weiter. Aber für mich ist er unerreichbar weit entfernt. Seit Wochen gelingt es mir nicht mehr, ein längeres Gespräch mit ihm zu führen. Dabei gibt es wichtige Fragen zu klären.

Ich komme mir schon wie ein Stalker vor. Wenn ich ihm Mails schreibe, antwortet er nicht. Wenn ich um einen Termin bitte, vertröstet er mich. Wenn ich ihn auf dem Flur anspreche, murmelt er »später« und huscht an mir vorbei.

Mein Chef sitzt rund um die Uhr in Meetings. Ich habe nachgerechnet, es sind pro Tag über fünf Stunden. Davor studiert er Protokolle, danach schreibt er To-do-Listen. Offenbar füllt das seinen Arbeitstag zur Genüge. Zumal er Kunden und Lieferanten zwischendurch noch Gesprächstermine einräumt. Offenbar sind sie ihm wichtiger als ich und seine anderen Untergebenen.

In den Sitzungen wird über alle möglichen Themen debattiert, unter anderem über die Bedeutung der Mitarbeiter. Ist das nicht ein Treppenwitz? Stundenlang hat man Zeit, um über Führung zu sprechen – aber keine Minute, um zu führen.

*Jürgen Berger, Budget Manager*

**§ 16 Irrenhaus-Ordnung:** Wer vor dem Meeting ein Problem hatte, ist danach einen Schritt weiter – er hat mindestens zwei Probleme!

## Das Action-Theater

Der Betriebswirt Lars Oppel (49), tätig für ein großes Leasingunternehmen, tippte sich mit dem Zeigefinger an die Stirn: »Unsere Firma ist ein Ameisenhaufen. Alles geht drunter und drüber. Rund um die Uhr wird gerannt, geredet, gemailt. Und warum? Nur um von dem eigentlichen Stillstand abzulenken!«

»Können Sie mal ein Beispiel geben?«, fragte ich.

»Bei uns gilt es als Dummheit, dass man eine Aufgabe einfach nur erledigt. Womöglich auch noch schnell und geräuschlos.«

»Und als klug gilt …«

»… das Lärmmachen! Wer etwas gelten will, schiebt eine Bugwelle vor sich her: Er trommelt eine Projektgruppe zusammen, gibt ihr einen staatstragenden Namen, beruft alle drei Tage eine Sitzung ein und bombardiert dann die halbe Firma mit seinen Protokollen. Dazu lädt er noch ein paar externe Experten. Die kosten zwar ein Schweinegeld, aber machen Eindruck. Der Ruhm fällt auf den Action-Helden zurück.«

»Kann es sein, dass Sie gerade etwas übertreiben?«

Er schüttelte energisch den Kopf: »Im Gegenteil. Neulich hat ein Kollege einen Doktoranden von der Uni angefordert und sein Mini-Thema zum Gegenstand einer Doktorarbeit aufgeblasen. Was für ein Quatsch! Dabei sollte er nur die Logistik unseres Fuhrparks optimieren. Das hätte er in einer Woche schaffen können. Jetzt wird es Jahre dauern, bis der Doktorand zu Potte kommt. Aber mein Kollege ist für diese Schnapsidee auch noch gelobt worden!«

»Von wem?«

»Von der Geschäftsleitung. In einer Hausmitteilung hieß es, diese Kooperation zwischen Wirtschaft und Wissenschaft sei ein zukunftsweisendes Signal. Die haben gleich noch eine Pressemitteilung für die örtliche Zeitung daraus gemacht.«

»Gute Werbung.«

»Das mag sein. Aber unter unserem Firmendach wuchern Wichtigkeitsgeschwüre, die niemandem nützen. Zum Beispiel hat der Prokurist neulich eine Idee eingeführt: Meetings mit Speeddating, zur kollegialen Beratung. Jeder Abteilungsleiter ist nun aufgefordert, in die Meetings ein klar definiertes Problem mitzubringen. Dann sitzen sich alle Teilnehmer in zwei Stuhlreihen wie beim Kindergeburtstag gegenüber. Jeder erzählt dem anderen eine Minute lang sein Problem.«

»Und dann?«

»In der zweiten Minute darf der andere Lösungen vorschlagen. Danach das umgekehrte Spiel. Und schließlich wechselt man einen Stuhl weiter und wiederholt das Ganze mit dem nächsten Kollegen.«

»Aber das klingt doch tatsächlich innovativ. So wird das Wissen der einzelnen Abteilungsleiter miteinander vernetzt.«

Er verzog sein Gesicht, als hätte er in eine Zitrone gebissen: »Quatsch! Ich habe doch bei meinem Chef gesehen, wie schwierig es für ihn war, sich ein Problem aus den Fingern zu saugen. Seine echten Probleme behält er natürlich für sich, das würde seine Position schwächen. Außerdem ließen sich dafür sicher keine Lösungen in Ein-Minuten-Monologen von Fachfremden finden.«

»Warum, glauben Sie dann, finden diese Speeddatings statt?«

»Damit überhaupt etwas passiert! Damit die Geschäftsleitung in ihren Berichten groß verkünden kann: Seht her, wir sind innovativ! Wir tun alles! Wir kämpfen tapfer! Dann fragt auch keiner der Gesellschafter nach, warum wir vom Marktführer immer mehr abgehängt werden.«

Ein paar Tage nach diesem Gespräch spielte mir Lars Oppel ein paar Protokolle aus seiner Firma zu. Als ich diese Schriftsätze las, verschwanden meine Zweifel an seiner Darstellung. Dort wurden Nichtigkeiten zu Wichtigkeiten aufgebläht, Miniideen als Großinnovationen verkauft, und offensichtliche Zwergenleistungen kamen als Herkulesakte daher. Fast jeder zweite Satz war mit einem Ausrufezeichen versehen. Hier wurde nicht informiert, hier wurde gebrüllt. Viel Lärm um nichts. Wie so oft in deutschen Firmen.

Wer als Insasse eines Firmen-Irrenhauses vor einem Problem steht, hat zwei Möglichkeiten: Er kann es lösen. Das geht geräuschlos. Doch dann fällt kein Ruhm auf ihn zurück. Oder er kann ein Lösungsschauspiel aufführen. Am besten in mehreren Akten. Das macht Lärm – alle Aufmerksamkeit richtet sich auf ihn.

Ein Lösungsschauspiel bedarf einer gewissen Dramatik. Die erste Aufgabe besteht darin, das vorliegende Fingerhut-Problem zu einem Hindernis von der Höhe des Mount Everest aufzublasen. Motto: Je größer der Berg, der im Weg steht, desto kräftiger der Herkules, der ihn abträgt.

Ehe der Schaukampf beginnt, wird für eine volle Arena gesorgt: Möglichst viele Menschen in der Firma, vor allem Vorgesetzte, werden über diese anstehende Schlacht informiert, gerne durch einen ausufernden Mailverteiler. Dann gilt es, die Truppen zu sammeln. Also wird ein Krisenstab in Form einer Projektgruppe einberufen, der den Problemberg zwar nicht selbst anfasst, aber immerhin beschließt, auf welche Weise er abgetragen werden soll.

Leider haben es Projektgruppen an sich, dass sie sich aus den Angehörigen verschiedener Abteilungen zusammensetzen, die meist unterschiedliche Interessen verfolgen. Man zieht am selben Strang, aber nicht in eine Richtung. Viel wird geredet. Aber wenig getan. Als bester Projektmitarbeiter gilt, wer bei den Wortgefechten die meisten Treffer landet.

Bis dieser pompös aufgeführte Schaukampf sich dem Ende neigt, hat sich das Problem, das in Wirklichkeit nur ein Problemchen war, in vielen Fällen von allein in Luft aufgelöst. Doch die Projektgruppe ist der festen Überzeugung, sie habe den Berg abgetragen. Und so wurde wieder einmal mit größtmöglichem Lärm und Aufwand ein kleinstmögliches Ergebnis erzielt.

**§ 17 Irrenhaus-Ordnung:** Mit dem Handeln im Unternehmen ist es wie mit dem Frauenzersägen im Zirkus: Man muss es nicht tatsächlich tun, sondern nur möglichst spektakulär vortäuschen. Das reicht für den Erfolg.

## Vom Pfuschen und Vertuschen

Die große Baufirma hatte ein Milliardenprojekt in Köln ergattert. Sie sollte eine Nord-Süd-Tangente, eine neue U-Bahn durch die Innenstadt treiben. Doch es blieb nicht bei den unterirdischen Bauarbeiten – es kam zu unterirdischem Pfusch. Nachdem eine Katastrophe ganz Deutschland erschüttert, die Erde sich geöffnet und das historische Stadtarchiv mit zwei Nachbargebäuden verschlungen hatte, brachten Untersuchungen kriminelle Machenschaften ans Licht.

Allein für drei Baugruben – am Heumarkt, am Rathaus und am Waidmarkt – fanden die Ermittler 28 gefälschte Vermessungs-Protokolle.[19] Die Untersuchung der Baustellen ergab, dass es vielerorts an allem fehlte, was seriöse Bauarbeit ausmacht – an Beton, an Eisenträgern, an der nötigen Stabilität. Zum Beispiel hatte ein korrupter Polier die Stahlbügel, mit denen Schächte stabilisiert werden sollten, tonnenweise zum Alteisen-Händler geschleppt und verhökert. »Verlassen von allen guten Meistern«, kommentierte die »Süddeutsche Zeitung« diesen Skandal.

Ist das nicht irre? Da riskiert ein Polier den Einsturz der Kölner Innenstadt, nur um ein bisschen Geld mit altem Eisen zu machen. Wie muss es um die Kultur einer Firma, um die Identifikation mit der eigenen Arbeit bestellt sein, wenn der Bauarbeiter die reinsten Fallgruben errichtet? Dabei setzt er nicht nur Menschenleben, sondern auch den guten Ruf seiner Firma aufs Spiel.

Doch ist es überhaupt legitim, aus diesem Einzelverhalten auf eine ganze Firma zu schließen? Kann ein irrsinniges Handeln, wie es dieser Mitarbeiter praktiziert hat, nicht auch im Klima einer vollständig gesunden Firma wachsen? Theoretisch schon. Aber »Auswüchse« haben, wie das Wort schon andeutet, meist Wurzeln – und die reichen tief und speisen sich aus der Kultur einer Firma.

Nehmen wir die Stahlbügel. Das sind keine Zahnstocher, die man mal eben in der Westentasche verschwinden lässt. Muss es auf der Baustelle nicht Dutzende Kollegen gegeben haben, denen das Fehlen der schweren Stahlträger aufgefallen ist und die erfahren genug waren, um das Einsturzrisiko zu erkennen? Warum hat keiner von ihnen Rabatz gemacht?

Und wie stand es mit dem Vorgesetzten: Welchen Umgang mit seinen Mitarbeitern pflegte er, dass diese wichtige Information nicht zu ihm vordrang? Oder hatte er doch davon gehört, aber nichts hören wollen? Und überhaupt: Wer hat die gefälschten Protokolle geschrieben? Wer hat sie abgenommen? Und welche Verbindung gibt es zwischen dem gesparten Beton und den verschwundenen Trägern?

Die Wahrscheinlichkeit ist groß, dass wir es hier – und auch bei vielen anderen Skandalen – nicht mit schwarzen Schafen, nicht mit dem Versagen Einzelner zu tun haben, sondern mit den Metastasen eines kranken Irrenhauses.

Wann immer ich in den Medien von spektakulären Fällen höre – von einem Bankangestellten, der ein Vermögen verzockt hat, oder von einem tyrannischen Vorgesetzten, der seine Mitarbeiter bis in den Selbstmord gemobbt hat – stelle ich mir die Frage: Was sagt dieses Verhalten eines Einzelnen über die Gesamtheit, über die Firma aus? Auf dem Humus welcher Firmenkultur können die Schlingpflanzen dieses Irrsinns wachsen?

Aus zahlreichen Erzählungen meiner Klienten weiß ich: Wo einer ist, der irre Dinger dreht, sind viele, die irre Dinger dulden. So manches Fehlverhalten, das vom offiziellen Regelwerk verpönt wird, ist unter der Hand erwünscht.

Der besondere Effekt eines Irrenhauses? Es stumpft seine Insassen ab. Die Psychologen nennen diesen Vorgang »systematische Desensibilisierung«. Das ist eigentlich eine Form der Verhaltenstherapie, um Phobiker zu heilen: Wer Angst vor Spinnen hat, muss so oft Spinnen ansehen und schließlich anfassen, bis er sie nicht mehr fürchtet. So schleifen die Irrenhäuser die Skrupel ihrer Mitarbeiter ab.

Wer zum Beispiel für eine Irrenhaus-Bank hochriskante – oder gar illegale – Spekulationsgeschäfte betreibt, mag sich anfangs noch vor den Risiken seiner Entscheidungen fürchten. Aber spätestens nach der Probezeit hat er seine »Phobie« abgelegt: Weil sein Vorgesetzter von ihm volles Risiko erwartet, weil das heimliche Regelwerk es vorgibt, weil jeder Idiot um ihn herum mit diesem Finanzspielzeug hantiert, scheint ihm dieses Treiben bald idiotensicher – und normal.

Ein Schmierentheater, im wahrsten Sinne des Wortes, hat der Weltkonzern Siemens aufgeführt. Über Jahrzehnte wurden Geschäftspartner und Behörden in aller Welt mit Dollarmillionen bestochen. Doch diese Politik brachte eine unerwünschte Nebenwirkung: Siemens machte sich erpressbar. Zum Beispiel wurde bekannt, dass ein ehemaliger »Berater« aus Saudi-Arabien Anfang

2005 die gigantische Summe von knapp 35 Millionen Euro kassierte. Sein Vertrag war vorzeitig aufgelöst worden. Doch das, was nach Schweigegeld stank, wurde natürlich Entschädigung genannt.[20]

Wie viele Milliarden an Schmier- und Schweigegeldern sind im Laufe der Jahre geflossen? Wie viele Menschen im Konzern waren beteiligt? Wer hat diese Riesensummen bewilligt und gebilligt, wer hat sie ausgezahlt und verbucht? Doch diese ganze Kette aus Mitwissern und Mittätern löste sich in Luft auf, als die Schmiergeldpraktiken öffentlich wurden. Auf der Wiese des Irrenhauses grasten nur noch Unschuldslämmer. Die Schmierer von gestern gaben sich als Angeschmierte von heute.

Solche Skandale in Irrenhäusern haben den öffentlichen Ruf nach »Compliance«, nach einer Selbstkontrolle der Unternehmen, anschwellen lassen. In den USA ist diese Prävention für Großunternehmen schon ein Muss, nicht zuletzt durch strenge Regelungen wie den Sarbanes-Oxley Act, ein Bundesgesetz von 2002.

Das Prinzip: Wichtige Entscheidungen sollen nach dem Vier-Augen-Prinzip gefällt, unvereinbare Tätigkeiten getrennt und Schlüsselpositionen in Rotation besetzt werden – um das Unternehmen zurück auf den Pfad der Tugend zu führen. Als Herzstück der Selbstkontrolle sind »Hinweisgebersysteme« vorgesehen: Ein Mitarbeiter, der einen Verstoß in seiner Firma beobachtet, soll eine interne Anlaufstelle haben, wo er Alarm schlagen und sein Gewissen erleichtern kann.

Die Begeisterung der deutschen Großunternehmen hält sich in Grenzen, wie eine Studie der Martin-Luther-Universität in Halle-Wittenberg belegt: Nur 44 Prozent haben sich diese Selbstkontrolle bislang auferlegt. Und lediglich ein Drittel (34 Prozent) hatte den Mut, ein Hinweisgebersystem einzuführen. Die Firmen fürchten, von den eigenen Mitarbeitern nicht geschützt, sondern denunziert zu werden (44 Prozent).[21]

Einige Irrenhaus-Direktoren nutzen jedoch die Chance, sich als kritische Köpfe und die Kultur in ihrem Unternehmen als grenzenlos offen zu präsentieren – sie greifen zu einem Compliance-Programm als Feigenblatt. Das kann in Zeitungsmeldungen für Glanz und bei den Aktionären für Vertrauen sorgen. Aber wie denken die Mitarbeiter darüber?

Die meisten Aussagen gleichen dem, was ich von einer Projektentwicklerin gehört habe. Sie arbeitet für einen großen Technologiekonzern, in dem vor zwei Jahren ein Compliance-System eingeführt wurde:

»Das ist eine einzige Heuchelei! Unsere Firma tickt wie eine Familie: Alles, was hinter verschlossenen Türen passiert, hat auch hinter verschlossenen Türen zu bleiben. Auf jedem Dokument über schräge Geschäfte steht ›streng vertraulich‹. Und wer Fehler oder gar Verfehlungen seiner Abteilung in anderen Bereichen oder gar der Geschäftsleitung bekannt macht, wird als Nestbeschmutzer gesteinigt. Compliance ändert an diesem Corpsgeist überhaupt nichts. Oder glaubt ernsthaft jemand, die Firma sei erfreut, wenn man ihr den Staatsanwalt auf den Hals hetzt?«

**§ 18 Irrenhaus-Ordnung:** Keine Firma, die ein Verbrechen begeht, hat ein Verbrechen begangen – das waren *immer* einzelne Mitarbeiter.

# 4.
# Image-Lügen: Ach wie gut, dass niemand weiß ...

*Wenn die Konkurrenz schneller schrumpft
als wir, könnte man doch auch sagen,
dass wir wachsen ...*

Alle Irrenhäuser betreiben dasselbe Handwerk: Fassadenbau. Die Unseriösen wollen seriös wirken, die Erfolglosen erfolgreich, die Durchgeknallten vernünftig. Hier erfahren Sie …

- wie Visionen als Ersatzdrogen fürs Handeln missbraucht werden,
- weshalb erfolglose Firmen einen Briefkasten in New York aufhängen,
- warum »Personalabbau« besser als »Selbstmord« klingt, aber oft dasselbe bedeutet
- und wie verfeindete Manager beim Outdoor-Seminar in der Steilwand plötzlich gute Freunde wurden.

## Ha, ha, ha – die Vision

Ein Komiker auf der Betriebsfeier hat's gut: Wenn ihm die Witze ausgehen, muss er nur die Firmenvision zitieren und dabei ein ernstes Gesicht machen – schon hat er die Lacher auf seiner Seite. Denn die meisten Leitsätze der Firmen sind *Light*sätze. Oder sogar *Leid*sätze. Die Kluft zwischen Worten und Taten ist so breit wie der Grand Canyon.

Wie kommt eine Firma zu ihrer Vision? Schreibt sie das, wonach sie strebt, in anschaulichen Worten auf? Hat sie den Mut, das Bild eines *sinnvollen* Traumes auszumalen? Klingen die heutigen Visionen noch wie jene des Autopioniers Henry Ford:

»Ich werde ein Automobil für das breite Volk bauen ... Es wird so wenig kosten, dass niemand, dessen Lohntüte gut gefüllt ist, darauf verzichten muss, mit seiner Familie den Segen von vergnüglichen Stunden in Gottes weitem Land zu genießen ... Wenn ich damit fertig bin, wird jedermann in der Lage sein, sich dieses Auto zu leisten, und jedermann wird eines besitzen. Das Pferd wird von unseren Straßen verschwunden sein, das Automobil wird eine Selbstverständlichkeit sein, und wir werden einer großen Zahl von Menschen eine gut bezahlte Beschäftigung bieten.«[22]

Schnee von gestern. Die heutigen Visionen scheinen alle demselben Textbaustein-Kasten zu entstammen. Da wimmelt es von Modevokabeln wie »innovativ« und »kostengünstig«, »global« und »kundenorientiert«. Da wird in hochtrabenden Worten erschreckend wenig gesagt.

Das Emotionalste an diesen offiziellen Visionen ist der Lachanfall, den der Mitarbeiter bekommt, wenn er sie schließlich liest. Keine Firma würde mehr reden von »vergnüglichen Stunden in Gottes weitem Land«, das hieße: »Optimierung des Kundennutzens«. Keine Firma würde sagen, »das Pferd wird von unseren Straßen verschwinden«, das hieße: »Wir werden unseren Beitrag zum Abbau überholter Transportmittel leisten«.

Doch wie blass wirkt dieses blutleere Managergestammel neben der rotbackigen Vision Henry Fords? Dabei ist die Sprache Spiegelbild einer inhaltlichen Leere. Viele Unternehmen sind zu herzlosen Globalisierungs-Gebilden, zu seelenlosen Profitmaschinen verkommen. Als wären sie ihren Mitarbeitern nur das Gehalt schuldig – und nicht die Antwort auf den größeren Zusammenhang, auf das Warum.

Jeder Mensch will wissen, welchen *Sinn* sein tägliches Arbeiten hat. Zahllose Firmen wollen ihren Umsatz verdoppeln, Marktführer werden, die Innovationsrate ausbauen. Aber ich kenne nur wenige, die verraten, *aus welchen Gründen* sie dieses Ziel anstreben.

In Henry Fords Vision dagegen erkennt jeder Viertklässler den höheren Sinn.

Armselige Prothesen für den abgehackten Sinn, das sind die meisten Visionen deutscher Firmen. Die raffinierteste Variante: Die Geschäftsführung denkt sich die Vision nicht selbst aus, sondern delegiert diese undankbare Aufgabe an die Mitarbeiter. Sollen sie sich doch selbst auf die Suche nach dem verlorenen Sinn begeben …

Meine Klientin Tanja Ebert (34) war Mitglied einer Projektgruppe, die eine Firmenvision für einen 2000-Mann-Betrieb entwerfen sollte. »Die Geschäftsführung hatte groß verkündet: Wir wollen keinen Slogan von einer Werbeagentur – wir wollen unsere Mitarbeiter texten lassen.« Deshalb kam es zu einer Ausschreibung. Alle Mitarbeiter wurden aufgefordert, Vorschläge zu machen. Die treffendsten Ideen sollten mit Reisegutscheinen prämiert werden.

Die Vorgabe der Chefetage war windelweich. Die Vision sollte eine »schlüssige Weiterentwicklung des unternehmerischen Erfolges« und vor allem auch »einen stetigen Ausbau des harmonischen Umgangs der Firmenangehörigen untereinander« aufzeigen.

Doch es gingen kaum Vorschläge ein.

Warum war die Resonanz so spärlich? In den Jahren zuvor war das Betriebsklima auf Eisfach-Niveau gesunken. Die neue Geschäftsführung hatte ältere Kollegen in den Vorruhestand gescheucht. Ausscheidende Mitarbeiter wurden nicht ersetzt. Den Erhalt der restlichen Arbeitsplätze wollte sie als Gnadenakt verstanden wissen.

Dennoch war der Geschäftsführer völlig verblüfft, als ein anonymes 360-Grad-Feedback eine hohe Unzufriedenheit der Mitarbeiter aufdeckte. Vor allem war deutlich geworden, dass die Mitarbeiter sich von der Geschäftsleitung schlecht informiert fühlten. Fortan wollte die Chefetage die Mitarbeiter besser einbinden. Die

Einladung, eine Vision zu entwickeln, war der erste Zug eines taktischen Spielchens.

Doch am Ende stellte sich heraus: Demotivierte Mitarbeiter können keine motivierenden Visionen entwickeln. Tanja Ebert: »Die Vorschläge klangen wie Musikstücke in Moll. Am Ende musste doch die Werbeagentur ran.« Zusammen mit dem Geschäftsführer warfen die Mitarbeiter den Werbern ein paar Sonnenschein-Begriffe hin – »Zukunftsmärkte erschließen«, »Harmonie am Arbeitsplatz« und »Miteinander statt Gegeneinander«. Die Texter ließen ihre Phantasie walten. Die Vision klang dann wie ein Werbeslogan: »Gemeinsam eine starke Zukunft schaffen und die Marktspitze erobern – wir leben und lieben den harmonischen Dreiklang zwischen Geschäftsführung, Mitarbeitern und Kunden.«

Wohlgemerkt: In dieser Firma war nichts harmonisch. In dieser Firma gab es keinen Dreiklang. Und auch von Liebe keine Spur. Und welcher höhere Sinn war durch diesen Slogan eigentlich benannt?

Je mehr ich mich mit Visionen von Firmen beschäftige, deren Innenleben ich kenne, desto mehr bin ich überzeugt: Die meisten Visionen sind keine Leuchttürme, in deren Richtung sich die Firmen tatsächlich bewegen – vielmehr sind es Schranken, über die sie offenbar nicht hinwegkommen. Die Vision ist eine Ersatzhandlung.

Wo Kundenfreundlichkeit gelebt wird, kommt niemand auf die Idee, dieses Wort in goldenen Lettern an die Wände zu schreiben. Wo der Umgang harmonisch ist, muss die Harmonie nicht herbeivisioniert werden. Wenn ein Unternehmen auf dem Sprung ist, die Marktführerschaft zu übernehmen, ist dieses Ziel in allen Köpfen so präsent, dass niemand dieses Wort in den Status einer Vision erheben muss.

Die meisten Visionen weisen auf eine *unüberbrückbare* Kluft zwischen Reden und Tun hin. Der Mitarbeiter stößt mit seiner Nase jeden Tag auf diesen Widerspruch. Deshalb empfindet er die Vision seines Irrenhauses als demotivierende Heuchelei. Für ihn zählt nicht die gesagte, sondern die gelebte Wirklichkeit.

Die heimliche Zielgruppe der Visionen sind ohnehin die Betrachter von außen: Kunden, Geschäftspartner, Öffentlichkeit. Wer eine Homepage anklickt, eine Stellenausschreibung liest oder in der Zeitung ein Porträt über eine Firma findet, kommt an der Firmenvision nicht vorbei.

Dass die Mitarbeiter beim Entwickeln dieser Visionen einbezogen werden, ist oft ein hilfloser Akt der Scheindemokratie, erst recht, wenn die Ziele (zum Beispiel »Eigenverantwortung der Mitarbeiter«) dann im Alltag immer wieder durch Hindernisse (zum Beispiel Kontrollwahn der Vorgesetzten) verbaut werden.

Was wäre schlimm daran, wenn die Unternehmensleitung ein sinnvolles Leitbild vorgäbe? Ist das Entwickeln einer zugkräftigen Vision nicht das Herzensanliegen eines leidenschaftlichen Firmenlenkers? Hätte Henry Ford es sich von seinen Mitarbeitern nehmen lassen, das Bild seiner Vision in aller Pracht auszumalen?

In diesem Punkt bin ich mit dem amerikanischen Wirtschaftswissenschaftler und Management-Guru Warren Bennis einer Meinung. Er weist darauf hin, dass »die Herde noch nie eine große Vision hervorgebracht hat, so wie noch nie ein großes Gemälde von einem Komitee geschaffen wurde«.[23]

### Betr.: So ernannte sich mein Arbeitgeber zum »Weltmarktführer«

Unsere Firma, Hersteller einer Spezialverpackung, hatte ein gewaltiges Problem: Die Preise waren viel zu hoch. Auf dem Weltmarkt spielten wir nur eine unbedeutende Rolle, trotz internationaler Ausrichtung. Dennoch tat unsere Geschäftsleitung alles, unser Image zu polieren. Nicht zuletzt wegen zahlreicher Fördergelder.

Eines Tages kamen die Chefs auf eine tollkühne Idee: Sie verpassten unserer Firma einen Titel, dessen wahre Bedeutung nur der Insider verstand – »weltweit erfolgreichster Hersteller von XY-Verpackungen im hohen Preissegment«. Übersetzt hieß das: »So teuer wie wir ist kein anderer – darum müssen wir uns mit minimalem Erfolg begnügen!«

Diese Formulierung wurde nun in jeder Broschüre, jeder Stellenausschreibung, jeder Imageanzeige verwendet. Und schon nach ein paar Monaten gratulierten mir Bekannte zu meinem Arbeitsplatz bei einem »Weltmarktführer«. Ich habe nur gegrinst.

*Bernd Klein, Einkäufer*

**§ 19 Irrenhaus-Ordnung:** Wenn eine Firma weiß, was sie will, tut sie es. Wenn sie es nicht weiß und nichts tun will, entwickelt sie eine Vision.

## Das Märchen von der Internationalität

Die Aktionäre des Lifestyle-Konzerns staunten nicht schlecht, als ihnen auf der Hauptversammlung eine Art Hollywood-Streifen vorgeführt wurde. Das Thema des Films war klar: Es ging um die Eroberung der Welt.

Der Lifestyle-Konzern schien wahr gemacht zu haben, wovon der Vorstandsvorsitzende schon seit Jahren sprach: eine *bedeu-*

*tende* Expansion über die deutschen Grenzen hinaus. Bislang hatte man vor allem Filialen in der Schweiz und in Österreich eröffnet. Doch das dortige Geschäft hatte in der Presse nicht den gewünschten Nachhall der Internationalität gefunden, sondern war als müder Jodelversuch in den Alpentälern verspottet worden.

Und in diesem Punkt war die Geschäftsführung empfindlich. Was für die Kirche das Wort »Hölle«, war für sie das Wort »Provinz«. Das lag nicht zuletzt am Sitz der Firma, einer Kleinstadt in Nordrhein-Westfalen, in die sich nur Fuchs und Hase zum Gute-Nacht-Sagen verirrten.

Zum Glück ahnten die Kunden nicht, in welcher altbackenen Umgebung dieser Lifestyle-Konzern hauste, auch noch in einem Gebäude aus den 1970er Jahren. Doch der Vorstandsvorsitzende war besessen von dem Einfall, seinem Unternehmen einen bunten Anstrich der Internationalität zu verpassen. Immer wieder fanden Gespräche mit der Werbeagentur statt: Wie können wir transportieren, dass wir auf dem Weltmarkt eine Rolle spielen?

Ein Agenturmensch kam auf die Idee: Hatte die Firma nicht (unbedeutende) Einzelfilialen in Paris, London und New York? Und wäre es nicht sinnvoll, diese Niederlassungen – auch wenn sie defizitär arbeiteten – in einem Imagefilm zur Schau zu stellen?

Doch was der Werber vor Ort zu Gesicht bekam, waren zweitklassige Ladengeschäfte in drittklassigen Lagen, leer von Kunden und offenbar nur eröffnet, um sich mit den Namen der Städte schmücken zu können. Mit diesen Zweigstellen sei kein Blumentopf zu gewinnen, klagte der Werber. Was man bräuchte, seien nicht irgendwelche Niederlassungen in diesen Städten – sondern repräsentative Geschäfte an repräsentativen Plätzen.

Und so kam es, dass eigens aus Imagegründen in den besten Lagen von London, Paris und New York neue Geschäftsflächen angemietet und eröffnet wurden. Diese Aktion kostete ein Vermögen, denn die Räume waren groß und edel genug, um dort Picasso-Ausstellungen zu veranstalten.

Leider konnte der Lifestyle-Konzern, dessen Name außerhalb des deutschen Sprachraums kein Begriff war, auch an diesen zentralen Plätzen nur ein paar deutsche Touristen in seine Verkaufsräume locken. Und die verloren sich auf der großen Fläche wie Ameisen auf einem Fußballfeld. Kundenleere Räume wären für einen Imagefilm kein attraktiver Hintergrund.

Doch der Werbemann wusste sich zu helfen. Über eine Statisten-Agentur forderte er eine dreistellige Zahl von Kundendarstellern an. Dieser Schwarm wurde genau instruiert, wie er sich durch den Laden zu bewegen, vor welchen Produkten er zu staunen und wie viel er (scheinbar) zu kaufen hatte.

Nun waren die Bedingungen erfüllt: Die Agentur ließ das Kamerateam auf die Geschäfte los, in New York, London und Paris. In allen Metropolen dieser Erde – so sahen es die Aktionäre auf der Hauptversammlung – war der Lifestyle-Konzern nun nicht nur vertreten, sondern bei den Kunden so begehrt, dass sie ihm förmlich die Bude einrannten.

Wie gut, dass sich niemand nach den Umsatzzahlen, geschweige denn dem Gewinn, in diesen Ländern erkundigte. Denn für jeden Euro, den man dort einnahm, wurden drei oder vier investiert. Also ein gigantisches Verlustgeschäft.

Etliche Irrenhäuser – vor allem unbedeutende – verwenden allen Ehrgeiz darauf, endlich die engen Landesgrenzen zu sprengen und ins internationale Geschäft einzusteigen. Zum Beispiel kenne ich mehrere Werbeagenturen, die den Umstand, dass sie in New York einen rostigen Briefkasten aufgehängt haben, zu einem zweiten Firmensitz im Herzen der USA hochstilisieren.

Die irrsinnige Krankheit dahinter heißt: Großmannssucht. Raus aus der Enge, rein ins Big Business. Wer nur Frankfurt als Standort seines Unternehmens angibt, läuft Gefahr, dass man ihn in Verbindung mit Würstchen, verstopften Autobahnkreuzen oder mittelmäßig kickenden Fußballvereinen bringt. Wer sich dagegen »Frankfurt/New York« auf die Flagge schreibt, sprengt die enge Weste der Nationalität und breitet sich mit einem Schlag über den großen Teich und in den Weltmarkt aus.

Nur eines fällt auf: Die echten Weltmarktführer aus Deutschland, die Hidden Champions des Mittelstands, residieren hinter den Sieben Bergen, in Orten mit so klangvollen Namen wie Nistetal, Neukirch und Wedemark. Diese Firmen haben verstanden, dass ihr Erfolg nicht vom Firmensitz, sondern von der Qualität der Produkte und von der Zufriedenheit der Kunden abhängt. Wie der große Philosoph Immanuel Kant in seinem provinziellen Königsberg, das er nie verließ, weltbewegende Gedanken entwickelte, so entwickeln zahlreiche deutsche Firmen in der Provinz weltbewegende Produkte.

Eine Analyse der Nürnberger Unternehmensberatung Weissman & Cie. hat in Deutschland 530 Hidden Champions nachgewiesen. Mehr als die Hälfte dieser mittelständischen Unternehmen ist in der Provinz zu Hause, in Städten mit weniger als 50 000 Einwohnern. Die größte Dichte an Weltmarkführern, mit 13 auf eine Million Einwohner, gibt es in Bayern und Baden-Württemberg. Weissman & Cie. meint: »In der Provinz gelten die Unternehmen etwas, sie bekommen die guten und gleichzeitig loyalen Leute.«[24] Dagegen gingen sie in der Großstadt leicht unter.

Viele Erfolgsfirmen könnten aus voller Kehle einen Song von Udo Jürgens mitsingen, den die Möchtegern-Erfolgreichen nicht einmal flüstern würden: »Ich war noch niemals in New York«.

**§ 20 Irrenhaus-Ordnung:** Wie aus einem Hund ein Zebra wird, wenn er über einen Zebrastreifen läuft, so wird aus einer Provinzladen ein Weltkonzern, wenn er in eine Weltstadt zieht.

## Die Fortbildungslüge

Petra Siegel (34) war von der Philosophie ihres neuen Arbeitgebers, eines Herstellers von Naturkosmetik, schwer beeindruckt: »Andere reden von der Weiterbildung ihrer Mitarbeiter. Wir praktizieren sie. Schnell und individuell.« So (ähnlich) stand es auf der Homepage. Und der Personalchef hatte im Vorstellungsgespräch gesagt: »Die Entwicklung unserer Mitarbeiter bedeutet uns mehr als die Entwicklung unserer Produkte. Denn die Produkte verkaufen wir – doch die Mitarbeiter bleiben.«

Wunderbar! Ein solches Klima, in dem sie wachsen konnte, war für die Biologin Petra Siegel genau das Richtige. Bei ihrem letzten Arbeitgeber hatte sie gestört, dass Fortbildungen nur genehmigt wurden, wenn den Mitarbeitern das Wasser eines Problems schon bis zum Hals stand. Und was hatte es eigentlich mit persönlicher Entwicklung zu tun, wenn man in einem bestimmten Computerprogramm geschult wurde? Diese »Fortbildungen« waren nur ein Besen, den man den Mitarbeitern in die Hand drückte, um Probleme vom Hof zu kehren – und der danach unnütz war.

Dabei legte Petra Siegel auf ihre persönliche Entwicklung größten Wert. Eigentlich hatte sie ihr Studium der Ernährungswissenschaften durch eine Promotion krönen wollen. Doch eine frühe Familiengründung ging mit dem Zwang zum Geldverdienen einher. Darum war sie in die Kosmetikindustrie eingestiegen und hatte sich zur gutbezahlten Produktmanagerin hochgearbeitet.

In der neuen Firma hoffte sie, an ihren Fortbildungen wachsen zu können. Auf mittlere Sicht strebte sie eine Führungsposition an, das hatte sie im Vorstellungsgespräch offen gesagt. Wäre es da nicht sinnvoll, in einem berufsbegleitenden Seminar die Grundlagen der Menschenführung zu erlernen?

Am Ende ihrer Probezeit schlug sie das vor. Ihr Chef verzog sein Gesicht: »Ich glaube, Sie haben da was falsch verstanden. Es stimmt zwar, dass wir für Fortbildungen offen sind. Aber wir wollen einen unmittelbaren Bezug zu Ihrer Arbeit sehen. Und im Moment sind Sie Produktmanagerin, keine Führungskraft.«

»Aber wäre es nicht klug, über die jetzige Position hinauszuschauen? Im Vorstellungsgespräch hieß es doch, ein Aufstieg in den nächsten Jahren sei möglich.«

»Richtig. Und deshalb sprechen wir über Führungs-Fortbildungen auch dann: in den nächsten Jahren.«

Petra Siegel schluckte und zog sich zurück. Ein paar Monate später wagte sie einen zweiten Anlauf. Diesmal hatte sie eine interessante Schulung für Projektverantwortliche entdeckt, mit klarem Bezug zu ihrer Arbeit. Die Reaktion ihres Chefs fiel wieder unterkühlt aus: »Vielleicht sollten wir Ihr erstes Jahr in der Firma abwarten. Andere Mitarbeiter warten schon länger auf diesen Kurs.«

»O. k. Was halten Sie dann davon, dass Sie mir in den nächsten Monaten bei meinem Großprojekt mal einen Coach an die Seite stellen? Das würde mir helfen, die Gruppenmitglieder zu koordinieren.«

»Coaching? Diesen Anspruch haben Sie erst, wenn Sie die zweite Hierarchieebene erreicht haben.«

»Aber es hieß doch, dass die Fortbildung hier ›schnell und individuell‹ sei ...«

»Haben Sie sich schon mal in unserer Firmenbibliothek umgeschaut? Dort finden sich interessante Bücher – über Führung, über Projektmanagement, über so ziemlich alles.«

Diese »Bücherei« gab es tatsächlich. Es handelte sich um drei verstaubte Regale im Büro eines Bereichsleiters, die mit steinalten Standardwerken und mit »Business-Novellen« gefüllt waren. Diese Erzählungen erklärten im Stil des Kinderbuchs, was Führungskräfte angeblich von motivierten Fischverkäufern, findigen Mäusen oder Putzmännern lernen könnten (siehe Seite 176).

Eine solche Lektüre entsprach nicht gerade dem Niveau, das sich die wissenschaftlich ambitionierte Petra Siegel vorstellte.

Immerhin wurde sie nach acht Monaten zur ersten Fortbildung entsandt. Es handelte sich um eine »Produktschulung«. Der Hersteller der Kosmetik führte live einen mehrstündigen Werbespot für sein Produkt auf. Der Höhepunkt des Tages bestand darin, dass die Teilnehmerinnen von Visagisten geschminkt wurden. Das war ein amüsanter Ausflug, gewürzt mit viel Propaganda. Aber eine Fortbildung, ein Anstoß zur Weiterentwicklung, war es nicht.

Mittlerweile hatte Petra Siegel von ihren Kollegen erfahren: Genau diese Produktschulungen machten zu 80 Prozent das vielgerühmte »Fortbildungsangebot« der Firma aus. Die restlichen 20 Prozent teilten die Führungskräfte unter sich auf: Zum Beispiel wurde für eine fünfköpfige Managergruppe ein deutscher Rhetoriktrainer einbestellt, dessen Tagessatz laut Homepage im fünfstelligen Bereich lag.

Eine klassische Zweiklassengesellschaft: Die Führungskräfte waren der Fortbildungsadel. Dagegen wurden die Mitarbeiter als Bauern gehalten und mussten sich mit Fortbildungsattrappen abspeisen lassen. Von einer Assistentin erfuhr Petra Siegel, dass man mit »übergeordneten« Fortbildungen auch deshalb sparsam war, »um die Bewerbungsmappen der Mitarbeiter nicht mit Munition auszustatten« (wie es ein Mitglied der Geschäftsführung im Jour Fixe einmal gesagt haben soll).

Mit dieser Angst steht der Naturkosmetik-Vertreiber nicht alleine da. Nach einer Umfrage des Marktforschungsinstituts Forrest Research fürchten 62 Prozent der deutschen Firmen, sie könnten Mitarbeiter nach Weiterbildungen eher an die Konkurrenz verlieren. Zum Vergleich: In Großbritannien plagt nur 27 Prozent der Unternehmen diese Sorge, in Frankreich nur 9 Prozent.[25]

Aber wie sieht die Konsequenz aus? Ist es klug, seine Mitarbeiter dumm zu halten? Strebt nicht jeder Mensch nach persönlicher

Weiterentwicklung? Und sind nicht Firmen, die den Mitarbeitern Raum für Bildung bieten, dem Markt einen großen Schritt voraus – zum einen, weil ihre Mitarbeiter besser informiert und motiviert sind; zum anderen, weil diese Arbeitsbedingungen die besten Mitarbeiter anziehen?

Tatsächlich wissen die deutschen Firmen, dass ihre Weiterbildungsprogramme als Lockruf über den Arbeitsmarkt hallen. Neun von zehn Personalern geben laut einer aktuellen forsa-Studie an, das Image eines Arbeitgebers werde durch ein Weiterbildungsangebot positiv beeinflusst.[26]

Die Folge: Immer mehr Irrenhäuser stellen sich als Eldorados der Fortbildung dar, auch wenn sie es nicht sind. Mit dieser List gewinnen sie Schlachten im Krieg um die Talente. Doch der Triumph ist von kurzer Dauer. Das Image einer Firma wird von den neuen Mitarbeitern als Versprechen gesehen, als Grundlage eines *psychologischen* Vertrages, auf dessen Einhaltung sie im Alltag pochen.

Wer sich um (implizit) versprochene Fortbildungen geprellt fühlt, zahlt es dem Arbeitgeber in derselben Münze heim, ein sogenannter Pay-off-Effekt: Er wirft nicht 100 Prozent seiner Arbeitskraft in die Waagschale, sondern hält *ebenfalls* einen Teil seiner Leistung zurück. Ein Arbeitgeber, der Mitarbeiter um Bildungsmaßnahmen betrügt, schneidet sich immer ins eigene Fleisch.

### Betr.: Wie ich einen Trainer mit Erfolg bestach

Unser Konzern bietet ein umfangreiches Fortbildungsprogramm. Die meisten Seminare gehen aber so weit an der Praxis vorbei, dass man sie nur absolviert, um eine Teilnahmebestätigung zu erwerben. Externe Trainer leiten diese Kurse. Jeder Trainer wird von den Teilnehmern benotet. Gute Bewertungen bedeuten: Folgeaufträge.

Diese Tatsache brachte mich und einen Kollegen vor Jahren auf eine Idee. Bei einem besonders langweiligen Wochenseminar haben wir uns den Trainer geschnappt und ihm ans Herz gelegt, er möge sein Seminar am Freitag schon mittags beenden (statt um 16 Uhr, wie geplant) – es würde seiner Bewertung dienen. Der Trainer zögerte. Aber als die ganze Gruppe mit guten Noten winkte, ließ er sich auf den Kuhhandel ein.

Diese Strategie hat sich unter den Mitarbeitern, aber auch unter den Trainern herumgesprochen. Mittlerweile sind die meisten »Acht-Stunden-Seminare« spätestens nach sechs bis sieben Stunden vorbei. Morgens wird später begonnen, mittags länger Pause gemacht, abends früher aufgehört.

Die Trainer mit den besten Bewertungen, die scheinbaren Didaktikgenies, werden von unserer Personalabteilung immer wieder gebucht. In Wirklichkeit sind es oft diejenigen, die am frühsten Feierabend machen – und auch sonst im Schongang fahren.

*Lars Grünert, Analyst*

**§ 21 Irrenhaus-Ordnung:** Es stimmt nicht, dass Firmen gegen Fortbildung sind – sie sind nur dagegen, dass Fortbildungen etwas kosten. Und dass Mitarbeiter in dieser Zeit fort sind.

## Im Bildungsdschungelcamp

Die Einladung an die mittleren Manager des Personaldienstleisters kam von ganz oben, vom Irrenhaus-Direktor. Er trommelte seine leitenden Angestellten zu einer »Teambildungsmaßnahme« zusammen, deren Überschrift aus einem Reisekatalog hätte stammen können: »Einmaliges Gipfelerlebnis für Führungskräfte«.

Die Eingeladenen zuckten zusammen. Hatten sie nicht schon in der Vergangenheit erlebt, dass ihr Chef die Fortbildungen als Abenteuerspielplatz missbrauchte? Waren sie nicht schon ohne Kompass durch einen dichten Wald in Mecklenburg geirrt? Hatten sie nicht schon mit bloßer Hand Forellen in einem Alpenbach gefangen? Das alles war zwar albern, wurde aber nicht als »Kinderferienspaß«, sondern als »Teambuilding« verkauft.

War das Team denn so marode, dass Bauarbeiten nötig waren? Und ob! Immer wieder kamen sich Mitarbeiter beim Konkurrenzkampf ins Gehege. Der Irrenhaus-Direktor schürte diese Duelle. Er warf den Mitarbeitern interessante Projekte hin mit dem Satz: »Bitte einigen Sie sich, wer dafür am kompetentesten ist.« Dann sah er amüsiert zu, wie sich die Projektleiter in die Haare kriegten. Oder er rieb einer Führungskraft die andere öffentlich als Vorbild unter die Nase: »Da sollten Sie sich mal ein Beispiel an Herrn Müller nehmen …« Was dazu führte, dass der so Gelobte die Eifersucht, ja den Hass des anderen auf sich zog.

Dieser Umgang hatte zu Konkurrenzdruck, zu einer ausgeprägten Ellbogen-Mentalität geführt. Jede Führungskraft schlug Saltos, um vor dem Irrenhaus-Direktor zu glänzen. Einzelgespräche bei ihm waren begehrter als Audienzen beim Papst. Und wann immer der Herr Direktor zu einem Meeting lud, konnte er amüsiert die Sandkasten-Rangkämpfe seiner Untergebenen beobachten.

Kein Manager wäre im Traum auf die Idee gekommen, sein Wissen mit den Kollegen zu teilen. Wenn doch mal ein Tipp geäußert wurde, dann höchstens eine Anleitung zum Sprung in einen Fettnapf.

Dieses Klima hatte der Irrenhaus-Direktor selbst heraufbeschworen. Doch er, der Konfliktstifter, gab jetzt den Harmonieminister und lud zum »Teambuilding«.

Worin das »Gipfelerlebnis für Führungskräfte« bestand, hat mir mein Klient Arno Tweer (51) erzählt: »Wir mussten auf einen Berg in der Schweiz klettern. Das war keine Wanderung, das war ein richtiger Aufstieg in einer Bergwand.«

»Ist das nicht gefährlich?«, fragte ich.

»Nein, das lief wie in einem Kletterpark. Wir hatten Profis dabei – an ihrer Spitze ein Bergsteig-Trainer –, die uns mit ihren Seilen gesichert haben. Aber das war nur für den Notfall gedacht. Die erste Aufgabe bestand darin, dass wir uns gegenseitig unterstützen und sichern: Haken eintreiben, Routen auskundschaften, uns in der Wand verständigen.«

»Sind denn alle Führungskräfte einigermaßen sportlich?«

Er grinste: »Eben nicht! Ich bin ja Läufer, schlank und beweglich. Doch ein Kollege von mir ist so übergewichtig, dass ich schon dachte: Wenn der abrutscht, reißt bestimmt das Seil.«

»Was ist dann in der Bergwand passiert?«

»Es war eine große Heuchelei. Jeder hat so getan, als sei er die Fürsorge in Person: ›Wie kann ich dich auf dem Weg nach oben unterstützen?‹ Aber heimlich haben alle darauf gelauert, dass einer einen Fehler macht und abstürzt. Da lag ja auch eine Symbolik drin: Die einen kommen nach oben, die anderen nicht.«

»Wie lange hat Ihr übergewichtiger Kollege durchgehalten?«

»Der hat geschwitzt wie ein Schwein, schon auf den ersten Metern. Irgendwann stöhnte er: ›Ich kann nicht mehr!‹ Natürlich kam aus der ganzen Bergwand das Echo: ›Wie können wir dich unterstützen?‹ Doch als er bat, man möge ihn nach unten begleiten, wurde es merkwürdig still. Alle haben auf die Trainer gehofft.«

»Und dann?«

»Einer der echten Bergsteiger hat ihn nach unten begleitet.«

»Wurde das Verhalten der Kollegen später kritisiert?«

Er winkte so heftig ab, als wollte er eine lästige Mücke verscheuchen: »Nein, nein, der Trainer wollte sein ›Gipfelerlebnis‹ ja nicht selbst kaputt reden. Am Abend, als er vor dem Geschäftsführer sprach, klang alles wildromantisch: Wir hätten bewiesen, dass unser Zusammenhalt großartig sei, dass der Starke den Schwachen stützt, dass wir angstfrei an die Spitze des Marktes kletterten …«

»Aber das war doch gelogen!«

»Klar. Aber was glauben Sie, was unser Irrenhaus-Direktor hören wollte? Dass er eine einzige Schlangengrube herangezüchtet hat? Oder dass seine Mitarbeiter sich gegenseitig in jeden Abgrund stießen, wenn es mal eine Sekunde keinen Zeugen gäbe?«

»Also hat der Trainer das Team nur gelobt?«

»Nein, das auch nicht. Er hat uns in einigen kleineren Punkten zu viel Egoismus vorgeworfen. Zum Beispiel war ihm aufgefallen, dass alle, die schließlich oben ankamen, sofort zum Handy gegriffen und zu Hause angerufen haben – statt miteinander über das gemeinsame Erlebnis zu sprechen.«

»Und welche Konsequenzen wurden daraus gezogen?«

»Dass wir doch in einem halben Jahr zu einer zweiten Aufstiegsetappe antreten sollten. Der Trainer hat bestimmt ein kleines Vermögen kassiert. Kein Wunder, dass er für eine Fortsetzung plädiert hat.«

Die Fotos von diesem »Gipfelerlebnis« sind natürlich als Abenteuergeschichte in der Betriebszeitung erschienen, mit Hinweis darauf, die Firma tue alles, um die Führungskräfte zusammenzuschweißen.

Solche »abenteuerlichen« Weiterbildungen für Manager sind als letzter Schrei aus den Weiten der Wildnis in die städtischen Bürohochhäuser vorgedrungen. Wer im Internet recherchiert, stößt auf

Dutzende solcher Action-Seminare. Zum Beispiel erwartet die Manager ein Outdoor-Training (von www.outdoorteam.de), an dem Karl May seine Freude gehabt hätte: »Im Mittelpunkt des Wildnistrainings stehen Lagerbau, Feuermachen, Kochen am offenen Feuer, Seilbrückenbau und Sinnesparcours. Es können aber auch klassische Aktionen wie Abseilen, Floßbau oder Orientierung im Gelände in das Programm eingebaut werden.« Na also, das Abseilen ist auch dabei!

Doch es geht noch eine Nummer härter. Ein anderer Seminarabenteurer (www.outdoor-leadership.com) lädt zu einer »Schneesafari« ein, die den »Bau von Iglos«, den »Einstieg in eine Eishöhle« und – wahrscheinlich als Höhepunkt – den »Wettkampf mit Verschütteten-Suchgerät« beinhaltet. Da stellt man sich vor, einer der Manager wird ein paar Meter unterm Schnee versenkt – und seine Kollegen liefern sich einen heißen Kampf, wer zuerst auf das Opfer stößt (das in Wirklichkeit wohl, mangels Kooperation, in der Zwischenzeit erfroren wäre).

Wie kommt es, dass immer mehr Seminare zu Bühnenstücken des Freilicht-Action-Theaters werden? Wie kommt es, dass dieselben Irrenhaus-Direktoren, die intern den Sparminister geben, auf diesen Fortbildungsspielplätzen Zehntausende von Euros lassen?

Zwei Gründe höre ich aus den Erzählungen meiner Klienten heraus: Zum einen geht es den Chefs um ein hieb- und stichfestes Alibi. Wer im Alltag die giftige Saat des Konkurrenzdenkens streut, kann sich mit einem Schlag den Heiligenschein des Betriebsseelsorgers aufsetzen: Fürsorglich bucht er spektakuläre Teamtrainings – auf dass Fairness, Harmonie und ewiger Friede in die Firma einziehen. Durch diesen Kunstgriff macht sich der Bock zum Gärtner.

Der zweite Grund: Die Fortbildung ist für denjenigen, der sie genehmigt, ein Statussymbol. Wer ein typisches Seminar in einem typischen Tagungshotel freigibt, ringt seinen Chefkollegen nur ein typisches Gähnen ab. Wer dagegen von der Suche nach einem verschütteten Lawinenopfer berichtet, vom Einstieg in eine Eishöhle oder vom Erklimmen einer Steilwand, dem kleben seine Geschäftspartner an den Lippen wie Kinder einem Märchenonkel. Wer außergewöhnliche und originelle Fortbildungen genehmigt, will selbst als außergewöhnlich und originell wahrgenommen werden. Besonders Irrenhaus-Direktoren in kreativen Branchen schmücken sich mit solchen Abenteuerseminaren wie mit Tennispokalen. Die bewundernden Blicke von außen sind entscheidend.

Und was ist mit dem Lerneffekt für das Team? Der stürzt schon mal die Steilwand hinab. Oder bleibt unter einer Fortbildungslawine verschüttet.

**§ 22 Irrenhaus-Ordnung:** Ein Outdoor-Seminar erkennt man daran, dass niemandem das Dach auf den Kopf fällt – aber jeder selbst auf den Kopf fallen kann.

## In Schlankheit sterben

Achten Sie mal darauf, welches Thema die Frauenzeitschriften im Frühjahr dominiert: Es geht ums Abspecken. Dasselbe Thema treibt die deutschen Unternehmen um. Nur dass sie keine überflüssigen Pfunde, sondern überflüssige Mitarbeiter abbauen wollen. Ganzjährig. Und da deutsche Unternehmen für ihre Gründlichkeit bekannt sind, treiben sie diese Diät bis zur Magersucht. Am Ende steht nicht mehr der Kunde im Mittelpunkt, sondern es geht um die klassische Frage des Serienkillers: »Wie schaffe ich meine Opfer möglichst geräusch- und spurenlos aus der (Firmen-)Welt?«

Die Irrenhäuser bringen alles um die Ecke, was ihrem Schlankheitswahn im Weg steht. Das gilt für einzelne Mitarbeiter, aber auch für ganze Abteilungen. Die Firmen haben kein Problem damit, sich das eigene Herz, die Personalabteilung, aus dem Leib zu reißen und auszulagern. Soll doch eine Fremdfirma die Personalpolitik, die Zukunft des eigenen Unternehmens, in Händen halten. Völlig egal.

Ein Weg der leisen Liquidierung: reife Mitarbeiter aufs Altenteil abschieben. Ein bemerkenswertes Beispiel habe ich bei einem norddeutschen Konzern verfolgt: Das Management tat alles, um Ingenieure ab Anfang 50 aus dem Unternehmen zu drängen. Einer nach dem anderen ging, bestenfalls in Frührente. Der Vorstand beobachtete stolz, wie sich das Durchschnittsalter verjüngte und der Personalbestand schwand.

Nur eine Winzigkeit hatte man dabei übersehen: Die älteren Ingenieure gingen nicht nur in Rente; sie nahmen ihre kostbaren Erfahrungen mit. Über die Jahrzehnte hatten sie Hunderte von Produktentwicklungen mitgemacht, ein Gespür für die Fehlerquellen entwickelt und ihre Prozesse perfekt auf die einzelnen Kunden abgestimmt. Ihr Wissen und ihre Erfahrungen machten die Qualitäten der Firma aus.

Während der Konzern dachte, er würde überflüssige Pfunde verlieren, verlor er in Wirklichkeit sein Knochenmark. Bei den nächsten Produktentwicklungen kam es zu massiven Schwierigkeiten. Die Räder griffen nicht mehr ineinander. Zeiten wurden falsch eingeschätzt, Mitarbeiter unzureichend koordiniert. Und niemand sprach mehr dieselbe Sprache wie die langjährigen Kunden.

Erst als ein wichtiger Auftraggeber das Kasperletheater satt hatte und mit seinem Absprung drohte, zog die Geschäftsleitung die Reißleine. Man trat an einige der verrenteten Routiniers heran und lockte sie, die gerade Rausgedrängten, mit Beraterverträgen zurück in die Firma. Und siehe da: Auf einmal liefen die Prozesse wieder.

Allerdings hatte diese Irrsinns-Politik ihren Preis. Die gekränkten älteren Mitarbeiter gaben sich nicht mit ihren alten Gehältern zufrieden, sondern ließen sich ihre Arbeitsleistung mit einem kleinen Vermögen aufwiegen. Die Firma hatte es geschafft, schlanker zu werden. Aber der Preis, den sie dafür zahlte, war wieder einmal viel zu hoch.

## Betr.: Wie mich ein Gesetz, das Gleichheit fördern soll, arbeitslos machte

Zusammen mit drei Kolleginnen bildete ich die Personalabteilung eines textilienverarbeitenden Betriebs. Als im Jahr 2006 das Allgemeine Gleichbehandlungsgesetz (AGG) erlassen wurde, standen wir bei unserer Geschäftsleitung auf der Matte, um Fortbildungen zu diesem Thema zu beantragen. Als Begründung führten wir an: Schon ein falsches Wort in einer Ausschreibung oder eine falsche Frage in einem Vorstellungsgespräch genüge, damit abgelehnte Bewerber die Firma verklagen könnten.

Das Gesetz sah vor: Niemand sollte benachteiligt werden wegen seiner Rasse oder ethnischen Herkunft, seines Geschlechtes oder seiner Religion, seiner Weltanschauung oder seines Alters, seiner sexuellen Identität oder einer Behinderung. Zum Beispiel war es künftig höchst gefährlich, den Wunschbewerber in einer Ausschreibung als »jung« »lebenserfahren«, »mobil« oder »Muttersprachler« zu definieren.

Der Chef hörte sich all das an. Sein Gesicht wurde finster wie eine Dunkelkammer. Er versprach, über die »Konsequenzen« nachzudenken. Wir hatten ein mulmiges Gefühl.

Zwei Wochen später kam es knüppeldick. Die komplette Personalabteilung, ließ der Chef uns wissen, werde zum Jahresende an einen Dienstleister ausgelagert – »aus Gründen der Effizienz«, behauptete er. Womit sich die Risiken durch das neue Gesetz für ihn erledigt hatten.

Wir waren fassungslos: Unser Fortbildungswunsch und unser ehrlicher Hinweis auf die Folgen des neuen Gesetzes waren missbraucht worden, um unsere Arbeitsplätze zu liquidieren. Hätten wir nur die Klappe gehalten!

*Maria Ammer, Personalleiterin*

**§ 23 Irrenhaus-Ordnung:** Bei einer Firmendiät nimmt nicht der Chefkoch ab, der das Einspargericht zusammenbraut, sondern nur die Mitarbeiter, die es auslöffeln.

## Der Schlecker-Trick

Einige Irrenhäuser haben die Schleichpfade der Arbeitnehmer-Überlassung entdeckt. Der Mitarbeiter wird nicht beim eigenen Unternehmen angestellt, sondern bei einer anderen, vorzugsweise kleineren Firma. Diese Firma dient als Strohmann: Sie »überlässt« oder »verleiht« den Arbeitnehmer für eine bestimmte Zeit.

Da sitzt also ein Mitarbeiter in der Firma, ohne ein Mitarbeiter dieser Firma zu sein. Nur wer ganz genau hinschaut, kann die Unterschiede erkennen. Zum Beispiel haben die »überlassenen« Arbeitnehmer oft Mailadressen, die einen Tick von denen der Stammbelegschaft abweichen – und sie zu Mitarbeitern zweiter Klasse stempeln. Genau so werden die Leiharbeiter auch behandelt. Etwa beim Gehalt.

Das brachte den Drogisten Schlecker auf eine Idee: Erst schloss er rund 800 kleine Läden, machte Hunderte von Mitarbeitern arbeitslos. Doch dann warf dasselbe Unternehmen, das gerade noch »betriebsbedingt« entlassen hatte, flugs den Wachstumsmotor an: Neue »XL«-Märkte schossen wie Pilze aus dem Boden, vorzugsweise in direkter Nachbarschaft ehemaliger Filialen.[27]

Das Personal war schnell beschafft. Man bot den frisch Abgesägten an, in den neuen Geschäften wieder Wurzeln zu schlagen. Der Haken an der Sache: Die Verträge wurden nicht direkt von der Firma Schlecker, sondern von der Zeitarbeitsfirma »Meniar« offeriert. An deren Spitze stand – wie praktisch – ein ehemaliger Schlecker-Manager.

Die Stundenlöhne, bei Schlecker rund 12 Euro (und tarifgebunden), stürzten bei Meniar auf 6,50 Euro ab. Das Weihnachts- und Urlaubsgeld lösten sich auf in Schall und Rauch. Und die Urlaubstage wurden auf das gesetzliche Minimum zusammengestrichen.

Unter diesen neuen Vorzeichen durften die Mitarbeiter eine Arbeit antreten, die sich von ihrer alten kaum unterschied – bis auf die radikal gekürzten Leistungen des Arbeitgebers.

Mit solchen Praktiken kennt sich das Inhaber-Ehepaar Anton und Christa Schlecker aus: Vor zwölf Jahren brummte ein Gericht den beiden eine Bewährungsstrafe von zehn Monaten und eine Geldstrafe von einer Million Euro auf. Auch damals hatten sie ihre Beschäftigten unter Tarif bezahlt.[28]

Ein neues Gaunerstück? Nein, sagt das Unternehmen, diesmal habe man »im Interesse der Mitarbeiterinnen und Mitarbeiter vor Ort gehandelt«, um durch Kostensenkung »wertvolle Arbeitsplätze zu erhalten«. Zumindest die Kostensenkung ist nicht zu leugnen.

Dass Schlecker diese Praxis schließlich beendete, lag nicht zuletzt am öffentlichen Druck. Auch Bundesministerien hatten gegen Schleckers Leiharbeits-Praktiken gewettert. Was die ministerialen Irrenhäuser für sich behielten: Die Zahl ihrer eigenen Leiharbeiter schnellt nach oben. Im Jahr 2009 waren es fast doppelt so viele wie im Vorjahr – 1343. Den Lohn dieser Arbeitskräfte behielten die Ministerien für sich. Angeblich nicht aus Scham, sondern aus Gründen des Datenschutzes.[29]

Das Lohndumping über Tochterfirmen greift um sich. Allein die Bahn hat 15 Tocherfirmen gegründet, um ihre Kosten zu senken. Und die Post lachte sich in Düsseldorf eine Tochter unter dem Namen »First Mail« an, deren Mitarbeiter keine stattlichen Postgehälter, sondern nur den tariflichen Mindestlohn von 9,80 Euro bekommen.

Schon die Begriffe lassen tief blicken: Ein Arbeitnehmer wird »verliehen« oder »überlassen«. So wie man Autos (ver)leiht. Oder Bohrmaschinen. Das, was ein Mensch war, wird durchs Verleihen zur Ware gemacht, zum Werkzeug.

Die Diffamierung lässt keinen Winkel einer Firma aus. Ich saß schon in etlichen Kantinen, in denen es zwei Preisstufen gibt: eine für Stammmitarbeiter, die ihr Schnitzel für 4,99 Euro essen, und eine für Leihmitarbeiter, die dafür 6,99 zahlen. Auch was die Arbeitszeiten, die Urlaubstage, die Sozialleistungen und die betrieblichen Rechte angeht, sind die Leiharbeiter die Sklaven der Gegenwart.

Der Ehrgeiz der Unternehmen besteht darin, dass immer weniger feste Mitarbeiter auf der Gehaltsliste auftauchen und Sozialleistungen beanspruchen. Gefragt ist robustes Leihinventar, das den einen oder anderen Schlag verträgt. Jeder kennt das von Leihautos: Man geht damit unsanfter um als mit dem eigenen Wagen. Waschen, warten, pflegen? Keine Spur! Ebenso gehen die Leihmitarbeiter bei der Personalentwicklung, zum Beispiel bei Fortbildungen, oft leer aus. Die Festangestellten machen Schritte – sie bekommen Tritte.

Die Irrenhäuser werden nicht nur schlanker – sie werden auch kranker. Beim Umgang mit ihrem kostbarsten Gut: den Mitarbeitern.

**§ 24 Irrenhaus-Ordnung:** Überlassene Mitarbeiter haben drei Vorteile: Man kann sie jederzeit bekommen. Man kann sie jederzeit loswerden. Und man kann sie, wie der Name schon sagt, bei Vergütung, Sozialleistungen und Fortbildungen sich selbst überlassen.

# 5.
# Durchgeknallte Konzerne: Irrsinn in XXL

*Für etwas mehr Durchblick würde ich auf den Ausblick glatt verzichten.*

In Konzernen fällt alles eine Nummer größer aus: der Umsatz, das Gebäude, die Bürokratie – und natürlich auch der Irrsinn. Er macht sich breit in XXL. In diesem Kapitel lesen Sie …

- warum Firmenzentralen ihre Niederlassungen für saudumm halten (und umgekehrt!),
- warum der Prozess im Konzern grausamer als der gleichnamige Roman von Kafka ist,
- wie das Fusionsfieber Daimler dazu trieb, sich Waschmaschinen zu angeln,
- und was sich die Mitarbeiter eines Konzerns einfallen ließen, als sie am Jahresende ohne Papier und Etat dafür dastanden.

## Das unheimliche Zentralhirn

»Die Zentrale ist das Gehirn unserer Firma«, hat einmal der Prokurist eines großen Einzelhandelskonzerns zu mir gesagt. In diesem Satz schwang eine gehörige Portion Stolz mit. Aber wie lautet der Umkehrschluss? Doch nur: dass die Niederlassungen *hirnlos* sind! Dass sie, wie menschliche Arme, hilflos am Firmenkörper baumeln, bis ihnen das Zentralorgan mitteilt, welche Handgriffe sie auszuführen haben.

Überall in Deutschland sehen es Firmenzentralen als ihre Aufgabe an, Verantwortung für ihre Außenstellen zu *übernehmen*. Anders gesagt: Sie nehmen diese Verantwortung ihren Niederlassungen weg. Die Zentralen wünschen sich Filialen, die klaglose Beifahrer sind – und die Finger weg vom Lenkrad lassen.

Selbst wenn der Beifahrer nur »Achtung, Hindernis!« ruft, sind die Zentralen sauer. Sie halten sich für so kompetent, so unfehlbar, so überlegen, dass sie sich von den Filialen nicht »dazwischenreden« lassen. Ihr Kurs gleicht einem Nagel: Ist er eingeschlagen, gibt es kein Zurück mehr.

Jede Firmenzentrale in Deutschland ist eine Klagemauer: Die Mitarbeiter der Niederlassungen protestieren gegen Produktmängel, warnen vor weltfremder Geschäftspolitik, funken SOS bei fallenden Umsätzen, reichen Beschwerden von Kunden weiter. Aber all das prallt an der Klagemauer ab.

Die Niederlassungen werden vom Zentralhirn als tiefe Täler ohne Überblick betrachtet (daher das Wort »Nieder«), die Filialleiter werden spöttisch »Provinzfürsten« genannt. Sie gelten als kleinkarierte Bedenkenträger, die von ihren Hirngespinsten zu heilen und auf den Kurs der Zentrale einzuschwören sind.

Wie oft habe ich von Niederlassungs-Mitarbeitern gehört, dass sie ihr Hauptgeschäft darin sahen, die durch ihre Zentralen verursachten Schäden zu begrenzen. Wie oft wurde mir geklagt, dass jene Manager, die am Steuerrad des Konzerns drehen, seit Jahren in keiner Filiale mehr gesichtet wurden und mit keinem Kunden mehr gesprochen haben.

Das führt zu Vorfällen wie diesem, den mir die Leiterin einer Einzelhandels-Filiale erzählt hat: Die Zentrale hatte ein neues Produkt ins Sortiment aufgenommen, eine Digitalkamera. Das Gerät war preisgünstig und wurde ein Verkaufsrenner. Doch immer mehr Kunden stürmten wutentbrannt ins Geschäft: »Die kompletten Fotodaten sind mir abgestürzt!« Einmalige Momente, wie Einschulungen und Urlaube, waren für immer verloren. Die Kunden tobten.

Die Filialleiterin hielt es für ihre Pflicht, die Zentrale zu alarmieren. Doch ihr Anruf wurde mit dem Hinweis auf die großartigen

Verkaufszahlen abgebügelt. Als die Protestwelle immer mehr anschwoll, schrieb die Filialleiterin einen Brief: Sie warnte die Zentrale vor einem Vertrauensverlust bei den Kunden.

Der Prokurist des Irrenhauses lud sie zu einem Gespräch ein. Der Verlauf überraschte meine Klientin völlig: »Er nahm mich ins Gebet und zischte: ›Spielen Sie sich doch nicht als Robin Hood auf. Oder nehmen Sie ein paar Kundenbeschwerden wichtiger als die Interessen Ihres Arbeitgebers? Vergessen Sie nicht, wer Sie bezahlt. Das Produkt verkauft sich glänzend.‹«

Meine Klientin wies darauf hin, dass es im Interesse der Firma sei, auf die Bedürfnisse der Kunden zu achten. Der Prokurist grinste schief und meinte: »Vielleicht stehen Sie Ihren Kunden deshalb so nah, weil Sie schon so lange in Ihrer Filiale sind. Wir sollten mal über eine Versetzung nachdenken.« Meine Klientin hatte verstanden – und schwieg.

Zwei Monate später erschien in einer Fachzeitschrift ein kritischer Bericht über die Kamera. Die Zentrale reagierte über Nacht: Sie nahm das Produkt vom Markt. Die Meinung eines Journalisten war ernst genommen worden – der Protest aus der eigenen Filiale nur auf die leichte Schulter.

Der klassische Fall einer Zentralentscheidung war die Idee der Deutschen Bank, in der zweiten Hälfte der 1990er Jahre einen Teil des Privatkundengeschäfts in eine Art hausinternes Arme-Leute-Institut, die »Deutsche Bank 24«, abzuschieben. Das Kerngeschäft, so meinte die Zentrale, würde ohnehin mit den Geschäftskunden und den reichen Privatiers gemacht.

Dabei übersah das Zentralhirn in Frankfurt jedoch eine Kleinigkeit, auf die es von zahlreichen Filialmitarbeitern hingewiesen wurde: »Unsere Kunden werden sauer sein, wenn wir sie zu Kunden zweiter Klasse erklären und unter das Dach eines Zweite-Klasse-Instituts schieben. Das riecht nach Ärger, nach Image-Schaden!«

Aber vom Feldherrenhügel der Zentrale setzte man sich über

diese Bedenken lässig hinweg – worauf es exakt so kam, wie von den Filialmitarbeitern ausgemalt. Ein Aufschrei der Empörung ging durchs Land. Etliche Kunden lösten aus Protest ihre Konten auf. Und das Image der Deutschen Bank stürzte ab. Erst viel später, als der Schaden schon entstanden war, lenkte das Zentralhirn ein.

Ein bezeichnendes Beispiel für arroganten Zentralismus lieferte im Frühjahr 2010 auch die CDU im nordrhein-westfälischen Wahlkampf: Die Zentrale um Landespartei- und -regierungschef Rüttgers – sprich Staatskanzlei – hielt es für nötig, ihre Außenstellen – sprich die CDU-Abgeordneten – mit überflüssigen PR-Mails zu bombardieren. Das fraß Zeit, die dringend für den Wahlkampf benötigt worden wäre. Einer der CDU-Abgeordneten fand den Mut, die Zentrale auf diese Tatsache hinzuweisen.

Damit zog er den Zorn des Zentralhirns auf sich. Der Rüttgers-Vertraute Boris Berger, seines Zeichens Abteilungsleiter in der Staatskanzlei, schrieb für seine Zentral-Mitarbeiter den Vermerk: »Kann den nicht einmal einer anrufen und ihm sagen, dass er mit Abstand der dümmste Abgeordnete der Fraktion ist?«[30]

Genau nach diesem Muster reagieren Konzernzentralen: Wer als »Niederlassungs-Heini« seine eigene Meinung äußert, gilt als Quertreiber. Dumm ist nie die Entscheidung der Zentrale – dumm ist immer nur der Protest dagegen.

Mit den Jahren stumpfen die Niederlassungen ab. Sie begreifen, dass die (Fehl-)Entscheidungen der Zentrale so unvermeidlich wie das Wetter sind, lassen die Klagemauer links liegen – und gehen zum Schweigen über. Diese Grabesstille eines Motivationsfriedhofs wird von den Zentralen oft noch als gutes Zeichen, als »stillschweigende Zustimmung« der Beifahrer zum Kurs missverstanden.

Sind die Mitarbeiter der Irrenhaus-Niederlassungen hirnlos? Ganz sicher nicht. Auch wenn sie ihren Kopf nicht in erster Linie zum Denken gebrauchen. Sondern? Zum Kopfschütteln über die Zentrale!

**Betr.: Warum die Lampe meiner Kollegin blind blieb**

Meine Arbeitskollegin Gunda stellte eines Nachmittags fest, dass ihre Schreibtischlampe nicht mehr funktionierte. Im Sekretariat, wo sie eine neue Leuchtröhre holen wollte, wurde ihr beschieden: »Dafür hat unsere Abteilung keinen Etat mehr. Die Deckenbeleuchtung muss künftig reichen.« Das war einem Sparprogramm zu verdanken, das für unseren Bereich des Konzerns erlassen worden war.

Da saß sie nun mit einer funktionsuntüchtigen Lampe. Erst hatte sie vor, selbst eine Leuchtröhre zu kaufen. Doch aus Trotz ließ sie es sein. Stattdessen gab sie die Lampe an ihren Kollegen Werner weiter. Er arbeitete in einem anderen Bereich des Konzerns, wo die Etats bekanntlich noch großzügig waren.

Doch Werner bekam von der Materialbeschaffung zu seiner Verblüffung gesagt, man könne ihm keine einzelne Leuchtröhre besorgen – da bislang noch keine Lampe für ihn registriert sei –, wohl aber eine neue Lampe inklusive Leuchtröhre. Auf dieses Angebot ließ er sich gerne ein und gab die funktionsuntüchtige Lampe an meine Kollegin Gunda zurück. Sie spielt nun mit dem Gedanken, das Teil wegzuwerfen. Aber wer weiß: Womöglich verstößt sie dann erneut gegen eine Vorschrift der Konzernbürokratie!

*Daniela Müller, Juristin*

**§ 25 Irrenhaus-Ordnung:** Die Zentrale weiß und bestimmt alles. Was die Zentrale nicht weiß und bestimmt, lässt sich vom Gehirn nicht erfassen – und muss als Hirngespinst einer Niederlassung gelten.

## Der Prozess

»Jemand musste Josef K. verleumdet haben« – mit diesen Worten beginnt »Der Prozess«, ein gespenstischer Roman von Franz Kafka. Der Protagonist wird am Morgen seines 30. Geburtstages verhaftet und soll vor ein Gericht gestellt werden. Völlig offen bleibt, wofür man ihn anklagt, nach welchen Gesetzen dieses Gericht urteilt und folglich: wie er sich verteidigen kann. Der ganze Roman besteht darin, dass der Protagonist mit dem Gericht in Kontakt treten will, aber die Hürden der Bürokratie nie ganz überwinden, seine Ankläger nie ganz durchschauen kann.

Das Wort »Prozess« steht in der deutschen Sprache für zweierlei: für ein Gerichtsverfahren und für einen definierten Ablauf. Der eine Prozess kann zu lebenslanger Haft, der andere zu lebenslanger Bürokratie führen. Beides kann einen Menschen zermürben. Das wissen Schwerverbrecher. Und Angestellte von Konzernen.

Viele Firmen haben es geschafft, jeden Vorgang, der komplizierter als das Aufkleben einer Briefmarke ist, in die Zwangsjacke eines »standardisierten Prozesses« zu stecken. Das Prinzip funktioniert so: Ein Irrenhaus-Direktor definiert Schritte, die zum Umsetzen einer banalen Notwendigkeit gegangen werden müssen, sagen wir zur Beschaffung von Material. Andere Wege sind den Mitarbeitern versperrt.

Was vorher eine unkomplizierte Angelegenheit war, ein Anruf beim Lieferanten, ist nun zum komplizierten Instanzenweg geworden. Der Irrenhaus-Mitarbeiter hat alle Hände voll zu tun, die Anforderungen des Prozesses zu befriedigen. Der erste Schritt kann sein, dass er klären muss, von welcher Kostenstelle seine Anschaffung abgebucht wird und ob dort noch ein ausreichender Etat vorhanden ist. Falls nicht, hat der Mitarbeiter ein massives Problem – vor allem, wenn seine Anschaffung unaufschiebbar ist.

Der zweite Schritt kann darin bestehen, dass der Mitarbeiter einen Antrag auf Budgetfreigabe ins System eintippt. Dort begründet er, fast wie ein Angeklagter vor Gericht, aus welchem Grund er das tun möchte, was er schon immer getan hat: für eine notwendige Anschaffung das Geld der Firma verwenden.

Dieser Antrag wird, wenn der Mitarbeiter Glück hat, vom System zur Prüfung angenommen. Oder er wird, wenn der Mitarbeiter Pech hat, abgelehnt – vielleicht hat er ja einen Lieferanten angegeben, der im Zuge der globalen Vereinheitlichung nicht mehr zugelassen ist. Etwa weil ihm eine Zertifizierung fehlt. Oder weil sein Auftragsvolumen unter einer frisch definierten Schwelle liegt. Oder weil eine übermüdete Sekretärin seinen Namen beim Eingeben um einen Buchstaben vertippt hat, womit er auf immerdar in den Abgründen des Systems verschwunden ist.

Ein Klient von mir, Einkäufer bei einem Autobauer, hat mir folgende Geschichte erzählt: Über viele Jahre hat er mit einem Zulieferer aus seiner Region zusammengearbeitet. Doch dann wurde der Einkaufsprozess von der Zentrale neu definiert. Bestimmte Dienstleistungen und Produkte mussten von bestimmten Großlieferanten bezogen werden. Jeder Zulieferer, der nicht auf der Liste stand, war aus dem Geschäft.

Mein Klient berichtet: »Das war ein Drama. Für uns, denn wir hatten jahrzehntelang mit diesem Zulieferer zusammengearbeitet und beste Erfahrungen gemacht. Aber auch für den Zulieferer, denn die ganze Firma hing ab von unseren Aufträgen.«

Doch der definierte Prozess sah keine Ausnahmen vor. Mein Klient alarmierte seinen Fachchef. Der führte zahllose Telefonate mit der Zentrale. Doch jeder Verantwortliche, mit dem er sprach, nannte einen anderen Verantwortlichen, der keine Abweichung von dieser Regelung zulassen würde. Es war, als würde man gegen eine Gummiwand laufen. Franz Kafka hätte an diesem Szenario seine Freude gehabt.

Nur durch einen Trick gelang es schließlich, den Auftrag doch noch zu erteilen. Der Prozessweg wurde *zugleich* eingehalten und ausgetrickst: Der Zulieferer bekam den Auftrag nicht direkt, wie bislang, sondern über einen Großzulieferer, der in der Prozessliste stand. Dieser diente als Strohmann und beauftragte seinerseits die alte Firma, genau das zu tun, was sie über Jahrzehnte getan hatte: den Konzern zu beliefern.

Dieser Vorgang fraß Zeit und kostete Nerven. Nicht zuletzt wurde die Dienstleistung mit einem Schlag teurer, denn die Tarnfirma wollte mitverdienen. Doch am Preis störte sich das Prozesssystem nicht; es kam nur auf den richtigen Lieferantennamen an.

Das ist die Besonderheit der bürokratischen Anforderungen: Je enger die Irrenhaus-Direktoren ihre Insassen an die Leine nehmen wollen, desto kreativer werden diese darin, die Vorschriften zu umgehen. Die Prozessbürokratie beschwört Mauscheleien, Tricksereien und Tarnkonstruktionen herauf.

Das gilt auch im Außendienst. Von etlichen Verkäufern weiß ich, dass sie immer weniger Zeit mit dem Verkaufen verbringen, dafür umso mehr mit Umsatzprognosen, Berichtswesen und bürokratischen Erfordernissen – mit Prozessen eben.

Der Vertriebsmitarbeiter eines großen Konsumgüterherstellers beschreibt die Folgen so: »Wir haben ja gar keine Wahl – wir müssen diese Excel-Tabellen liefern und uns nach den vorgegebenen Plänen richten. Und wenn es eben heißt, dass ein Produkt bitte schön 30 Prozent unseres Umsatzes auszumachen habe, dann macht es halt 30 Prozent aus. Zur Not senkt man den eigenen Umsatz mit einem Nebenprodukt, das sich von der Provision her ohnehin nicht rentiert. Damit die Relation stimmt. Damit die Bürokraten bekommen, was sie gefordert haben.«

Welch ein Irrsinn: Die Verkäufer, die das Geld reinholen, werden durch das Gängelband der Prozesse gebremst. Das ist so, als würde beim Fußball ein Torjäger damit beauftragt, nicht nur Tore zu schießen, sondern gleichzeitig seinen Laufweg, seine Schusstechnik und seine Trefferquote zu dokumentieren. Wetten, dass das zu Ladehemmung führt!

Hinzu kommt: Fast alle Vertriebsmitarbeiter haben ihre Arbeit gewählt, weil sie eben *keine* Schreibtischjobs machen, *keine* Bürokratie erledigen, sondern mit Menschen arbeiten wollen. Und in dieses Rad der Motivation, angetrieben von intrinsischer Arbeitsfreude, werfen die Irrenhaus-Direktoren den Knüppel ihrer Bürokratie. Und hoffen auch noch, dass sie auf diese Weise ihre Mitarbeiter zu besseren Ergebnissen führen.

Die meisten Prozesse in den Irrenhäusern führen dazu, dass die Mitarbeiter immer weniger an ihre Kunden und immer mehr an den Prozess denken. Wer einen Kunden vergrault, hat nichts zu befürchten. Wer aber einen festgelegten Arbeitsprozess missachtet, muss mit schlimmsten Sanktionen rechnen.

Außerdem legen die Mitarbeiter, wenn neue Probleme auftauchen, ihre Hände in den Schoß. Keiner will die Initiative ergreifen, keiner einen Weg auf eigenes Risiko gehen. Dafür lautet der Standardsatz: »Wir warten erst mal ab, bis die Chefetage einen neuen Prozess definiert hat.«

»Der Prozess« von Franz Kafka endet damit, dass Josef K. am Vorabend seines 31. Geburtstags von zwei Herren mitgenommen und in einem Steinbruch »wie ein Hund« erdolcht wird. Die meisten Prozesse in den Unternehmen enden ebenfalls mit einem Todesurteil. Hingerichtet werden: die Flexibilität der Firma; und die Motivation der Mitarbeiter.

## Betr.: Wie mich die Bürokratie den Flammen zum Fraß vorwarf

Es war stets dasselbe in unserem Konzern: Einmal im Quartal, immer an einem Freitag, immer vormittags, wurde der Feueralarm geprobt. Es war genau geregelt, innerhalb welcher Zeit wir das Gebäude verlassen und uns auf dem Hof in einer Liste eintragen mussten. Man stelle sich das vor: Alle Mitarbeiter unterbrechen ihre Arbeit für eine Stunde. Viermal im Jahr. Was das an Arbeitszeit kostet!

Ich hatte wirklich viel zu tun. Deshalb war ich dazu übergegangen, mich von meinem Büronachbarn in diese Liste eintragen zu lassen und am Arbeitsplatz zu bleiben. So auch, als die Sirene mal wieder gegen 11.30 losheute. Die Kollegen plauderten noch etwas und schlenderten gemütlich in Richtung Ausgang.

Ich arbeitete in aller Ruhe weiter. Bis mir Rauch in die Nase stieg. Bis ich die Einsatzbefehle der Feuerwehr durchs Gebäude hallen hörte. Ich nahm die Beine in die Hand. Im Stockwerk unter uns war ein Papierkorb in Flammen aufgegangen. Und das Feuer schmorte sich durchs Gebäude.

Mehr als 50 Mitarbeiter waren in dem brennenden Haus geblieben. Der Chef gab sich empört: »Das haben wir doch wirklich oft genug geübt«, schimpfte er. Offenbar war ihm der Zusammenhang gar nicht klar: Wegen der vielen Probealarme, dieser fürchterlichen Übungsbürokratie, wurde die Feuersirene nur noch als Pausensirene wahrgenommen. Keiner nahm sie mehr ernst – genau wie die meisten anderen Prozesse im Haus!

*Pit Ruge, Key Account Manager*

**§ 26 Irrenhaus-Ordnung:** Prozesse sind wie Kaugummis: Sie ziehen das, was einmal kurz war, endlos in die Länge.

## Die Quartalszahlen-Säufer

Auf der ganzen Welt gibt es nur zwei Institutionen, die über den Tellerrand des Tages hinausblicken. Eine davon ist unbedeutend – die Evolution. Und eine davon ist bedeutend – die deutschen Konzerne. Haben Sie schon mal zugehört, wenn sich ein CEO vor den Aktionären zu »Captain Future« aufplustert? Das klingt so, als käme es ihm nicht auf die Kurzstrecke, nicht auf die Geschäftsergebnisse der Gegenwart an – sondern allein auf die Zukunft.

In jedem Redemanuskript finden sich Aussagen wie: »Wir dürfen nicht jeder Entwicklung des Marktes hinterherlaufen. Wir dürfen nicht Sklaven des schnellen Erfolges werden. Wir müssen unsere Speerspitze der Innovation von langer Hand schleifen. In zehn Jahren werden auf dem Spielfeld der Globalisierung nur wenige Player übrig sein. Dann erst zeigt sich, wer die Weichen richtig gestellt hatte. Ich verspreche Ihnen: Wir werden zu den Größten, den Besten, den Innovativsten gehören!« (Stürmischer Applaus.)

Mein Klient Ingo Klewer (55) arbeitet seit zwanzig Jahren für einen Weltkonzern und kann über solche Sprüche nur den Kopf schütteln: »Es ist immer wieder dasselbe. Nach außen wird die Nachhaltigkeit gepredigt – und nach innen wird die Kurzatmigkeit gelebt. Ich habe jetzt vier CEOs erlebt, die fast nichts gemeinsam hatten. Bis auf eines: Sie haben sich sonst was aufgerissen, um ihre Quartalszahlen nach oben zu pushen.«

Ingo Klewer hat groteske Entscheidungen erlebt: »Wir haben einen Auftrag in dreistelliger Millionenhöhe erwartet – allerdings erst nach Ende des Quartals. Da hat sich die Vorstandsetage eingeschaltet: Ob es nicht möglich sei, den Kunden noch in diesem Quartal zu einem Abschluss zu bewegen? Zum Beispiel mit einem Rabatt (obwohl Rabatte bei uns eigentlich verpönt waren). Am Ende mussten wir beim Preis so viel nachlassen, dass es ein Nullsummenspiel wurde. Und doch: Das Quartalsergebnis war großartig. Der CEO wurde in den Medien gefeiert: Er habe das Ruder herumgerissen, hurra und trallala. Nirgendwo stand: Der Kerl hat gerade ein paar Millionen aus dem Fenster geworfen, nur um selbst gut dazustehen.«

Solche Amokläufe fürs Quartalsergebnis sind bei Aktiengesellschaften üblich. Das Denken der angestellten Manager reicht nicht weiter als die Laufzeit ihres Vertrages. Und dass diese Verträge ihre Laufzeiten überhaupt erreichen, setzt voraus, dass die Aktionäre bei Laune gehalten werden – mit guten Quartalszahlen.

Jeder kleine Gruppenleiter weiß, dass er bei den Häuptlingen hoch im Kurs steht, wenn seine Zahlen beim Frisieren des Quartalsergebnisses mithelfen – und dass er sich zur Unperson macht, wenn er das Quartalsergebnis durch plumpen Realismus nach unten zieht. Jede besoffene Entscheidung mutiert zum »klugen Schachzug«, wenn sie nur dem Quartalsergebnis dient.

Diese Politik führt direkt in einen Teufelskreis, wie Ingo Klewer erzählt: »Kurz vorm Quartalsende ging eine Maschine kaputt. Der Werksleiter hat die Anschaffung ins nächste Quartal verschoben. Doch dann fiel eine weitere Ausgabe an. Er schob die Anschaffung erneut auf. So ging das über viele Quartale. Den kurzfristigen Zahlen hat das genützt, doch unserem langfristigen Ergebnis verdammt geschadet.«

Aber stimmt es tatsächlich, dass die Öffentlichkeit so sehr auf die Quartalszahlen eines Unternehmens fixiert ist? Absolut! Noch nie in der Geschichte der Menschheit war die Halbwertszeit der Informationen so kurz wie heute. Ein ständiger Wind aus Meldungen, die eigentlich nichts zu vermelden haben, wispert um den

Planteten. Die moderne Welt dreht sich nicht mehr um die eigene Achse, sondern um das, was getwittert und gemailt, gepostet und gesimst wird. Tempo kommt vor Wahrheitsgehalt. Jeder Internetnutzer kann als Homepagebetreiber, als Leserreporter, als Mitglied eines Aktionärsforums zu allem seine Meinung sagen – auch zur Geschäftsentwicklung eines Unternehmens.

Diese Öffentlichkeit lässt sich als gigantischer PR-Motor instrumentalisieren. Der Treibstoff, mit dem die Firmen ihn füttern, sind Ad-hoc-Meldungen und Quartalsberichte. Etwas heiße Luft, in die Welt hinausgepustet, kann Kursfeuerwerke entfachen. Ein Ski-Reporter jubelt, wenn ein nationaler Abfahrer mit der besten Zwischenzeit gestoppt wird. Und die Aktionäre jubeln, wenn die Quartalszahlen eines Unternehmens über den Erwartungen liegen.

Ein Beispiel für diesen irrsinnigen Mechanismus: Im April 2010 meldete Daimler seine Quartalszahlen – und kündigte den Aktionären einen »Gewinn vor Steuern und Zinsen inklusive Sondereffekten« von 1,2 Milliarden Euro an. Diese Meldung überflügelte die Erwartungen. Die Analysten waren aus dem Häuschen, überboten sich mit Kaufempfehlungen. Dieser Tipp sauste in Schallgeschwindigkeit durch die multimediale Welt. Der Daimler-Aktienkurs hob ab. Um acht Prozent!

Wie irrational diese Kursexplosion war, brachte Christof Schürmann, Kommentator der »WirtschaftsWoche«, auf den Punkt: Er sprach von »Quartalszahlen-Unsinn mit Methode« und nannte »es ein Rätsel, warum irgendjemand bereit war, acht Prozent mehr für eine Daimler-Aktie zu zahlen als am Vortag. Denn die Motorenkünstler aus Stuttgart hatten es gerade mal geschafft, eine halbe DIN-A4-Seite mit ein paar Zahlen unters Anlegervolk zu bringen. Gemessen am echten Quartalsbericht, den es erst morgen geben wird, drückte Daimler nur ein dünnes PS aus einem Sechszylinder.«[31]

Ebenso gab sich der Börsenfachmann skeptisch, ob der Gewinnsprung nicht nur ein Täuschungsmanöver war: »Vielleicht hat Daimler ein bisschen an den internen Zinsfüßen gedreht und so Papiergewinne aus Pensionen etwa in den Ertrag gepackt. Oder vielleicht auch nur den Forschungs- und Entwicklungsaufwand aufgehübscht. Ein paar Hundert Millionen Gewinn sind da schnell beisammen.«

Eine gute Zwischenzeit kann ankündigen, dass einer als Erster ins Ziel kommt – oder das Gegenteil, falls sie von einer zu schnellen Fahrt, einem zu hohen Risiko und einem drohenden Sturz zeugt. Oder von einer *realen* Zeit, die so miserabel war, dass man die Stoppuhr manipulieren musste.

Nach allem, was ich von meinen Klienten gehört habe, erlaube ich mir die Behauptung: Der Wahrheitsgehalt etlicher Quartalsberichte gleicht dem Alkoholgehalt von Schnaps; mit 40 Prozent ist man gut bedient. Die restlichen 60 Prozent bestehen aus PR und Halbwahrheiten.

**§ 27 Irrenhaus-Ordnung:** Quartalszahlen sind wie Mofas: Wer sie nicht frisiert, wird abgehängt.

## Das Fusionsfieber steigt

Wenn zwei Autos zusammenstoßen, nennt man das Unfall. Wenn zwei Firmen zusammenkrachen, heißt das Fusion. Nicht selten kommt es dabei zu einem Totalschaden. Was vorher intakt war, liegt danach im Straßengraben. Eine Studie der Bank Morgan Stanley hat ergeben: Sieben von zehn Fusionen scheitern.[32]

Aber um solche Details kümmern sich die Irrenhaus-Direktoren nicht, wenn sie die Chance wittern, einen neuen Spielplatz für ihren Größenwahn zu eröffnen.

Der Widerspruch ist offensichtlich: Auf der einen Seite sind die Unternehmen vom Schlankheitswahn befallen und bauen ihre Mitarbeiter wie überflüssige Pfunde ab. Auf der anderen Seite stopfen sie sich bei Fusionen so viele Firmen und Beteiligungen in den Rachen, bis sie fett wie eine Würgeschlange nach dem Fressen einer großen Beute sind. Wie passt das zusammen?

Irrenhaus-Direktoren haben für alles eine Erklärung, natürlich auch hierfür: In Wirklichkeit fusionieren sie angeblich *nicht*, um mehr Mitarbeiter, mehr Maschinen, mehr Grundbesitz und vor allem mehr gefühlte Wichtigkeit zu erlangen. Vielmehr verkaufen sie die Fusion als einen besonders raffinierten, wenn auch um die Ecke gedachten Diätweg.

Das ist so, als würde ein Übergewichtiger sich mit Sahnetorten vollstopfen, bis der Zeiger der Waage rotiert – um dann einen winzigen Teil des zusätzlichen Gewichtes abzubauen und diesen Vorgang als »Erfolgsdiät« zu verkaufen.

Die Diät-Behauptung basiert auf der These: Wenn sich zwei Firmen derselben Art vereinigen, stehen plötzlich zwei Buchhaltungen, zwei Marketingabteilungen, zwei Vertriebe und natürlich auch zwei Geschäftsführungen auf der Gehaltsliste. Wer vorher als Insasse ein Unikat war, wird plötzlich zum Zwilling – und damit ein Idealkandidat für die Planierraupe des Personalabbaus.

Die Irrenhaus-Direktoren warten eine kurze Schamfrist ab, ehe sie das Spielchen »Und-raus-bist-du« beginnen. Nach Kriterien, die keiner nachvollziehen kann und soll, kegeln sie die einen Mitarbeiter vor die Tür und gewähren den anderen eine Galgenfrist. Diese Säuberungsaktion lässt die Aktionäre jubilieren, aber sie macht die verbleibenden Mitarbeiter zu Kaninchen vor der Schlange, wirkt lähmend auf sie.

Eine Studie kam zu dem Ergebnis: Ein Drittel der Mitarbeiter senkt sein Engagement, wenn entlassen wird. Jeder zweite empfindet die Zusammenarbeit mit den Kollegen als schlecht. Und wenn es zu Lohnkürzungen kommt, schalten 45 Prozent der Insassen sogar ihre Leistung in einen kleineren Gang.[33]

Aber was kümmert das den Irrenhaus-Direktor? Ihm geht es um messbare Effekte. Zum Beispiel kann er behaupten: »In meiner Ära fand eine Fusion statt. Dadurch haben wir 15 Prozent Marktanteil gewonnen. Und gleichzeitig ist es uns gelungen, durch Rationalisierung in den folgenden drei Jahren 750 Arbeitsplätze abzubauen.« Vom Motivationsabbau spricht er vorsichtshalber nicht. Und auch nicht davon, dass die Zahl der Mitarbeiter unterm Strich um 3000 gestiegen ist.

Das Wort »Rationalisierung« ist ein Witz: Was, bitte schön, ist rational an einem Zickzack-Kurs zwischen Völlerei und Diät? Unterm Strich sind Fusionen meist Zuschussgeschäfte – auch weil Firmen, die zum Verkauf stehen, meist keine Goldgruben sind (wie versprochen und erhofft), sondern Jauchegruben, die vor der Fusion aufgehübscht werden und deren Fäulnisgeruch der Insolvenz mühsam überdeckt wird.

Der wahre Geruch steigt den Irrenhaus-Direktoren erst dann in die Nase, wenn sie die Firma betreten und das Schlamassel aus der Nähe sehen – aber dann ist die Entscheidung gefallen und der Rückweg verbaut.

**§ 28 Irrenhaus-Ordnung:** Ein Unternehmen kann besser werden. Oder fusionieren.

## Was will Daimler mit Waschmaschinen?

Welches Motiv speist den Fusionswahn der Irrenhaus-Direktoren? Sie wollen Geschichte schreiben, neue Epochen einläuten, ein ganz großes Rad drehen. Ihr persönlicher Geltungsdrang ist größer als ihr Verstand. Wie sich ein Frauenheld mit der Zahl seiner Eroberungen brüstet, so misst sich ein Irrenhaus-Direktor an der Zahl seiner Insassen. Wer eine Anstalt mit 2000 Leuten leitet, ist 50 Mal wichtiger als einer, der es nur auf 1950 Mitarbeiter bringt. Solche Rechnungen gehorchen nicht der Mathematik, sondern der Eitelkeit.

Die Zahl der Fusionsunfälle, die von den Medien im Detail aufgenommen wurden, könnte ein dickes Buch füllen. Exemplarisch sei der Schach- bzw. Schwachzug der Firma Daimler genannt. Im Mai 1998 überschritt der Konzern lockeren Fußes die Grenze zwischen Größe und Größenwahn – und fusionierte mit der amerikanischen Firma Chrysler. Zwar war bekannt, dass der US-Konzern bis über beide Ohren in Schwierigkeiten steckte. Aber Jürgen Schrempp, Irrenhaus-Direktor in Stuttgart, verschlang den flügellahmen Wettbewerber mit einer Gier, als wäre es der hübscheste Vogel am Himmel der Autoindustrie. Vollmundig rief er sich als Direktor einer »Welt AG« aus.[34]

Das Fusionsfieber zog sich lange hin und brachte die typischen Symptome mit sich: Die Kosten schossen nach oben, der Ertrag stürzte ab. Im Jahr 2002 war ein Tiefpunkt erreicht: Chrysler fuhr 5,3 Milliarden Euro Miese ein. Die »Welt AG« musste insgesamt einen Verlust von 662 Millionen verbuchen – während Daimler in der Zeit vor der Fusion zuverlässig hohe Milliardengewinne erwirtschaftet hatte.

Doch Jürgen Schrempp hielt sich an der Fusion wie an einem Rettungsring fest – bis er am 28. Juli 2006 das Feld räumen musste. Wenig später wurde dann auch sein Baby gekillt, die unglückliche Fusions-Ehe aufgelöst. Schrempps Abenteuer gilt unter Branchenkennern als »eine der größten Wertvernichtungen, die sich ein Manager je geleistet hat«.[35] Allein von 1998 bis 2007 hatte die Aktie des Unternehmens 40 Milliarden Euro an Wert verloren.

»Unbelehrbarkeit« – unter dieser Überschrift laufen die meisten Fusionen, so auch Schrempps Verirrung. Sonst hätte er wohl keine Großfusion gesucht, nachdem sich schon sein Vorgänger Edzard Reuter auf diesem Feld eine blutige Nase geholt hatte. Reuters liebstes Ideenkind war ein »integrierter Technologiekonzern« gewesen. Dazu hatte er bis Anfang der 1990er Jahre so ziemlich jede Firma eingekauft, die nicht schnell genug zur Seite sprang. Zum Beispiel schnappte er sich den Konkurrenten Messerschmitt-Bölkow-Blohm (MBB), den niederländischen Flugzeugbauer Fokker, den Elektrogiganten AEG inklusive seiner Tochter Telefunken sowie den Turbinenhersteller MTU.

Was er mit diesem technischen Gemischtwarenladen erreichen wollte, außer sein Firmenreich zu vergrößern und sich selbst zu profilieren, war Beobachtern rätselhaft. Der Kauf der AEG durch einen Autohersteller war eine typische Irrenhaus-Entscheidung. Die treffendste Frage stellte wieder mal ein Mitarbeiter, der Betriebsrat Manfred Lehmeier: »Was will Daimler eigentlich mit Waschmaschinen?«[36]

Die Elektrofirma erwies sich als Elektroschrott – und blieb natürlich in den roten Zahlen stecken. Als der Reinfall nicht mehr zu leugnen war, reichte man die AEG zur Beerdigung an das schwedische Unternehmen Electrolux weiter. Die anderen Neuerwerbungen hielten ebenfalls nicht, was sich Daimler versprochen hatte.

Immer wieder das alte Lied: Die Irrenhaus-Direktoren wollen lukrative Firmen übernehmen. Aber letztlich übernehmen sie bei den Fusionen nur eines: sich selbst.

Und wer zahlt die Zeche? Nicht nur die armen Aktionäre, für die in der Presse immer heiße Tränen fließen – sondern die Mitarbeiter. Sie müssen zittern um ihre Arbeitsplätze, müssen auskommen mit gekürzten Etats, müssen sich pausenlos auf neue Strategien, neue Vorgesetzte und alte Dummheiten einstellen. Nicht gerade ein Kraftfutter für ihre Motivation.

Eine meiner Klientinnen hat die Auswirkungen des Daimler-Chrysler-Fusionstheaters als Insiderin miterlebt, sie erzählte: »Daimler war immer ein großzügiger Konzern. Bei den Gehältern, den Fortbildungen, bei allem. Aber damit war es ab Mitte der 2000er Jahre vorbei. Die haben in meinem Arbeitsbereich wie die Tollwütigen gekürzt. Über Nacht wurde ein Schulungsprogramm gestrichen. Ich hatte es mit viel Liebe aufgebaut. Über Jahre. Das war ein Schlag in den Magen. Auf meinen Protest hieß es nur: ›Irgendwo müssen wir ja mit dem Sparen anfangen!‹ Am liebsten hätte ich gesagt: ›Besser fängt das Management mit dem Denken an, ehe es über eine Fusion entscheidet – und nicht erst danach!‹«

### Betr.: Die Fusion machte mich zur Kampfhenne

Als einzige Fremdsprachenkorrespondentin habe ich für eine kleine Fachabteilung eines Konzerns gearbeitet. Ich war gut ausgelastet, bis unsere Firma einen Wettbewerber übernahm. Nun hatten wir einen Konkurrenten weniger – aber zu viele Mitarbeiter.

Ein Teil der neuen Kollegen zog an unseren Standort. Für viele Positionen gab es Doppelbesetzungen. Diese »Zwillinge« wurden immer in ein Büro gesteckt. Bei mir zog eine andere Korrespondentin ein. Bald war klar: Die Arbeit der Fachabteilung reichte nur für eine von uns. Man sperrte uns wie Kampfhennen auf engstem Raum ein und wollte sehen: Welche setzt sich durch?

Schon bald haben wir uns gehasst. Jede schlich durch die Büros und lauerte darauf, der anderen einen Auftrag wegzuschnappen. Oft kamen wir mit der gleichen Beute zurück, ohne es zu merken. Dieselbe Arbeit wurde doppelt gemacht, oft wochenlang. Die internen Auftraggeber nahmen, was besser klang. Oder schneller vorlag. Es war ein ewiger Wettkampf.

So ging es vielen Kollegen. Unsere Firma wurde ein Treibhaus für Intrigen. Immer öfter kam es vor, dass Festplatten »zufällig«

abstürzten. Dass vertrauliche Gehaltszahlen die Runde machten. Oder dass brisante Mails, in denen die Geschäftsführung kritisiert wurde, in der Postmappe des Vorstandes landeten.

Wir mobbten uns gegenseitig raus. Nach einem knappen Jahr war ich mit den Nerven so fertig, dass ich kündigte. Die Firma war mich ohne Abfindung losgeworden – so war es offenbar auch geplant!

*Hellen Schneider, Fremdsprachenkorrespondentin*

**§ 29 Irrenhaus-Ordnung:** Eine Fusion über Branchengrenzen hinweg ist schlau: Die Beobachter suchen nach der genialen Strategie dahinter. Niemand kommt auf die Idee, dass es gar keine gibt.

## Der verrückte Papierkrieg

»Als der große Konzern uns schluckte, wurde alles anders«, erzählte Jasmin Huch (35), Einkäuferin bei einem bis dahin mittelständischen Lebensmittel-Hersteller. Vorher waren die Entscheidungswege unkompliziert. Die Etatfreigabe war die einfachste Sache der Welt. Erster Schritt: Man musste dem Chef schlüssig erklären, wofür das Geld benötigt wurde. Zweiter Schritt: Er nickte mit dem Kopf. Diese unbürokratische Politik funktionierte ausgezeichnet: Die Geschäfte des Herstellers florierten.

Doch eines Tages gab der Inhaber dem Werben eines großen, ausländischen Konzerns nach: Gegen Zahlung einer Summe, deren Nullen kaum zu zählen waren, wurde der Mittelständler von dem Konzern aufgekauft. »Wir Mitarbeiter waren über diese Entwicklung zwar nicht erfreut«, so Jasmin Huch, »aber im Grunde haben wir gedacht: Es geht jetzt alles weiter wie bisher. Nur dass wir unter einem neuen Konzerndach arbeiten.«

Mit dieser Annahme lag sie im ersten Jahr richtig. Die Irrenhaus-Direktion des Konzerns sah sich an, was der Lebensmittelhersteller so trieb. Vor allem schielte man auf die Ausgaben. Was wurde für Rohstoffe ausgegeben? Was für Personal? Und was für die Dinge des täglichen Bürobedarfs?

Die grauen Konzernherren kamen überein: Im Folgejahr ließen sich die Ausgaben um fünf Prozent senken. Auch der Papier-Etat wurde gekürzt. Ohne Rücksprache mit den langjährigen Mitarbeitern.

Im neuen Geschäftsjahr, gegen Mitte November, kam es zu einer grotesken Situation: »Ich will eine Einkaufsliste ausdrucken«, sagte Huch, »doch im Drucker ist kein Papier mehr. Also gehe ich in die Vorratskammer. Dort ist auch kein Papier mehr. Also gehe ich ins Sekretariat und sage Bescheid. Dort heißt es: ›Sorry, unser Papier-Etat für dieses Jahr ist schon erschöpft – schauen Sie doch mal in einer anderen Abteilung nach.‹«

Jasmin Huch wurde in den Nachbarabteilungen vorstellig, doch dort stand man vor demselben Problem. Sie behalf sich, indem sie einen Kopierer öffnete und die Hälfte des Papiers entnahm. Doch diese Ration hielt nicht lang vor. Nach einer guten Woche war das komplette Blanko-Papier der Firma verbraucht.

Auf Druck der Abteilungsleiter klopfte der Geschäftsführer beim obersten Irrenhaus-Direktor in der Zentrale an. Doch dort wurde der Einwand, man brauche neues Geld für Papier, lapidar abgeschmettert: »Die Etats richten sich nicht nach Ihrem Verbrauch – sondern Ihr Verbrauch hat sich nach den Etats zu richten. Das funktioniert überall bei uns im Konzern. Finden Sie bitte eine kreative und vor allem kostenneutrale Lösung!«

Die Mitarbeiter waren um Ideen nicht verlegen: »Wir haben

einfach das Briefpapier für normale Ausdrucke genommen; denn Briefbögen hatten wir noch genug.« Doch diese Strategie beschwor den nächsten Engpass herauf: Mitte Dezember war nicht nur das Blanko-, sondern zusätzlich das Briefpapier aufgebraucht. Die Firma konnte keinen Kunden mehr anschreiben, keine Rechnung mehr stellen, keinen Ausdruck mehr machen.

Schließlich setzte sich der Pragmatismus durch: Etliche Mitarbeiter stiefelten in den Bürohandel und kauften aus eigener Tasche Papier. Die Briefbögen wurden in einer Mini-Auflage gedruckt und von den Abteilungsleitern selbst beglichen. Und so rettete sich der Lebensmittel-Hersteller, dessen Gewinn in zweistelliger Millionenhöhe liegt, durch ein Almosen seiner Mitarbeiter ins neue Jahr.

Wer der Meinung war, die Planwirtschaft sei ausgestorben, sieht sich bei einem Blick in die Großkonzerne getäuscht: Hier wird kein Finger krumm gemacht, ohne dass vorher eine Genehmigung für das Krümmen dieses Fingers erteilt wurde. Die Welt hat, seit Erfindung der Ritterrüstung, nichts Starreres mehr gesehen als die Etat- und Personalplanung der Großunternehmen.

Während der Bankenkrise habe ich erlebt, dass ein Versicherungskonzern einen »Einstellungsstopp« erlassen hat. »Unbefristet«, wie es hieß. Dieses Stoppschild stand den Fachabteilungen auch dann noch im Weg, als die Wolken der Krise sich verzogen hatten, die Aufträge anschwollen und ideale Bewerber auf der Matte standen.

Es gab Arbeitsplätze, die nicht besetzt waren; es gab Kundenaufträge, die nicht bearbeitet wurden; und es gab ideale Bewerber, die diese Arbeit hätten erledigen können. Nur eines fehlte: das grüne Licht für die Einstellung, das formale »Go«.

Erst mit etlichen Monaten Verspätung wurde die Sperre aufgehoben. Da waren die besten Bewerber bereits bei anderen Firmen unter Vertrag. Die Fachabteilungen mussten mit zweitklassigen Bewerbern Vorlieb nehmen – die dafür umso mehr liegengebliebene Arbeit auf den Tischen hatten.

Woran viele Großunternehmen ersticken, hat der amerikanische Management-Vordenker Richard Tanner Pascale in seinem Klassiker »Managen auf Messers Schneide« aufgezeigt: an ihrer Selbstgefälligkeit, ihrer Trägheit, ihrer Bürokratie.[37] Von 500 Unternehmen der Fortune-500-Liste (mit den erfolgreichsten Firmen der USA) waren fünf Jahre später 143 aus der Liste verschwunden – ein fatales Fallen der Engel, bei dem die deutschen Irrenhäuser locker mithalten können. Ob AEG oder Grundig, Rosenthal oder Karstadt, Kirch oder Karmann, Herlitz oder Quelle, Vulkan oder Holzmann, Coop oder Saarstahl: Am Ende wurden aus großen Unternehmen große Insolvenzen.

Was passiert, wenn die Mitarbeiter *nichts* entscheiden dürfen, wenn sie wie Junkies an der Entscheidungsnadel des gehobenen Managements hängen? Dann geht nicht nur die Arbeitslust flöten – dann hinken die Pläne des Managements, die Vorlauf brauchen, der Wirklichkeit, die sich ohne Vorlauf verändert, immer ein paar Schritte hinterher.

Im Zeitalter der Globalisierung, da sich das Weltwissen alle fünf Jahre verdoppelt, da sich das Karussell der Märkte immer schneller dreht – in dieser Zeit kann jede verlorene Sekunde ein verlorenes Geschäft bedeuten. Und jedes verlorene Geschäft kann der erste Nagel im Sarg einer (ehemals) großen Firma sein.

### Betr.: Wie ein Kollege zum »Betriebsspion« gestempelt wurde

Der Kollege hatte genau das getan, was bei uns im Konzern üblich war: sich selbst eine Mail mit Anhang geschickt, von der Dienst- an die Privatadresse. Er wollte seine Konstruktionsarbeit am Wochenende fortsetzen, ohne den Laptop mitschleppen zu müssen.

Fünf Tage später führte ihn der Sicherheitsdienst wie einen Schwerverbrecher aus dem Großraumbüro und brachte ihn zum Werkstor. Der Vorwurf: Betriebsspionage. Die Konsequenz: fristlose Kündigung!

Eine der zahllosen Richtlinien in unserem Konzern gab vor: »Vertrauliche Konstruktionsdaten« durften das Werksgelände nicht verlassen, weder auf Datenträgern noch per Mail. Diese Regelung aber traf auf unsere Abteilung nicht zu. Die Konstruktionspläne, an denen wir arbeiteten, waren so wenig vertraulich wie der Benzinpreis an der nächsten Tankstelle – reine Routinearbeiten.

Der Kollege, den es getroffen hatte, war als Muster an Zuverlässigkeit und Loyalität bekannt. Er arbeitete seit 25 Jahren für den Konzern. Unser Abteilungsleiter war bei der Entscheidung übergangen worden – er klärte seine Chefs über die Hintergründe auf und setzte sich für seinen Mitarbeiter ein. Doch die Manager wollten ihr Gesicht wahren. Sie blieben bei dem Standpunkt, die Daten seien »vertraulich« gewesen und der scheinbare Arbeitseifer eine raffinierte Form der »Betriebsspionage«.

Erst ein Arbeitsgericht machte diesem Spuk ein Ende: Der Kollege wurde wieder eingestellt. Seit diesem Vorgang wissen wir, dass in dieser Firma die Richtlinien mehr als die Mitarbeiter zählen. Darum machen wir kaum noch Überstunden. Schon gar nicht unentgeltlich zu Hause.

*Guido Fesenmeyer, technischer Zeichner*

§ 30 **Irrenhaus-Ordnung:** Wer mit halb gefülltem Tank die doppelte Strecke fahren will, ist ein Idiot. Wer mit halbem Etat doppelte Ergebnisse erzielen will, ist ein Finanzvorstand.

## Die Trümmerhaufen der Restrukturierung

Hat der Wahnsinn einen Namen? Ja, er heißt: »Restrukturierung«. Dieser Begriff soll nach einer ordnenden Hand klingen. Als würde Chaos beseitigt. Das Gegenteil ist wahr! Die typische Restrukturierung gleicht einer Tsunami-Welle: All das, was in Jahren aufgebaut wurde, fegt sie mit einem Rauschen hinweg. Trümmer, Durcheinander und ratlose Mitarbeiter bleiben zurück.

Diese Zerstörungskraft überrascht niemanden. Bis auf das gehobene Management. Was tun, wenn die Flut abgeebbt ist und die Katastrophe sichtbar wird? Wenn Abteilungen, die zusammengehören, auseinandergerissen sind? Wenn Mitarbeiter, deren Wissen unentbehrlich war, vom Hof gejagt wurden? Wenn die erhofften Aufträge und Einsparungen bei dem neuen Geschäftsmodell ausbleiben?

Klar doch: Man schiebt die nächste Resturkturierung an. Die neuen Teams, deren Mitglieder gerade ihre Namen gelernt haben, die neue Budgetplanung, auf die alle eingeschworen wurden, die neuen Vorgesetzten, die den Mitarbeitern gerade vertraut werden – all das wird von der nächsten Welle weggeschwemmt. Und die Trümmerarbeit beginnt erneut …

Übertreibe ich? Nur ein wenig. Etliche Irrenhäuser sind pausenlos damit beschäftigt, sich neu zu erfinden. Welche Einheiten lassen sich verschmelzen? Welche Produktgruppen lassen sich trennen? Welche Geschäftszweige lassen sich – je nach Stimmung – einschmelzen oder ausbauen, fokussieren oder streuen, nationalisieren oder internationalisieren? Und welche Mitarbeiter könnte man, wie Wäsche an der Leine, mal unter diesem Chef, mal unter jenem Chef aufhängen – oder, wenn die Budget-Klammer nicht mehr trägt, sie in die Arbeitslosigkeit abstürzen lassen?

Meine Klientin Bea Eisele (49) arbeitet für einen Lebensmittelkonzern. Seit Jahren erlebt sie, wie sich das Organisationskarussell in atemberaubendem Tempo dreht. In den letzten sechs Jahren hatte sie fünf Vorgesetzte: »Jedes Mal, wenn ein Neuer kommt, frage ich mich: Lohnt es sich überhaupt, seinen Namen zu lernen? Oder ist er morgen schon wieder weg?«

Mit jeder Führungskraft wechselte die Marschrichtung. »Der erste Chef kam zu einer Zeit, als die Konzernpolitik hieß: ›Alle Preissegmente besetzen!‹ Unser Chef hat das pausenlos gepredigt. Nach einem halben Jahr hätte man mich in der Nacht wecken können, und als ersten Satz hätte ich gesagt: ›Alle Preissegmente besetzen!‹«

Es dauerte ein halbes Jahr, bis neue Lieferanten gewonnen, neue Produktlinien eingeführt waren und das Marketing anlief. Doch nur drei Monate später rollte die nächste Restrukturierungswelle heran. Bea Eisele bekam einen neuen Vorgesetzten. Und der legte den Schalter wieder um: »Er erklärte, wir hätten das letzte Dreivierteljahr alles falsch gemacht. Sein Mantra lautete: ›Wer alle Segmente bedient, bedient keines richtig!‹ Er wies uns an, die altbewährten Qualitätsmarken wieder in den Fokus zu rücken und ›den Billigkram‹, wie er es nannte, aus den Sortimenten zu streichen.«

Diese Anweisung wirkte auf die Motivation wie ein Platzregen auf eine Picknickgesellschaft: »Wir kamen uns natürlich wie die Idioten vor. War unsere ganze Arbeit denn umsonst gewesen? Hätte man die Angebote nicht mit mehr Ausdauer testen müssen? Und wie standen wir Einkäufer jetzt bei unseren Kunden da, denen wir Sonderkonditionen mit der Zusage abgerungen hatten, wir kämen dauerhaft ins Geschäft?«

Doch auch dieses Grauen währte nicht lang. Ein weiteres Jahr später preschte die nächste Restrukturierungswelle heran, diesmal mit dem Ergebnis, dass eine »Doppelspitze« die Abteilung übernahm: ein Mann und eine Frau.

»Das war der Horror meines Berufslebens«, sagt Bea Eisele. »Die Chefin wies mich an, ein großes Lieferkontingent zu sichern. Das habe ich getan. Worauf der Chef zu mir kam und mich dafür rügte, ich hätte über seinen Kopf hinweg entschieden. Die waren sich nicht grün. Und wir mussten das ausbaden.«

Nachträglich – denn diese Ära dauerte wiederum nur ein Jahr – stellte sich heraus, dass diese Doppelspitze nur eine Notlösung gewesen war: Im gehobenen Management hatten zwei Fraktionen darum gerungen, diese strategisch wichtige Position zu besetzen. Da man sich nicht einigen konnte, entsandte jede Seite einen Vertreter – und hoffte nun darauf, er würde den Konkurrenten wegbeißen.

Restrukturierungen sind oft der Wellenschlag interner Machtkämpfe. Die erste Gruppe, die der Zentralisten, setzt die große Verschmelzung mehrerer Geschäftsbereiche durch. Die zweite Gruppe, die der Föderalisten, muss das zähneknirschend hinnehmen. Doch wenn die Verschmelzung nicht sofort den gewünschten Profit in die Kasse regnen lässt, verschiebt sich das Machtgewicht. Die Föderalisten gewinnen wieder die Oberhand – was sich bemerkbar macht durch eine erneute Restrukturierung. Diesmal werden die frisch zusammengeschweißten Geschäftsbereiche wieder auseinanderdividiert.

Die Mitarbeiter der Irrenhäuser reagieren auf dieses Chaos mit einem natürlichen Reflex: Sie nehmen die Entscheidungen nicht mehr ernst. Hinter dem, was Strategie genannt wird, vermuten sie Willkür. Und gehen dazu über, die Beschlüsse im Zuge einer Restrukturierung in einem Tempo umzusetzen, das langsam genug ist, um sich bis zur nächsten Restrukturierung über die Zeit zu retten.

Die Mitarbeiter solcher Firmen sind für mich in der Karriereberatung durch ein untrügliches Zeichen zu erkennen: die Zahl ihrer Zwischenzeugnisse. Jeder Chefwechsel wird als Zeugnistag zelebriert, weil die Arbeit in dieser Ära vom nächsten Chef bestimmt als »Verfehlung« gesehen wird. Mir sind schon Bewerbungsmappen mit acht Zwischenzeugnissen in die Hände gefallen. Jedes Mal las sich die Aufgabenbeschreibung wieder anders – als hätte der Mitarbeiter die Firma gewechselt.

Die Leidtragenden solcher Wechselspiele sind nicht zuletzt die Kunden. Statt dass die Firma sich auf sie und ihre wechselnden Bedürfnisse einstellt, müssen *sie* sich auf die Firma und deren wechselnde Strukturen einstellen. Über Nacht sind die vertrauten Abläufe umgekrempelt, die vertrauten Ansprechpartner verschwunden, und der Kunde mutiert zum Versuchskaninchen – und hoppelt nicht selten zur Konkurrenz davon.

Eine Studie der Unternehmensberatung Roland Berger kam 2007 zu einem Ergebnis, das sich verblüffend wenig mit dem Empfinden der Mitarbeiter deckt: Die meisten Firmen gaben an, mit ihren Restrukturierungen *langsamer* als früher auf Krisen zu reagieren: erst nach 20 Monaten, statt nach 14 Monaten (wie noch 2003).[38] Dabei lautete die Frage doch gar nicht: »Wie lange brauchen Sie, um auf den Verbesserungsvorschlag eines Mitarbeiters zu antworten?«

Ein anderes Ergebnis der Studie ist umso glaubwürdiger: Vier von zehn Firmen unterschrieben, die strategische Planung sei das A und O einer Restrukturierung. Allerdings mussten 80 Prozent aller Unternehmen einräumen, es sei ihnen nicht gelungen, die eigenen Pläne erfolgreich umzusetzen.

Wie soll eine *geplante* Veränderung zustande kommen, wenn man vom eigenen Plan abweicht? Wer als Manager nicht am Steuerrad einer Restrukturierung steht, sondern sich vom Strom fröhlich mitreißen lässt, heute in diese, morgen in jene Richtung, ist für seine Mitarbeiter gespenstisch wie ein Irrlicht und unberechenbar wie eine Naturkatastrophe.

Immerhin entsteht kein *dauerhafter* Schaden: Die nächste

Restrukturierung steht schon im Startloch. Um die Trümmer ihrer Vorgängerin abzutragen. Und eigene Trümmer zu hinterlassen.

**§ 31 Irrenhaus-Ordnung:** Ein Tsunami ist harmlos. Eine Kobra ist ein Streicheltier. Und eine Restrukturierung dient dem Unternehmen!

# 6.
# Unverstand im Mittelstand: Vererbter Wahnsinn

*Kottelmann. Ihren Urlaub mussten wir jetzt doch streichen, aber Kopf hoch, schauen Sie nur, was ich Ihnen mitgebracht habe!*

Mittlere Firmen sind *nicht* mittelmäßig. Auf einigen Feldern hängen sie den Durchschnitt locker ab – zum Beispiel in Engstirnigkeit, Geiz und Selbstüberschätzung. Hier erfahren Sie …

- warum mittelständische Unternehmer erst unfehlbar sind – und dann insolvent,
- wie ein Geschäftsführer, »Onkel Dagobert« genannt, diesem Namen alle Ehre machte,
- warum Ideen der eigenen Mitarbeiter immer als dumm und solche der Wettbewerber als genial gelten
- und wie ein Erbe es schaffte, in null Komma nichts die väterliche Firma zu ruinieren.

## Vater unser, der du bist im Mittelstand

Was feiern mittelständische Unternehmen am liebsten? Sich selbst. Kein Geburtstag des Firmeninhabers, kein Jahrestag der Geschäftsgründung wird ausgelassen, um die Firmenflagge zu hissen, die Lokalreporter zusammenzutrommeln und die Belegschaft mit einer Rede über die Historie und Zukunft der heiligen Firma in den Schlaf zu wiegen.

Böse Zungen behaupten, der Begriff »Mittelstand« habe seine Wurzel darin, dass mittelständische Firmen sich selbst als Mittelpunkt der Welt sehen. Am liebsten sorgten Mittelständler dafür, dass an den lokalen Schulen im Geschichtsunterricht nicht die Gründung des Römischen Reichs, sondern die des eigenen Firmenreichs unterrichtet wird. Und was ist schon die Einführung der Sozialversicherung durch Bismarck gegenüber der Einführung des ersten Firmenprodukts, eines Zwiebelschälers oder Bügeleisens?

Dieser Größenwahn erklärt sich aus der Froschperspektive der Region. Was der Fürst in früheren Zeiten war, ist der mittelständische Irrenhaus-Direktor heute: ein mächtiger Mann, ein »Brötchengeber« im wörtlichen Sinne. Das mittelständische Unternehmen kann der ganze Stolz, das Aushängeschild einer Region sein.

Nach der Pfeife eines solchen Firmenvaters tanzen im Umkreis von 50 bis 100 Kilometern alle, auch die Lokalpolitiker. Jedes Stück Land, auf dem er bauen will, wird über Nacht zum Bauland erklärt – auch wenn dabei mal wieder ein Biotop unter die Räder kommt.

Für einen mittelständischen Irrenhaus-Direktor werden in der Region Bücklinge gemacht, Gebete gesprochen und Gesetze gebrochen. Ein solcher Hofstaat ist nicht ohne Risiko. Denn wer garantiert, dass der Unternehmer die Realität im Auge behält? Wer wie ein Sonnenkönig behandelt wird, hält sich bald selbst dafür. Auch wenn er jenseits der Stadtgrenzen nur ein kleines Licht ist.

Kritische Anregungen der Mitarbeiter sind nicht gefragt. So kann ich mich an einen Klienten erinnern, der seinen Chef Ende der 1990er Jahre mehrfach auf die Wachstumsmärkte in Osteuropa und den immer schärferen Konkurrenzkampf in Deutschland hinwies. Doch mit dem Argument, das regionale Geschäft sei einträglich genug, wehrte der Irrenhaus-Direktor diese Vorschläge ab. Er, der Sonnenkönig, hatte es nicht nötig.

Erst Jahre später, als die Geschäftszahlen ins Tal rauschten, kam er auf die Idee meines Klienten zurück. Doch da war der Kreditrahmen schon so eng, dass dieser Sprung ins Ausland nicht mehr zu schaffen war. Zumal sich etliche Wettbewerber bereits in Osteuropa etabliert und dort eine goldene Nase verdient hatten. Zwei Jahre später war die Traditionsfirma pleite.

Dabei ist es eigentlich eine Stärke des Mittelstands, dass er *schnell* auf veränderte Marktlagen, *schnell* auf die Wünsche der Kunden reagieren kann. Bis ein Konzern eine Entscheidung gefällt und seinen Kurs gewechselt hat, können mittlere Firmen den Markt schon erobert und ein weiterführendes Angebot in der Pipeline haben.

Der Grad der Flexibilität hängt nicht zuletzt davon ab, welche Generation am Ruder ist. Meist sind die Gründer deutlich beweglicher als ihre Erben (siehe Seite 165). Wer als Unternehmerkind aufgewachsen ist, gibt sich leicht dem Irrtum hin, die Milliönchen seien nicht den Kunden, sondern Papis Konto zu verdanken. Dann geht die Kundenorientierung über Bord – und die Firma vor die Hunde.

Eine weitere Gefahr für mittelständische Unternehmer: Sie verwechseln das, was sich in ihrer Sichtweite abspielt, mit dem nationalen oder gar dem internationalen Markt. Zum Beispiel schafft es ein bekannter Schraubenhersteller im Südwesten, die Werkstätten und Baumärkte in seiner Umgebung mit den eigenen Produkten bis zum Anschlag zu füllen. Der Spaziergang durch die Räume der potentiellen Kunden nährt den Glauben, man durchdringe den Gesamtmarkt so locker wie ein Schlagbohrer eine Pappwand. Doch in Wirklichkeit setzen die Vertreter in Nord- und Ostdeutschland viel zu wenig ab – eine Tatsache, die man sich in dieser Firma schönredet. Statt darin eine Chance für die weitere Entwicklung zu sehen.

Die Nähe zu den lokalen Kunden bringt nicht nur die Chance mit sich, Probleme frühzeitig zu erkennen, sondern auch das Risiko, diese zu *verkennen*. Denn oft geben die Fanclubs vor Ort kein repräsentatives Urteil ab – als würde man Menschen im Bremer Umland nach der Bedeutung des Fußballvereins »Werder« fragen und aus der Tatsache, dass jeder Zweite ein Fan ist, eine Hochrechnung fürs ganze Land ableiten (40 Millionen Fans!).

Dieser verengte Blick führt zu Selbstgefälligkeit und zu falschen Entscheidungen. Zum Beispiel werden Produkte, die nur am lokalen Markt der Renner sind, in die ganze Republik gepumpt – wo sie allerdings nicht angenommen werden.

Regionale Irrenhaus-Direktoren täten gut daran, ihre Mitarbeiter nicht zum Dienen, sondern zum Denken zu erziehen. Auch sollten sie möglichst oft aus dem regionalen Käfig ausbrechen, um ihre Firma mit scharfem Blick von außen zu begutachten. So mancher Sonnenkönig würde erkennen: Sein Reich hat seine Grenzen. Sein Angebot hat seine Fehler. Und nur ein Mittelständler, der ständig an sich arbeitet, gleitet nicht ins Mittelmaß ab.

Allein im Krisenjahr 2009 sind durch Pleiten im Mittelstand rund 700 000 Arbeitsplätze verlorengegangen, eine gigantische Zahl, die nicht nur auf Finanzierungsprobleme, sondern auch auf verfehlte Unternehmenspolitik zurückgeht.[39] Überholte Geschäftsmodelle, mangelnder Horizont, monarchische Strukturen, zu viel Eigenlob und zu wenig Selbstkritik – das sind die Krankheiten, die mittelständische Unternehmen dahinraffen.

Die Beerdigung findet dann in aller Stille statt. Ausnahmsweise ohne Rede.

## Betr.: Warum mein Chef die Fußballwette gewinnen sollte

Der Inhaber unserer mittelständischen Firma war ein stadtbekannter Rechthaber. Niemand wagte es, ihm zu widersprechen. Umso weniger, je mehr er sich irrte. Trotzdem war ich baff, als es während der Fußball-WM 2006 zu diesem Vorfall kam. Wir hatten in der Firma eine Tippgemeinschaft gebildet. Der Chef hielt sich natürlich für den besten Fußballkenner – weil er ja alles besser wusste als die anderen!

Doch seine Tipps waren Schüsse in den Ofen. Schon nach einigen Tagen war er auf den vorletzten Rang abgerutscht. Seine Laune glich einer Stinkbombe, er war nur noch am Motzen. Diese schlechte Stimmung ging allen auf den Geist.

Eines Morgens schlich seine Sekretärin in geheimer Mission durch die Büros und flehte die Kollegen an: »Könnt ihr dem Tipperfolg des Chefs nicht auf die Sprünge helfen?« Wir sollten gezielt danebentippen, damit der Chef wieder zu besserer Laune und auch in dieser Rangliste auf seinen angestammten Platz kam: an die Spitze.

Etliche Kollegen spielten mit: Um den Hausfrieden wiederherzustellen und den grollenden Chefgott zu besänftigen, tippten sie konsequent gegen die Favoriten. Mein Tippen ging in eine andere Richtung – an die Stirn.

*Klaus Metzger, Administrator*

**§ 32 Irrenhaus-Ordnung:** Böse Zungen behaupten, ein mittelständischer Unternehmer komme gleich nach dem lieben Gott. Das ist natürlich falsch: Er kommt davor!

## Onkel Dagobert oder: Spare bis zur Bahre

»Onkel Dagobert« – so nannten die Mitarbeiter eines verarbeitenden Betriebes heimlich dessen Inhaber. Die Art, wie er mit Geld umging, erinnerte sie fatal an Walt Disneys gleichnamige Comic-Ente, die ihren randvollen Goldspeicher mit einer unschlagbaren Waffe verteidigt: ihrem Geiz.

Der Irrenhaus-Direktor Onkel Dagobert hatte mit seiner Firma eine Nische besetzt. Die Konkurrenz hielt sich in Grenzen, jährlich floss ein Millionengewinn in seinen Geldspeicher. Doch so groß der Chef darin war, mit beiden Händen Geld einzunehmen, so kleinlich war er beim Ausgeben.

Unter den Mitarbeitern der Firma, von denen ich einen leitenden Angestellten beriet, kursierten Dutzende Geschichten. Zum Beispiel gab es mehrere Zeugen für diesen Vorfall: Dagobert schneit vormittags ins Großraumbüro. Ein Mitarbeiter ist gerade dabei, die elektronische Jalousie zu verstellen. Der Chef fragt den Mitarbeiter höflich: »Wie oft am Tag verstellen Sie die Jalousie?«

»Je nach Sonnenstand«, antwortet der Mitarbeiter arglos.

»Und wie oft ist das?«

»Ehrlich gesagt, das habe ich noch nie gezählt. Warum interessiert es Sie?«

Jetzt schlägt der Chef einen strengeren Ton an: »Haben Sie schon mal überlegt, was das kostet? Nicht nur die Jalousie geht nach oben, sondern auch die Stromrechnung. Und die erhöhten Strompreise machen mir ernste Sorgen.«

Der Mitarbeiter atmet tief durch: »Aber die Jalousie ist doch dazu da, dass man sie verstellt!«

»Nein, sie ist kein Spielzeug, sondern ein Sonnenschutz. Meine Jalousie verstelle ich so gut wie nie.«

Alles, was Geld kostete, war für Dagobert ein rotes Tuch. Wer als

Mitarbeiter eine Gehaltserhöhung wollte, als Abteilungsleiter eine Etat-Aufstockung oder als Kunde einen Sonderrabatt, hätte genauso gut den örtlichen Sparkassendirektor um eine Spende für den Verein verarmter Bankräuber bitten können.

Zum Beispiel wies der Entwicklungsleiter immer wieder auf das veraltete Produktsortiment hin. Doch sein Etat war seit einem Jahrzehnt so gering bemessen, dass er lediglich die bewährten Produkte fortentwickeln, aber keine Innovation antreiben konnte. Dabei hätte ein neues Produkt die Position am Markt sichern und den Gewinn auf mittlere Sicht erhöhen können. Doch der Chef konterte den Etatwunsch immer mit derselben Antwort: »Ich lebe von meinen Einnahmen – nicht von den Ausgaben!«

Eines konnten die Mitarbeiter ihrem Irrenhaus-Direktor aber nicht vorwerfen: dass er die Enthaltsamkeit nur anderen predigte. Er lebte sie selbst mit einer Konsequenz, neben der jeder Mönch wie ein Lebemann gewirkt hätte. Er trug Anzüge, die so alt waren, dass man sie sonst nur in alten Edgar-Wallace-Filmen sah. Eine Frau und Kinder hatte er sich gespart. Dafür war er mit seinem Geschäft verheiratet.

Seine Maßstäbe, was Preise und Gehälter anging, waren auf demselben Stand wie seine Kleidung geblieben: dem vor 30 Jahren. Ständig heulte er seiner Sekretärin die Ohren voll, wie enorm die Preise doch explodiert seien, wenn er mal wieder Büromaterial oder eine Dienstreise-Abrechnung genehmigen musste. Einmal sagte er: »Dieser Flug hat uns 2500 gekostet! Wenn wir das jeden Tag ausgeben, sind das im Monat 75 000!«

»Nicht 2500, sondern 1250«, korrigierte die Sekretärin ihn sanft.

»Sie sind also auch drauf reingefallen!«

»Reingefallen? Worauf?«

»Auf den Euro! Ich rechne immer noch in Mark. Dann merken Sie erst, wie teuer alles geworden ist!«

Diese Anekdoten mögen amüsant klingen. Und doch ist dieser

Chef nicht nur für seine Mitarbeiter, sondern auch für seine Firma eine Zumutung. Noch laufen die Geschäfte, weil das Unternehmen in einer Nische arbeitet. Aber was passiert, wenn es Konkurrenten bekommt? Wenn sie mit jenen Innovationen glänzen, die sich diese Firma spart? Wenn die besten Mitarbeiter, mangels Gehaltserhöhung, abwandern und ihr Wissen weitergeben?

Das Groteske an der Sparwut der Irrenhaus-Direktoren: In der Absicht, Geld zu sparen, vernichten sie Geld. Wer bei den Gehältern seiner besten Mitarbeiter spart, treibt sie der Konkurrenz in die Arme. Wer bei der Werbung spart, gräbt sich das Wasser der Zukunft ab. Und wer bei alltäglichem Büromaterial spart, verübt Attentate auf die Motivation der Mitarbeiter.

Ist die Sparwut also vor allem ein Problem des Mittestands? Nein. Auch Konzerne treiben diesen Wahn auf die Spitze. So haben etliche DAX-Konzerne im Krisenjahr 2009 die Gehälter eingefroren. Zugleich wurden die Aktionäre mit Dividenden in Gesamthöhe von über 22 Milliarden Euro überschüttet.[40] Geld war reichlich da. Nur nicht für Mitarbeiter. Wie kann es sein, dass die Beschäftigten so viel weniger wert als die Aktionäre sind?

Mit den Jahren ist mir aufgefallen, dass die Sparkommissare der Irrenhäuser zu *jeder* konjunkturellen Jahreszeit im Einsatz sind. *Vor* der Krise wird gekürzt mit der Begründung: »Die nächste Krise steht bevor!« *In* der Krise wird gekürzt mit dem Argument: »Jetzt sind wir mitten in der Krise!« Und *nach* der Krise wird gekürzt mit dem Hinweis: »Jetzt müssen wir uns von der Krise erholen!«

Welche Sparblüten die letzte Wirtschaftskrise in Unternehmen mit mehr als tausend Mitarbeitern trieb, hat eine internationale Umfrage erforscht: 72 Prozent der Firmen durchliefen seit Krisenbeginn eine Restrukturierung, 68 Prozent erließen einen Einstellungsstopp, 60 Prozent legten die Gehälter auf Eis, und 55 Prozent wollten Überstunden nicht mehr oder nur noch in Notfällen bezahlen.[41] Wie passt das zu fetten Dividenden?

Statt den Profit des Unternehmens zu erhöhen, mindern diese Streichungen nur die Motivation der Beschäftigten. Die Zufriedenheit mit der Unternehmenskultur sackte – laut der Umfrage – in einem Jahr um 28 Prozent ab. Der Motivationsmangel bei den Mitarbeitern hat einen irrwitzigen Preis: Allein 2009 hat er die deutschen Unternehmen 92 bis 121 Milliarden gekostet.[42]

Wie wäre es mit einer völlig neuen Sparmaßnahme, die sowohl im Mittelstand als auch bei Konzernen funktioniert – mit Großzügigkeit? Eine Firma in Kanada überraschte ihre Arbeiter mit einem Geschenk: Jeder bekam einen Bonus ausbezahlt, ohne besonderen Anlass. Und was taten die Mitarbeiter? Sie revanchierten sich durch besonderen Fleiß. Schon am ersten Tag nach der Zahlung wuchs ihre Produktivität um zehn Prozent. Gerade bei langjährigen Mitarbeitern kam es zu einem dauerhaften Leistungsschub.[43]

Die Großzügigkeit bewirkte unterm Strich genau das, was Sparmaßnahmen zu Lasten der Mitarbeiter grandios verfehlen: Sie brachte der Firma zusätzliches Geld.

**§ 33 Irrenhaus-Ordnung:** Ein erfahrener Kostenkiller schießt so lange auf sein Opfer, bis nur noch Löcher sind, wo vorher eine Firma war.

## Nachäffer & Co. KG

Es war Dieter, ein Junge aus unserer Parallelklasse. Eines Tages schlenderte er über den Schulhof mit einem nie zuvor gesehenen Spielzeug. Fasziniert sah ich zu, wie er das bunte Röllchen schwungvoll in Richtung Boden warf, von wo es an einem Schnürchen wieder zurück in seine Hand sauste. Als gäbe es keine Schwerkraft. Wow, das sah vielleicht cool aus!

Einen Tag später schlenderten fünf Kinder mit Jojos über den Schulhof, verfolgt von 500 bewundernden Blicken. Eine Woche später ließ die Hälfte der Schüler ein Jojo durch die Luft sausen. Und nach zwei Wochen wäre man lieber ohne Kleidung als ohne Jojo in die Schule gegangen. Der Schulhof war zur Zirkusarena geworden. Sogar ein Sportlehrer reihte sich ins Heer der Jojo-Spieler ein.

Warum ich Ihnen diese Anekdote erzähle? Weil ich dieses Herdenverhalten noch immer beobachte – bei Firmen. Schon mal überlegt, welche Anstöße es braucht, damit Ihre Firma eine neue Werbestrategie fährt, eine neue Kundengruppe anspricht, einen ausländischen Markt ansteuert oder auch nur eine neue Maschine anschafft?

Sind es Ideen der eigenen Mitarbeiter, die solche Neuerungen auf den Weg bringen? Ach was! Zum Beispiel schlug Klaus Klee (28), Innendienstler bei einer Spedition, seinem Chef während der Wirtschaftskrise vor: »Warum verleihen wir unsere Laster nicht an Privatkunden, wenn wir gerade keine Fahrten haben? Dann können wir in der Zeit, in der sie sonst nutzlos auf dem Hof stehen, gutes Geld verdienen.«

Der Geschäftsführer bellte: »Wir sind eine Spedition, kein Autoverleiher – merken Sie sich das!« Der Mitarbeiter trat gekränkt den Rückzug an, mit dem festen Vorsatz, seinen Chef nie wieder mit einer Idee zu behelligen. Damit war das Thema vom Tisch. Scheinbar.

Doch ein paar Monate später nahm die Geschichte eine unerwartete Wendung. Der lokale Wettbewerber, ebenfalls nicht ausgelastet, schaltete ein Inserat: Er bot seine Lastwagen zum Verleih an. Die Konditionen waren günstiger als bei den klassischen Autoverleihern, das Prozedere höchst unkompliziert.

Bald sah man die Lkw der Konkurrenzfirma, die sonst immer direkt zur Autobahn strebten, durch die Kleinstadt tuckern. Mal wurden sie für Umzüge genutzt. Mal transportierte ein Privatmann sein Boot in die Werft. Mal wollte ein Neuling, der gerade erst seinen Lkw-Führerschein gemacht hatte, sich ein paar Stunden zusätzlicher Fahrpraxis sichern. Das Geschäft lief ausgezeichnet.

Es dauerte nicht lange, da wurde Klaus Klee von seinem Geschäftsführer ins Büro zitiert. Wollte der Chef sich dafür entschuldigen, dass er den Vorschlag abgelehnt und damit einen Fehler begangen hatte? Mitnichten, er knurrte: »Zufälle gibt es, Klee! Da schlagen Sie mir einen Verleih unserer Lkw vor – und ein paar Wochen später greift die Konkurrenz diese Idee auf.«

»Ja, wirklich schade, dass wir nicht schneller waren.«

»Schade ist etwas anderes: dass Sie die Idee zur Konkurrenz weitergetragen haben.«

Klaus Klee zuckte zusammen: »Das hab ich nicht. Ganz sicher nicht!«

»Und wie erklären Sie dann, dass diese Idee ausgerechnet jetzt in unserer Nachbarschaft einschlägt?«

»Weil unser Wettbewerber genauso wenig Aufträge hat wie wir – und Geld verdienen möchte.«

Hinter diesem Erlebnis steht das Naturgesetz aller Irrenhäuser. Die Ideen eigener Mitarbeiter gelten als Hirngespinste, als terroristische Anschläge auf den höchsten aller Werte: die liebe Gewohnheit. Allein die Tatsache, dass ein Unternehmen noch nicht insolvent ist, gilt als Beweis, dass das bewährte Geschäftsmodell funktioniert und keinerlei Veränderungen erforderlich sind.

»Das haben wir schon immer so gemacht« – hinter diesem Schutzschild verkriechen sich ganze Chefetagen. Als gäbe es für Firmen keinen ständigen Evolutionsprozess, keine Notwendigkeit, Veränderungen am (Welt-)Markt zu registrieren und sich dieser Umwelt anzupassen.

Doch was passiert, wenn eine Konkurrenzfirma neue Wege geht? Dann singt der Chefchor: »Warum machen wir das nicht auch?« Jede Idee, die andere haben, gilt als gute Idee. Als würden die Mitarbeiter dort in der Kantine keine Suppe, sondern pure Weisheit löffeln. Wie viele Maschinen wurden schon angeschafft, Expansionsversuche unternommen, Geschäftsmodelle ausprobiert, nicht weil es zielführend war, sondern nur, weil die Konkurrenz es auch tat?

Mir sind mehrere Einzelhändler bekannt, die sich gegenseitig in den Ruin getrieben haben. Das Spiel funktioniert immer gleich: Einer senkt die Preise so weit ab, dass er zwar eine größere Menge an Produkten verkauft, aber damit keinen Gewinn mehr macht. Der Wettbewerber sieht die vollen Läden seines Konkurrenten, wägt ihn auf dem Weg zu einem Milliardengeschäft und stürzt sich wie ein Lemming in dieselbe Richtung. Er lockert ebenfalls die Preisschraube.

Diese Spirale dreht sich so lange und so schwindelerregend schnell abwärts, bis Vor- und Nachläufer sich an einem gemeinsamen Punkt treffen: dem Ausverkauf. Beide sind pleite.

Eine Dummheit, die andere vormachen, wird nicht zum Geniestreich, indem man sie nachmacht. Im Gegenteil: Sogar eine gute Idee kann für den, der sie kopiert, zur Sackgasse werden. Wer in die Fußstapfen eines anderen tritt, läuft immer an zweiter Stelle.

Zum Beispiel erlebte der Chef von Klaus Klee eine Bauchlandung, als er auf den fahrenden Lastzug der Verleih-Idee doch noch aufspringen wollte. Der Wettbewerber hatte den lokalen Markt bereits schon abgedeckt. Außerdem hatten viele Kunden noch den Ehrgeiz, ihren Lkw beim »Original-Verleih« zu ordern – und nicht bei jener Firma, die offensichtlich nur eine gute Idee kopiert hatte.

## Betr.: Wie ich unfreiwillig in den Fanclub meines Chefs eintrat

Nanu, was war in unseren Chef gefahren? Erstmals in der Geschichte seiner mittelständischen Firma setzte er einen Betriebsausflug an, eine Fahrt ins benachbarte Elsass – mit Bootstour, Mittagessen und »einer abendlichen Überraschung«, wie es in der Einladung hieß.

Wir rätselten natürlich alle, was am Abend geschehen würde. Ein Theaterbesuch? Ein Fünf-Gänge-Menü? Oder eine große Fete?

Was tatsächlich geschah, ging über unsere Phantasie hinaus: Der Chef schleppte uns – 74 Köpfe, seine komplette Belegschaft – um Punkt 19 Uhr in eine Podiumsdiskussion. Er war Teilnehmer dieser Runde, es ging um ein kontroverses Thema. Unser Ausflugsvergnügen bestand darin, dass wir seinen weisen Äußerungen lauschen und sie durch bebenden Applaus untermauern durften.

Die anderen Diskussionsteilnehmer waren verblüfft, wie gut die Standpunkte unseres Chefs bei der »Allgemeinheit« ankamen. Offenbar war der ganze Ausflug eine getarnte Fanclub-Reise gewesen. Noch heute stupsen wir uns an, wenn wir in der Zeitung von einer anstehenden Podiumsdiskussion lesen, und wispern: »Na, wie wär's mit einem Betriebsausflug?«

*Christa Paulsen, Vertriebsassistentin*

**§ 34 Irrenhaus-Ordnung:** Ideen der eigenen Mitarbeiter sind Schnapsideen, weil sie Ideen der eigenen Mitarbeiter sind. Ideen der Wettbewerber sind genial, weil sie Ideen der Wettbewerber sind.

## Wenn die Erben es verderben ...

Der Mann, der zu mir in die Beratung kam, war in Ehren ergraut. Mit 75 Jahren führte er immer noch ein mittelständisches Unternehmen, das zu den erfolgreichsten seiner Branche gehörte. Doch nun stand er vor einem speziellen Problem: »Mein Sohn soll die Firma übernehmen. Aber er will sie nicht!«

Ich führte zwei Gespräche – das erste mit dem Vater, das zweite mit dem Sohn. Der Unterschied war auffallend. Der Vater, ein Kaufmann alten Schlages, mit Maßanzug und Einstecktuch, bekam den Glanz eines frisch Verliebten in die Augen, sobald er von seiner Firma redete. Er sprach nicht – er schwärmte. Für ihn war die Firma sein Baby, sein Liebling, sein Leben.

Umso weniger verstand er, warum sein Sohn lieber in einer anderen Firma arbeitete – »auch noch schlecht bezahlt!« –, statt dieses Schmuckstück von einer Firma zu übernehmen. Der »Junge«, immerhin schon 35 Jahre alt, habe »nur Flausen im Kopf«. Zum Beispiel mache er »schrecklich laute Musik in einer Band«.

Danach führte ich das Gespräch mit dem Sohn. Er tauchte in Lederjacke und Jeans bei mir auf. Ich fragte ihn, wie er zum Übergabewunsch seines Vaters stand. Seine Antwort war eindeutig: »Wenn ich das Wort ›Übergabe‹ höre, könnte ich mich übergeben. Warum sollte ich ein Paar Schuhe anziehen, das mir nicht passt?«

»Liegt es daran, dass Sie diese Schuhe noch für zu groß halten?«, wollte ich wissen.

»Nein, es sind einfach die falschen Schuhe. Ich käme ja auch nicht auf die Idee, dass mein Vater meine Band übernimmt, nur weil ich gern Musik mache. Er ist unmusikalisch.«

»Woher wissen Sie so genau, dass Sie das Geschäft nicht führen wollen – müssten Sie es nicht erst einmal ausprobieren?«

Sein Gesicht verzerrte sich, als hätte ich ihm gegen das Schienbein getreten: »Oh Gott, ich kenne den Laden aus dem Effeff. Schon als Kleinkind habe ich meinen Vater über kein anderes Thema reden hören. Firma, Firma, Firma. Ich kam mir vor wie ein Adoptivsohn. Die Firma war sein wahres Kind.«

»Kennen Sie die Firma denn von innen?«

»Bis zum Abwinken! Als mein erstes Schulpraktikum in der achten Klasse anstand, war klar: Ich musste in die Firma. Als Sommerferien waren, war klar: Ich musste in die Firma. Als ich studiert habe und von meinen Eltern finanziert wurde, war in den Semesterferien klar: Ich musste in die Firma.«

»Und wenn Sie das abgelehnt hätten?«

»Dann wäre mein Vater tödlich beleidigt gewesen. Oder er hätte mein Studium nicht mehr finanziert. Ich hatte keine Wahl. Aber jetzt verdiene ich mein eigenes Geld. Zum Leben reicht es. Mit dieser Firma will ich nichts zu tun haben.«

Diese Geschichte ist typisch und untypisch zugleich. Typisch, weil die Firmeninhaber mit aller Gewalt ihre eigenen Kinder an der Unternehmensspitze sehen wollen, ohne Rücksicht, ob diese das Geschäft führen wollen – oder führen *können*. Und untypisch, weil der Sohn die Übernahme so klar ablehnte.

Ein Klient von mir, Vertriebsleiter, erlebte einen Generationswechsel aus nächster Nähe: »Das ist ein Trauerspiel! Die Familie hat 50 Jahre gebraucht, um den Betrieb auf die Beine zu stellen – und der Sohn braucht fünf Monate, um die Firma in Grund und Boden zu wirtschaften.« Diese Formulierung war nicht übertrieben: Der kleine Maschinenbauer hatte reihenweise Aufträge verloren. Treue Mitarbeiter waren zur Konkurrenz gewechselt. Und auch der Vertriebsleiter wollte das sinkende Schiff verlassen.

Der Sohn war unter den Mitarbeitern berüchtigt: Schon als Praktikant hatte er in der Firma den Besserwisser gegeben. Danach verschwand er für zehn Jahre von der Bildfläche und studierte an einer Schweizer Privatuniversität BWL (es ging das Gerücht, er habe sein Abi verhauen und sei nur dank Papis Scheck für das Studium zugelassen worden).

Schließlich kam er als Stellvertreter des Vaters zurück und trat nicht nur im Maßanzug, sondern auch mit dem Habitus eines Wirtschaftsweisen auf. Alles, was die Mitarbeiter zu wissen glaubten, war kalter Kaffee. Und alles, was er wusste, war der neuste Stand der Wissenschaft. Mit wirren Ideen irrlichterte er durchs Haus.

Zunächst tat der Patriarch das, was Patriarchen am besten können: Er klammerte sich an der Macht fest. Erst als es nicht mehr anders ging, als er öfter bei seinem Hausarzt als im Büro war, startete der Sohn seinen Triumphzug auf den Chefsessel.

Nun ließ er keinen Stein auf dem anderen. Er rückte Stühle, wo er nur konnte. Er degradierte. Und beförderte. Er organisierte. Und organisierte um. Er entschied. Und er rief Entscheidungen zurück. Das Traditionsunternehmen, bis dahin ein Muster an Beständigkeit, taumelte wie ein Besoffener durch den Markt.

Die ganze Branche bekam dieses Chaos mit. Bald wechselten erste Mitarbeiter zur Konkurrenz – und mit ihnen Kunden. Der Juniorchef weinte ihnen keine Träne nach. Hochnäsig meinte er im Jour Fixe: »Mit den Kunden von gestern sind eben keine Zukunftsgeschäfte zu machen.« Das Problem war nur: Er hatte keine Zukunftskunden gefunden. Die Firma stand vor dem Aus.

Diese Geschichte ist kein Einzelfall. So manches gutgeführte Haus verkommt mit dem Generationswechsel zum Irrenhaus. Kein Wunder: Wie man keine Bundesligamannschaft zum Erfolg führt, indem man die Söhne der ehemaligen Erfolgsspieler auflaufen lässt, und keine Weltliteratur erzeugt, indem man die Kinder der großen Schriftsteller Bücher schreiben lässt, so ist auch der unternehmerische Erfolg der Erbengeneration fraglich.

Eine Studie der Goethe-Universität in Frankfurt fand heraus, worauf die meisten Patriarchen bei der Übergabe ihrer Firma achten – nicht auf die Qualifikation, sondern auf das Geschlecht ihres Kindes. Die Söhne haben den Vortritt. Nur wenn im wahrsten Sinne »Not am Mann« herrscht, kommen die Töchter ans Ruder. Obwohl die Frauen oft besser geeignet wären.[44]

Soziologie-Professor Rolf Haubl rät, bei der Übergabe müsse weniger auf Steuer- und Erbschaftsrecht und mehr auf die Familiendynamik von Unternehmerfamilien geachtet werden. Die Lieblingsfrage der Irrenhaus-Direktoren vor der Übergabe sollte nicht sein: »Wie kann ich Steuern sparen?«, sondern: »Wer kommt ans Steuer?«

Sonst wird der Übergang zum Untergang, denn zahlreiche Studien weisen nach: Mit jedem Generationswechsel steigt die Chance, dass eine Firma absäuft.[45] Meist gelingt es der ersten Generation noch, die Firma über Wasser zu halten. Aber die zweite, dritte oder spätestens vierte Erbengeneration versenkt den Laden mitsamt den Arbeitsplätzen.

Der letzte Geschäftsführer des Irrenhauses ist dann ausnahmsweise kein Familienangehöriger mehr – sondern der Insolvenzverwalter.

### Betr.: Wie ich gegen meinen Willen befördert wurde

Eines Tages bat mich mein Abteilungsleiter, ihn zu unserer Inhaberin zu begleiten. Ich hatte keine Ahnung, worum es gehen sollte. Umso verblüffter war ich, als die beiden mir eröffneten, mein Chef wechsele auf eine neue Position. Und ich – »Gratulation!« – sei ab nächstem Monat sein Nachfolger.

Ich wäre fast vom Stuhl gefallen! Mit Anfang 50 wollte ich alles Mögliche, nur keine Chefposition mehr. »Moment«, sagte ich, »meine Fachposition ist mir heilig. Da will ich bleiben. Ich muss die Beförderung leider ablehnen.«

Die Inhaberin – gewohnt, dass alle auf ihr Kommando hörten – schüttelte energisch den Kopf: »Der Beschluss steht fest, da gibt es keinen Entscheidungsspielraum.«

»Aber Sie können mich doch nicht gegen meinen Willen …«

Sie konnte doch! Obwohl ich protestierte und in meiner Verzweiflung die Namen von Kollegen ins Spiel brachte. Am nächsten Abend saß ich bei einem Fachanwalt für Arbeitsrecht und musste mich belehren lassen: Der Firma war laut Vertrag freigestellt, mich für andere Aufgaben einzusetzen. Auch für diese.

Das war ein unglaublicher Vorgang: Etliche Kollegen hätten sich ein Loch in den Bauch gefreut, wenn sie diese Position bekommen hätten. Doch man schob die Aufgabe ausgerechnet mir zu, der ich nicht führen wollte. Meine Motivation war im Eimer.

*Dirk Wiesner, Maschinenbauingenieur*

**§ 35 Irrenhaus-Ordnung:** Der Tod eines Unternehmers führt zu Erben. Die Erben führen zum Tod eines Unternehmens.

## Der Sekretärinnen-Krieg

Wenn es einen Berufsstand gibt, den die Irrenhäuser für überflüssig halten, dann sind es die Sekretärinnen. Ausgerechnet sie, die große Leistungen für kleine Gehälter vollbringen, werden aus dem Organigramm radiert.

Interessanterweise haben diejenigen, die den Abbau der Sekretariate beschließen, als Inhaber oder gehobene Führungskräfte selbstverständlich noch eine Assistentin in ihrem Vorzimmer sitzen. Mit jedem Sekretariat, das sie untergeordneten Mitarbeitern streichen, steigern sie den Statuswert des eigenen Vorzimmers –

auf das sie natürlich nie verzichten könnten, im Gegensatz zu ihren unbedeutenden Untergebenen.

Woher kommt bloß die Überzeugung, Sekretariate seien überflüssig? Alle Führungskräfte singen bei mir in der Beratung dasselbe Klagelied: »Ich komme nicht zu meiner eigentlichen Arbeit – zu viele unwichtige Dinge halten mich ab.« Diese Tatsache hat sich im Zeitalter des Internets zugespitzt. So mancher Manager ist eine ferngesteuerte Marionette seiner zufälligen Mail- und SMS-Eingänge. Das kostet Zeit und sogar Intelligenz; eine Untersuchung der University of London belegt: Das regelmäßige Abrufen von Mails senkt den Intelligenzquotienten um zeitweise zehn Punkte – während das Rauchen von Haschisch nur vier Punkte kostet.[46]

Mir drängt sich die Frage auf, was Manager eigentlich führen sollen: ihre Mitarbeiter – oder nur den Schriftverkehr? Man kann zwar die Sekretärinnen streichen, nicht aber die Sekretariats*aufgaben*. Die bleiben dann an den Chefs hängen. Rund um die Uhr kämpfen sich die sekretariatslosen Führungskräfte durch unwichtige Mail- und Posteingänge, hacken im Zwei-Finger-Suchsystem auf ihre Tastatur ein, wühlen sich durch die Ablagen und hecheln in der knappen Zeit zwischen den Meetings hinter Informationen her, die ihnen eine gute Sekretärin längst auf den Tisch gelegt hätte.

Diese »Chef-Sekretäre« jonglieren so viele Bälle der Dringlichkeit, dass sie das wirklich Wichtige aus den Augen verlieren. Woher sollen sie die Zeit nehmen, Strategien zu entwickeln, wichtige Präsentationen vorzubereiten oder die eigene Bildung voranzubringen? Vor allem leidet das Herzstück einer leitenden Funktion: die Führungsaufgabe.

Die Mitarbeiter solcher Manager erleben ihren Chef oft als einen gehetzten Mann, der mit schnellem Schritt über ihre Bedürfnisse hinweggeht (»Sprechen Sie mich später an ...«), die jährlichen Mitarbeitergespräche verschwitzt und sich auch sonst nur zu Wort meldet, wenn er mal wieder einen Fehler reklamiert, eine Hiobsbotschaft verkündet oder eine seiner lästigen Sekretariatsaufgaben auf den Tisch seiner qualifizierten Fachkräfte abschiebt.

Kein Wunder, denn auch ein Zehn-Stunden-Tag ist zu kurz, um gleichzeitig zwei Funktionen zu erfüllen: die des Managers *und* der (noch dazu ungelernten und langsamen) Sekretärin.

Der Horizont dieser Irrenhäuser ist so begrenzt, dass ein Bierdeckel daneben wie ein Flächenland wirkt: Man spart 35 000 Euro Jahresgehalt für eine Sekretärin. Aber zugleich wird ein Manager, der 100 000 Euro oder mehr im Jahr bekommt, um die Hälfte seiner Kapazität beraubt. Das ist so, als würde ein hochbezahlter Fußballprofi die Hälfte seiner Zeit nicht auf dem Platz verbringen, sondern als Balljunge abseits des Spielfelds herumhetzen – weil sein Verein den Balljungen sparen will.

Dagegen wissen Führungskräfte, die noch eine Sekretärin haben, sie zu schätzen. Laut einer Studie der Büroartikel-Firma Leitz, für die 250 Führungskräfte befragt wurden, halten neun von zehn Managern große Stücke auf ihre Assistentin. Die Hälfte ihrer Zeit verbringen Sekretärinnen mit klassischen Tätigkeiten: Sie schreiben Briefe und Mails, greifen zum Telefon, erledigen die Ablage, planen Dienstreisen und bereiten Meetings vor.

Doch das Feld der Aufgaben reicht viel weiter. Vier von zehn Managern erwarten von ihrer Sekretärin betriebswirtschaftliche Kenntnisse. Jeder dritte verlangt, dass sie Fremdsprachen kann.[47] Dieses Berufsbild klingt fast nach einer stellvertretenden Managerin – und nicht nach einer »Tippse«, die sich ohne Verlust wegrationalisieren lässt.

Ein unrühmliches Beispiel des Spiels »Sekretärinnen versenken« habe ich bei einem mittelständischen Handelsunternehmen verfolgt. Mein Klient arbeitete dort als Abteilungsleiter, auf einer Ebene mit drei weiteren Kollegen. Jeder dieser mittleren Manager hatte eine eigene Sekretärin.

Doch dann kam der Inhaber auf die ruhmreiche Idee: »Wir bilden einen Sekretariats-Pool!« Das klang nach Swimmingpool, sehr luxuriös, aber gemeint war das Gegenteil: Von vier Sekretärinnen sollten zwei entlassen werden. Die verbliebenen zwei Assistentinnen sollten den »Pool« bilden und für alle vier Führungskräfte zuständig sein.

Die Entscheidung, welche Sekretärinnen bleiben sollten, wurde an die vier Führungskräfte delegiert. Doch jeder wollte seine eigene Sekretärin als Verbündete in der Firma halten, wohl in der Hoffnung, sie würde seine eigenen Aufträge bevorzugt abarbeiten. Außerdem war es ein Machtkampf: Wer konnte seine Wunschsekretärin durchsetzen? Und wer musste das Feld räumen?

»Einer der Kollegen wollte seine Assistentin mit aller Gewalt behalten«, erzählte mein Klient. »Bald schon streute er Gerüchte über die anderen Sekretärinnen. Von einer hieß es, sie habe ein Verhältnis mit ihrem Chef. Und meiner Sekretärin wurde nachgesagt, sie arbeite ungenau – was absolut nicht stimmte.« Dieser Angriff führte zu einem Gegenfeuer der jeweiligen Chefs. Bald marschierten die Abteilungsleiter im Sekretärinnen-Krieg gegeneinander auf. Es wurde nicht mehr gearbeitet, nur noch gekämpft.

Am Ende sprach der Geschäftsführer ein Machtwort. Die Sekretärin meines Klienten durfte bleiben. »Damit habe ich großen Neid auf mich gezogen. Jetzt hieß es immer, wenn ein Auftrag vom ›Pool‹ nicht sofort erledigt wurde: ›Deine Sekretärin macht für uns keinen Finger krumm – sie arbeitet nur für dich!‹« Das Gemeinschaftsgefühl der Chefkollegen, in vielen Jahren gewachsen, zerbrach an diesem kaukasischen Kreidekreis.

Und die Arbeit der Sekretärinnen litt auch. Wichtige Aufträge blieben auf der Strecke, Termine wurden verschlafen, Schriftsätze enthielten Fehler, und Protokolle ließen auf sich warten. Aber war das wirklich überraschend? Hatte das Irrenhaus tatsächlich geglaubt, zwei Sekretärinnen bewältigten eine Arbeitsmenge, mit der schon vier Sekretärinnen schwer zu kämpfen hatten?

In Abwandlung eines Zitates von Henry Ford lässt sich den Irrenhäusern ins Stammbuch schreiben: Wer Chefsekretariate abbaut, um Geld zu sparen, könnte auch die Uhr anhalten, um Zeit zu sparen.

**§ 36 Irrenhaus-Ordnung:** Sekretärinnen sind überflüssig, sofern ihr Chef diese Arbeit übernimmt. Wer dann den fehlenden Chef ersetzt, hat das Sekretariat zu klären.

# 7.
# »Mein Chef hat sie nicht alle!«

*Wahnsinn bedeutet heutzutage nicht mehr zwangsweise die Einlieferung in eine Psychiatrie … alternativ dazu gibt es eine ganze Reihe komfortabel ausgestatteter Chefetagen.*

Es stimmt nicht, dass Chefs *eine* Schraube locker haben – manchmal sind es zwei. Die »Chefopathen« lassen alle nach ihrer Pfeife tanzen, auch den Irrsinn. Dieses Kapitel verrät Ihnen …

- warum die Vorbilder unserer Manager hungrige Mäuse, brüllende Fischverkäufer, aber keine großen Management-Autoren sind,
- weshalb die Zahl der Psychopathen unter Chefs achtmal höher als in der Gesamtbevölkerung ist,
- wie ein gewisser »Neutronen-Jack« das Mitarbeiter-Rauskegeln zum Betriebssport machte
- und wie der Chef eines Mittelständlers seine ganze Firma in ein Lazarett verwandelte, indem er eine Prämie für Mitarbeiter ohne Fehltage aussetzte.

## Von Mäusen und Managern

Rette sich, wer kann – es weihnachtet! Die 350 Mitarbeiter des metallverarbeitenden Betriebes sahen dem Fest mit Grausen entgegen. Alle Jahre wieder rieselten bei der Weihnachtsfeier nicht die Schneeflocken, sondern die Phrasen. Der Geschäftsführer ergriff das Wort und ließ es frühestens eine Stunde später, wenn der Festzum Schlafsaal geworden war, wieder los.

Seine Reden waren so »komplex« wie die Schlachtrufe einer Südkurve. Er hatte jedes Mal nur eine einzige Botschaft, zum Beispiel: »Wir müssen sparen!« Und diesen Slogan wiederholte er dann in hundert Varianten.

Beim letzten Satz der Rede atmeten die Mitarbeiter auf, weil sie endlich aus ihrer Zuhörer-Geiselhaft befreit waren. Aber sie atmeten auch schwer, weil sich der jeweilige Weihnachts-Slogan nun in ihren Köpfen festgesetzt hatte. Was sie danach auf ihrem Teller sahen, war plötzlich keine Weihnachtsgans mit Knödeln mehr – sondern eine unnötige Kostenstelle.

Doch vorletztes Jahr nahm das Weihnachtsfest einen überraschenden Verlauf, wie mir der Marketing-Assistent Herbert König (35) erzählte: »Als wir morgens in die Firma kamen, trauten wir den Augen kaum: Auf jedem Schreibtisch lag ein hübsch verpacktes Geschenk. Offenbar ein Buch.« Zuerst lasen die Mitarbeiter die beigefügte Weihnachtskarte: »Was die Mäuse können, können wir erst recht – uns verändern. Ich wünsche uns ein erfolgreiches neues Geschäftsjahr und Ihnen ein frohes Weihnachtsfest!«

Herbert König schüttelte den Kopf: »Im ersten Moment habe ich gedacht: Nun spinnt der Alte endgültig. Sieht er jetzt schon Mäuse?« Doch als er das Buch ausgepackt hatte, erklärte sich der Text: Das Geschenk war eine Management-Fibel: »Die Mäusestrategie für Manager«.

Neugierig blätterte Herbert König das Buch auf: »Mein erster Gedanke war: Das ist ein Märchenbuch, ein Geschenk für die Kinder. Die Schrift war übertrieben groß. Und manchmal bestand eine ganze Seite aus einem einzigen Merksatz.« Diese Sätze klangen äußerst simpel. Zum Beispiel stand dort: »Wer Käse hat, ist glücklich.« Oder: »Wer sich nicht ändert, kann untergehen.« Oder: »Den Käse suchen und es genießen.«[48]

Bei dem Buch handelte es sich um eine »Management-Novelle«. So wird diese Gattung von den Verlagen genannt, damit sie nicht »Märchenstunde für Erwachsene« sagen müssen, was der Wahrheit näher käme. Die Botschaften dieser dünnen Büchlein sind so simpel, dass sie sich jedem Grundschüler und zur Not auch jedem »Minuten-Manager« – so der Titel eines anderen Buches – vermitteln lassen.

Die Handlung der »Mäusestrategie« ist schnell erzählt: Eine Mäusegemeinschaft lebt in einem Labyrinth, das scheinbar voll mit Käse und eine ewige Nahrungsquelle ist. Doch eines Tages geht der Käse aus. Die einen Mäuse suchen in ihrer alten Umgebung nach Nahrung. Vergeblich. Die anderen gehen auf die Suche nach einer neuen Nahrungsquelle – und werden fündig.

Mit anderen Worten: Wer neue Wege einschlägt, dem eröffnen sich neue Chancen. Diese Aussage ist etwa so überraschend wie der 31.12. als Termin für das Silvesterfest.

»Natürlich habe ich das Buch gelesen«, erzählte Herbert König. »Ich wollte schließlich mitreden.« Gemeint war: mitlästern.

Immer wieder, auf dem Flur und in der Kaffeeküche, fauchten sich die Mitarbeiter an, fuhren die Finger wie Krallen aus und riefen: »Achtung, Mäuschen, hier kommt eine hungrige Katze!« Oder sie fragten grinsend: »Ich suche Käse. Ganz dringend Käse. Wer von euch hat heute bei der Arbeit Käse gemacht? Raus damit!«

Instinktiv hatten die Mitarbeiter erfasst, dass diese Lektüre mit der Wirklichkeit so viel zu tun hatte wie ein Purzelbaum mit einem Baum.

Leider war das Geschenk nicht als Ersatz, sondern als Ergänzung der Weihnachtsansprache gedacht. Diesmal predigte der Irrenhaus-Direktor die Notwendigkeit des Wandels – anhand der Ausführungen im verschenkten Buch. Seine Mitarbeiter waren konzentriert wie niemals zuvor – um Lachanfälle zu unterdrücken. Eine groteske Situation, so Herbert König: »Jedes Mal, wenn er auf Mäuse und Käse zu sprechen kam, habe ich mir die Hand vor den Mund gepresst, sonst hätte ich laut losgeprustet. Ein Kollege musste einen Hustenanfall vortäuschen und sich auf den Flur retten.«

Doch einige Mitarbeiter haben sich das Vokabular des Chefs

über Weihnachten hinaus gemerkt: »Die Aufstiegsgeilen haben danach bei jeder Sitzung von dem Buch gefaselt. Es fielen die Namen der Mäuse ›Wusel‹, ›Schnüffel‹ und ›Knobel‹. Der Boss war immer total begeistert. Wir haben dann unter uns gewitzelt: Du musst nur ›Käse‹ zum Chef sagen – und schon bekommst du jeden Käse von ihm bewilligt.‹«

**§ 37 Irrenhaus-Ordnung:** Wenn ein Buch und der Kopf eines Managers zusammenprallen und es klingt hohl, liegt das immer am Buch!

## Die unbefleckte Empfängnis

Sag mir, was du liest – und ich sag dir, wer du bist. Wenn dieser Satz zutrifft, dann ist es um die Chefetage der deutschen Irrenhäuser nicht gut bestellt. Die Bestseller der Bosse sind keine Denkschriften von Führungsgrößen, keine visionären Werke von Zukunftsforschern und schon gar nicht – pfui Teufel! – schöngeistige Bücher, etwa der Entwicklungsroman »Wilhelm Meisters Lehrjahre« von Johann Wolfgang Goethe. Ganz vorne im Regal stehen Management-Novellen mit kleiner Seitenzahl, simpler Botschaft und einem Erkenntniswert, der nur knapp über einen Dieter-Bohlen-Spruch hinausreicht.

Von zehn Führungskräften, die zu mir in die Beratung kommen, haben neun niemals ein Buch von Peter F. Drucker gelesen, dem bedeutendsten Management-Autor aller Zeiten. Das ist so, als wollte jemand ein großer Komponist werden, ohne je von Mozart gehört zu haben. »Minuten-Bücher« wie »Die Mäusestrategie« oder »Fish« (eine höchst beliebte Motivationsnovelle) können eine solche Grundlage ergänzen, aber nie ersetzen.

Doch die Bildungslücke klafft noch breiter. Während in den

USA und in Frankreich die Mehrheit der Manager immerhin Bücher liest, greifen in Deutschland zwei von drei Managern niemals ins Regal (nicht einmal zu Management-Novellen!), wie eine internationale Umfrage 2007 ergab. »Sind unsere Entscheider Fachidioten?«, fragte das manager-magazin besorgt.[49]

Diese Naivität der Führenden, diese von Wissen unbefleckte Empfängnis der Managerposition, bleibt nicht ohne Spuren. Wenn Manager ihre Mitarbeiter nur noch als überflüssigen Ballast sehen, den es abzuwerfen gilt, wenn sie sich mehr mit dem Abbauen von Kosten als mit dem Aufbauen von Umsatz befassen, wenn sie den Kunden nur noch als »Account« (also Konto) betrachten, statt ihn wertzuschätzen – dann lässt diese Kurzsichtigkeit auf Management-Legastheniker schließen.

»Legastheniker« – ist das nicht übertrieben? Nein, in den USA fanden Wissenschaftler heraus: 35 Prozent der dortigen Firmeninhaber leiden unter Lese- und Rechtschreibschwäche, ein Anteil, der 350 Prozent über dem Durchschnitt der Bevölkerung liegt.[50] Nach allem, was ich von den hiesigen Managern gehört und vor allem gelesen haben, befürchte ich in Deutschland Ähnliches – nicht nur bei der Rechtschreibung, sondern vor allem auch beim Wissen über Führung.

Viele Irrenhaus-Direktoren sitzen vor ihrem Führungsklavier ohne jede Notenkenntnis. Sie sind in ihre Positionen gekommen wie die Jungfrau zum Kind: durch ihr Fachwissen. Der beste Ingenieur leitet eines Tages die Konstruktionsabteilung, nur dass er es dann nicht mehr mit Zahlen, Programmen und Materialien zu tun hat, mit denen er umzugehen weiß, sondern mit Mitarbeitern, auf die ihn niemand vorbereitet hat.

Es ist ein merkwürdiges Ding in Deutschland: Jeder Bäcker braucht einen Qualifikationsnachweis, eine dreijährige Ausbildung, ehe man ihn Brötchen backen lässt. Aber was braucht eine Führungskraft? Nur Macht! Auf ihrem Karriereweg lernen Chefs alles Mögliche, nur nicht das Führen von Mitarbeitern. Dieses Thema wird bestenfalls im Schnellverfahren, in Tages- oder Wochenseminaren, abgehakt.

Und so hauen sie mit beiden Händen auf die Tastatur ein, die ungelernten Führungskräfte – und die Mitarbeiter sind den Missklängen, den Fehlentscheidungen, den im wahrsten Sinn unqualifizierten Angriffen auf ihre Motivation ausgesetzt.

Muss dieser Irrsinn sein? Nein, denn die Lektüre »echter« Managementbücher könnte den Irrenhaus-Direktoren die Augen öffnen. Peter Drucker hat als Erster erkannt, dass eine Firma nur so gut wie ihre Mitarbeiter sein kann. Immer wieder forderte er, Mitarbeiter sollten nicht als Kostenfaktor, sondern als »Aktiva« in der Bilanz auftauchen. Aber er hat keine Business-Novelle geschrieben, sondern komplexe Sachbücher. So erklärt er in »Umbruch im Management«:

»In den meisten Organisationen wird (…) immer noch geglaubt, was Arbeitgeber im 19. Jahrhundert angenommen haben: Die Mitarbeiter sind viel mehr auf uns angewiesen als wir auf sie. Tatsächlich aber müssen die Organisationen die Mitgliedschaft in ihren eigenen Reihen ebenso schmackhaft machen, wie es bei der Vermarktung ihrer Produkte und Dienstleistungen der Fall ist – wenn nicht sogar darüber hinaus. Sie müssen Menschen anziehen, halten, sie anerkennen und belohnen, Menschen motivieren, sie bedienen und zufriedenstellen.«[51]

Dieses Buch wäre das bessere Weihnachtsgeschenk gewesen. Vor allem für den Geschäftsführer. Vielleicht hätte er erstmals bei der Weihnachtsfeier den Mund gehalten – und stattdessen lieber seine Mitarbeiter gefragt, wie sie das letzte Jahr in seiner Firma erlebt haben.

## Betr.: Als ich meinen Chef bei einer Hinrichtung belauschte

Ich tippte einen Brief ab, den mein Chef, Leiter einer Anwaltskanzlei, aufs Diktiergerät gesprochen hatte – da passierte etwas Unerwartetes: Nach dem Ende des Textes begann eine weitere Aufzeichnung, nun im Flüsterton. Der Chef telefonierte mit seiner Frau. Offenbar hatte er das Diktiergerät nicht richtig ausgeschaltet.

Was ich nun zu hören bekam, ließ meine Ohren klingeln und meinen Hals anschwellen: Er zog mich und meine Kolleginnen durch den Dreck. Er bezeichnete uns als »faules Pack«, als »zu dumm zum Wasserholen« und machte sich über den Sprachfehler einer Kollegin lustig. Neu war nicht, dass er Kritik übte – das hatte er schon früher getan. Neu war, dass er es nicht sachlich tat, sondern eine Verbalhinrichtung zelebrierte. Jetzt wussten wir, wie er tatsächlich über uns dachte.

Es gab einen richtigen Aufstand im Büro; wir stellten ihn zur Rede. Er spielte den Betroffenen und meinte: »Jeder von uns sagt mal dummes Zeug. Ich dürfte doch sicher auch nicht hören, was Sie Ihren Lebenspartnern über mich erzählen!« Damit immerhin hatte er recht – seit jenem Tag verfluchten wir ihn!

*Gabi Fischer, Anwaltsgehilfin*

**§ 38 Irrenhaus-Ordnung:** Wer ein Auto mit 100 PS führen möchte, braucht einen Führerschein. Wer hundert Mitarbeiter führen möchte, braucht nur: hundert Mitarbeiter.

## Eine Bomben-Führung

»Mein Chef findet mich gut«, sagte meine Klientin Claudia Merger (42) im Karrierecoaching. Sie arbeitete als Projektmanagerin für einen DAX-Konzern. Mit fünf Kollegen bildete sie eine Einheit und organisierte die Markteinführung neuer Produktreihen.

»Wie kommen Sie darauf, dass Ihr Chef Sie schätzt?«, wollte ich wissen.

Sie schmunzelte: »Vor ein paar Monaten hatten wir eine Morgenbesprechung – nur wir Projektmanager, ohne den Chef. Im selben Konferenzraum hatten am Vorabend mein Chef und der Oberboss getagt. Und plötzlich sagte Dieter, mein Kollege: ›Schau mal, die Chefs haben einen Flipchart-Bogen hängen lassen.‹ Neugierig sahen alle hin. Dort waren unsere Namen untereinander gelistet.«

»Eine absichtliche Botschaft ans Team?«

»Ich glaube, die haben den Bogen einfach vergessen. Unser Oberboss hat so einen Spleen: Sobald er zu reden anfängt, springt er ans Flipchart und zeichnet dazu.«

»Dann hing dort eine Botschaft, die Sie gar nicht hätten bekommen sollen?«

»Exakt! Hinter jeden Namen war ein Symbol gezeichnet. Ich und zwei weitere Kollegen waren mit einem Smilie bedacht worden. Hinter zwei anderen Projektmanagern krümmte sich ein Fragezeichen. Und beim Sechsten, bei Dieter, war ein Segelflieger gezeichnet.«

»Wie haben Sie diese Zeichnungen interpretiert?«

»Wir haben gedacht: Das sind die Noten für unsere Leistung, so sehen uns die Chefs.«

»Und welches Symbol stand Ihrer Auffassung nach wofür?«

»Bei den Smilies war die Sache klar: Die standen für Note eins oder zwei. Bei den Fragezeichen haben wir gedacht: drei oder vier.«

»Und wie haben Sie den Segelflieger gedeutet?«

»Nun, Dieter ist ein liebenswerter Kerl, aber bei seiner Arbeit umstandskrämerisch. Man bittet ihn, ein Artikeldetail zu recherchieren, und er kommt mit einer ganzen Produkthistorie daher. Er war völlig verwirrt und fragte: ›Was, bitte schön, wollen die mir sagen? Haben sie Angst, dass ich abhebe? Oder bin ich ein Überflieger?‹«

»Wie haben Sie geantwortet?«

»Gar nicht. Das war uns peinlich. Erst später in der Kantine wurde es das Gesprächsthema Nummer eins. Die einen sagten: ›Dieter soll auf eine neue Leistungshöhe gebracht werden.‹«

»Und die anderen?«

»Die waren der Meinung: Dieter soll im hohen Bogen rausfliegen.«

Diese Deutung erwies sich als richtig: Ein paar Monate später zitierten ihn seine beiden Vorgesetzten zu sich, boten ihm eine Abfindung an und schoben ihn zur Tür hinaus – was in der Abteilung für eine allgemeine Schockstarre sorgte, wie Claudia Merger berichtete: »Die Kollegen mit den Fragezeichen wollten jetzt keinerlei Verantwortung mehr übernehmen und schoben alles auf mich und den anderen ›Smilie‹-Kollegen ab. Natürlich dachten sie: Der geringste Fehler – und dann segeln wir!«

Wohlgemerkt: Diese Geschichte spielt in einem angesehenen Konzern, dessen Führungskräfte durch Assessment Center ausgewählt, durch Seminare geschult und durch Einzelcoachings unterstützt werden. Und dennoch, so scheint es, wird hier Management by Irrsinn praktiziert. Der Arbeitsplatz als Kampfarena. Die Mitarbeiter als Gladiatoren. Und hoch oben, auf der Führungstribüne, heben oder senken die Manager den Daumen – fördern oder vernichten eine berufliche Existenz.

Hier wurde selbstherrlich über die Köpfe hinweg gerichtet. Niemand hatte Dieter vor dem Tag seiner Entlassung gesagt, in welchen Punkten er seine Leistung ausbauen müsse. »Mehr als ein gelegentliches Mosern war nicht passiert«, sagte Claudia Merger.

Die durchgeknallte Idee, Mitarbeiter wie Champignons in der Dose zu »erster Wahl«, »zweiter Wahl« oder »dritter Wahl« zu erklären, wurde von einem gefeierten Helden des modernen Managements eingeführt: von Jack Welch, dem langjährigen Chef von General Electric. Der hemdsärmlige US-Erfolgsmanager tauchte in der Wirtschaftspresse auch als »Neutronen-Jack« auf – ein Mann mit Sprengkraft, der alles aus dem Weg räumte, was ihn störte. Auch Mitarbeiter.

Das Credo, nach dem er sein Personal führte, war eine brutale Selektion. Er teilte die Mitarbeiter in drei Kategorien ein: »die besten 20 Prozent, die mittleren 70 Prozent und die schlechtesten 10 Prozent.«[52] Die »A-Player« wollte er »mit Prämien, Aktienoptionen, Lob, Liebe, Weiterbildung« überschütten. Die »70 Prozent im Mittelfeld« sollten »das Gefühl vermittelt bekommen, Teil des Ganzen zu sein«.

Aber »was die unteren 10 Prozent oder C-Player angeht«, so »Neutronen-Jack«, »braucht man nichts schönzureden: Sie müssen gehen.«

Das bedeutet: Eine bestimmte Soll-Quote von Mitarbeitern ist jedes Jahr vor die Tür zu setzen. Diese ebenso klare wie brutale Philosophie findet Freunde unter den deutschen Irrenhaus-Direktoren, erst recht in Zeiten des Personalabbaus.

Aber liegt der »Bomben-Manager« Jack Welch nicht sogar richtig? Gibt es nicht in jedem Team Mitarbeiter, die zum Beispiel mit ihrer Langsamkeit die anderen ausbremsen oder mit ihrer Schlampigkeit die Fehlerquote explodieren lassen? Und ist es nicht die legitime Aufgabe jeder Führungskraft, diese faulen Äpfel aus dem Korb zu sortieren – auch um das restliche Team zu schützen?

Das Problem ist nur: Wer als Irrenhaus-Direktor nicht führt, sondern eine bestimmte Quote *aussortiert*, der achtet ja gar nicht auf den absoluten Zustand der Mitarbeiter-Äpfel – nur auf den relativen. Und wenn zehn Äpfel im Personal-Korb liegen, dann hat einer davon faul zu sein. Auch wenn er rot, frisch und knackig wirkt. Raus mit ihm. Und basta.

Wer als Führungskraft gezielt nach dem schwächsten Mitarbeiter sucht, der wird ihn mit ebenso großer Sicherheit finden, wie er dessen Stärken übersieht. Dabei besteht die eigentliche Aufgabe einer Führungskraft darin, die Stärken eines *jeden* Mitarbeiters zu erkennen, sie zu fördern und für die Firma zu nutzen. Wer sich auf die Schwächen konzentriert, so wissen Verhaltenstherapeuten, der verstärkt sie nur.

Der zitierte Irrenhaus-Direktor, der seinen Mitarbeiter den Abflug machen ließ, hat eine Milchmädchenrechnung aufgemacht, nicht systemisch gedacht, das Problem nur beim Mitarbeiter gesehen, nicht bei sich selbst. Aber wer hatte diesen Mitarbeiter eigentlich eingestellt? Wer hatte ihn am jetzigen Arbeitsplatz eingesetzt? Wer hatte mit ihm seine Entwicklungsziele besprochen, seinen Fortbildungsplan festgelegt, seine Potentiale analysiert, seinen Leistungsstand gespiegelt?

Ich stelle immer wieder fest: Eine Führungskraft, die mit einem Finger auf schwache Mitarbeiter zeigt, deutet mit drei Fingern auf sich selbst. Die Mitarbeiter, gerade die vermeintlich schlechten, sind immer ein Produkt des Führungsstils. Warum – wenn nicht durch Führungsfehler – wurden sie eingestellt? Warum – wenn nicht durch Führungsfehler – haben sie ihre Probezeit überstanden? Warum – wenn nicht durch Führungsfehler – kommen sie nicht in den Genuss von Fortbildungen, die ihnen bei ihrer Entwicklung helfen? Und warum – wenn nicht durch Führungsfehler – fallen sie bei ihrer Entlassung aus allen Wolken, statt vorher im klaren Dialog mit ihrem Chef zu stehen?

Doch die Selbstkritik hat zur Führungsetage keinen Zutritt, weil dort schon eine wahnsinnige Selbstgefälligkeit wohnt. Der New Yorker Wirtschaftspsychologe Paul Babiak fand heraus: Unter leitenden Angestellten kommen Psychopathen achtmal so häufig wie in der Gesamtbevölkerung vor, wo nur jeder Hundertste als gestört gilt.[53] Nach oben streben bevorzugt Menschen, die als Kinder narzisstische Kränkungen erdulden mussten. Sie, die Ohnmächtigen von einst, wollen die Mächtigen von heute sein, wollen das Sagen haben, damit sie sich nichts sagen lassen müssen. Führung als Selbstflucht.

Dabei agiert eine gute Führungskraft nicht wie ein Egomane, sondern eher wie ein Gärtner. Sie legt ein Beet an, setzt jeden Mitarbeiter an der richtigen Stelle ein und fördert sein Wachstum. Der Boden der Beziehung wird durch Rückmeldungen, durch Fortbildungen, durch eine produktive Beziehung gedüngt. Wenn eine Pflanze schlecht wächst, fragt sich der Gärtner: Was kann *ich* tun, damit meine Pflanze besser gedeiht?

Wer allerdings nur den Spaten nimmt und die Pflanze aus dem Garten schleudert, der braucht sich über sein eigenes Versagen keine Gedanken zu machen. Eine »A-Führungskraft« mag er sein – aber nur, wenn »A« für die Abkürzung eines Wortes steht, das ich hier nicht schreiben will.

**§ 39 Irrenhaus-Ordnung:** Es gibt wenige Mitarbeiter erster Klasse, viele Mitarbeiter zweiter Klasse und zu viele Mitarbeiter dritter Klasse. Tragischerweise ballen sich drittklassige Mitarbeiter stets unter erstklassigen Vorgesetzten!

## Neue Besen kehren kesser

Mit dem Stechschritt eines Generals, der den Gruß seiner Truppen abnimmt, marschierte der neue Bereichsleiter des Energietechnik-Unternehmens über den Flur und trommelte seine neuen Mitarbeiter zu einer Sitzung zusammen. Sein Ton war laut und schneidend, als wollte er Schlafmützen wecken. Und so war es auch.

Der neue Chef machte deutlich, dass er das Rad neu erfinden wollte. In der Arbeit seines Vorgängers schien er nur ein Potential zu entdecken – das zur Korrektur. Er kam von einer Konkurrenzfirma. Er wusste alles besser.

Sein erster Tagesordnungspunkt waren die Präsentationen bei Partnerfirmen im Ausland. Mit einem süffisanten Lächeln sagte er: »Ich sehe, dass da pro Jahr ein sechsstelliger Etat für diese Reisen verballert wird. Aber sicher können Sie das Wort ›Videokonferenz‹ buchstabieren. Künftig werden wir alle Präsentationen mit Auftragsvolumen unter 250 000 Euro vom Firmensitz aus machen. Damit sind wir auch bei meiner letzten Firma gut gefahren.«

Die Mitarbeiter widersprachen heftig: Was würden die Kunden, mit denen man über Jahrzehnte verbunden war, zu dieser unpersönlichen Form sagen? Und was war mit den zahlreichen mittelständischen Firmen, die gar nicht über die technischen Voraussetzungen verfügten?

Der neue Chef gab sich als Freund und Helfer der Kundschaft: »Das ist doch ein guter Anreiz, dass unsere Kunden ihr Auftragsvolumen erhöhen. Wie gesagt: Ab 250 000 pro Einzelauftrag spricht nichts gegen Kundenbesuche. Außerdem: Wer für eine Videokonferenz nicht gerüstet ist, sollte uns für den kleinen Hinweis danken, dass wir im 21. Jahrhundert angekommen sind.«

Die Mitarbeiter konnten diese Streichung nicht fassen. Machte ihr Unternehmen nicht jedes Jahr einen hohen Millionengewinn? Und basierte dieser Erfolg nicht auch auf den zahlreichen mittelständischen Kunden, mit Auftragsvolumen bis 200 000 Euro? Was wollte der neue Chef mit seiner Politik erreichen?

Die Veränderungswut des neuen Irrenhaus-Direktors erfasste jedes Detail. Zum Beispiel brachte er aus seiner letzten Firma ein »Tool« mit, um die Angebotstexte zu standardisieren. Er habe sich diese einmal angesehen: »Jedes Angebot klingt vollkommen anders. Mal jovial, mal formal. Völlig ohne einheitliche Handschrift.

Wo bleibt da die Corporate Identity? Künftig werden wir Standards einführen.«

Die Mitarbeiter hielten entgegen, genau das sei doch die Stärke des Unternehmens – dass man auf jeden Kunden individuell eingehe und keine Angebote von der Stange liefere. Der neue Chef konterte: »So nennen Sie das. Ich nenne das: unprofessionelle Extrawürste. Höchste Zeit, dass wir diese Standards nach oben schrauben.«

Wie kann es sein, dass ein neuer Chef spätestens nach einer Woche meint, er wisse mehr als sein Vorgänger nach Jahren? Wie kann es sein, dass er Entscheidungen fällt, ehe er die Abläufe überhaupt verstanden, die Mitarbeiter gefragt und ein Gespür für die Kultur und die Besonderheiten eines Unternehmens entwickelt hat?

Die meisten Neuchefs überschätzen sich maßlos. Sie denken, in der Zeitrechnung vor Christus, sprich vor ihrem Eintreten, sei die ganze Firma ein einziger Pflegefall gewesen. Keine pfiffigen Ideen, keine fähigen Mitarbeiter – nur Ruinen und Zerfall.

Doch nun, da die Not am größten ist – oft trotz Millionengewinn –, treten sie als Erlöser auf den Plan. Dabei legen sie ein Verhalten an den Tag, das aus der Natur bekannt ist: Ein Vatertier, zum Beispiel ein Kater, tötet mit Vorliebe Junge, die nicht von ihm selbst sind. Stattdessen hegt und pflegt er seine eigene Aufzucht.

Da kann ein Geschäftsmodell jahrelang funktioniert haben – ein neuer Chef wird es sofort auf den Kopf stellen, um seine eigene Duftmarke zu setzen. Da können Mitarbeiter sich über Jahrzehnte bewährt haben – ein neuer Chef wird sie ins zweite Glied stoßen, um seine eigenen Jünger ins neue Firmenland zu holen.

Neue Irrenhaus-Direktoren wollen Zeichen setzen, die keiner übersehen kann. Das geht sogar auf profane Weise. So weiß ich von der Geschäftsführerin einer Agentur, die auf Wandmalerei setzte. Die bislang weißen Bürowände wurden orangefarben gestrichen, in der ganzen Firma. Dabei spielte sie sich zur modernen Personalpsychologin auf: Studien hätten ergeben, dass diese Wandfarbe günstig fürs kreative Arbeiten sei ...

Der Effekt: Wer auch immer das Firmengebäude betrat, ob Kunde, Kurier oder Taxifahrer, fragte sofort: »Na nu, farbige Wände – was ist bei euch los?« Antwort: »Wir haben eine neue Chefin.« Der Geschäftsführerin war es gelungen, unübersehbare Spuren zu hinterlassen – aber leider nicht in den Geschäftszahlen (ein Bereich, um den sie sich in den ersten Wochen gar nicht scherte), sondern nur an den Wänden der Firma ...

Schnell sichtbare Effekte – darauf kommt es an. Der hektische Aktionismus hat das Handeln mit langem Atem ersetzt. Und freuen sich die Aktionäre nicht ein Loch in den Bauch, wenn ein Neuer den Presslufthammer der Veränderung anwirft? Gelten nicht gerade Manager als »zupackend« und »produktiv«, die keinen Stein auf dem anderen lassen (auch wenn sie bewährtes Mauerwerk zerstören!), die für Actiontheater sorgen (auch wenn sich die Geschäfte leise abwickeln lassen) und die ihre Mitarbeiter wie einen Hühnerhaufen aufscheuchen (auch wenn die Arbeit bislang zuverlässig erledigt wurde)?

Die neuen Irrenhaus-Direktoren haben leichtes Spiel: Eine Entscheidung ist blitzschnell gefällt, ein Zeichen gesetzt. Aber die Folgen dieser Entscheidungen, die Auswirkungen auf die Geschäftszahlen und auf die Motivation der Mitarbeiter, werden oft erst Jahre später sichtbar. Dann kann der Herr Direktor die Firma schon wieder verlassen haben, um das nächste Unternehmen zu erlösen.

Der Führungsexperte Fredmund Malik schreibt in seinem Standardwerk »Führen, leisten, leben« über solche Actionhelden: »Untersucht man ihre Lebensläufe aber etwas genauer, dann zeigt sich, dass sie nur *eine* Fähigkeit haben, diese aber perfekt beherrschen: Sie wissen, wann sie gehen müssen – und sie gehen immer genau ein halbes Jahr, bevor der ›Mist‹ zu riechen beginnt, den sie hinterlassen haben.«[54]

*Dauerhafte* Veränderungen würden einen langen Atem erfordern: Was heute gesät wird, muss lange wachsen und bis zur Ernte gepflegt werden. Zum Beispiel hätte die Geschäftsführerin die Motivation und die Kreativität ihrer Mitarbeiter verbessern können, indem sie ein Klima der Wertschätzung schafft, Räume für Eigeninitiative öffnet und jeden Mitarbeiter als Mitunternehmer behandelt. Das hätte Jahre gedauert.

Die orangefarbenen Wände waren nach einer Woche fertig.

### Betr.: Wie mein Chef erfuhr, dass er kein Chef mehr war

Ich arbeite für einen großen Druckhersteller, der in den letzten Jahren x-mal den Besitzer gewechselt hat. Vor ein paar Wochen habe ich im Intranet geschaut, welche neuen Mitarbeiter in den nächsten Monaten zu uns kommen. Mit großen Augen las ich: Für die Abteilung, in der ich arbeitete, war in zwei Monaten ein *neuer Chef* angekündigt. Verdammt, warum wusste ich davon nichts?!

Mit Dieter, meinem Abteilungsleiter, habe ich seit vielen Jahren ein gutes Verhältnis. Ich rief ihn herbei, um ihn zur Rede zu stellen: »Dieter, schau hier mal – was bitte schön hat diese Meldung zu heißen?« Er wurde blass wie ein Leichentuch. Öffnete den Mund und schloss ihn wieder. Dann stammelte er, wie von einem Hammer getroffen: »Das gibt's ja nicht! Das gibt's ja nicht!«

Das gab es doch. Man hatte ihn nach vielen Jahren degradiert, es aber offenbar nicht für nötig gehalten, ihn darüber zu informieren. Sein Chef hatte ihm lediglich mitgeteilt, dass »Verstärkung für die Abteilung« geplant sein. Darauf berief er sich nun, als Dieter fassungslos bei ihm protestierte.

*Egon Hermann, Reprofotograf*

**§ 40 Irrenhaus-Ordnung:** Ein neuer Chef zerstört, was sein Vorgänger aufgebaut hat, und baut auf, was sein Nachfolger zerstören wird.

## Ein Bett im Lazarett

Offenbar hatte sich der Geschäftsführer des kleinen Sportartikel-Vertreibers bei einem Blick in die Statistik geärgert: Sechs Tage, also rund 48 Arbeitsstunden, war sein durchschnittlicher Mitarbeiter im Vorjahr krank gewesen. Krank *gewesen*? Oder hatten die Leute nur krank *gefeiert*? Diese Frage diskutierte er mit seinem Personalchef, einem Klienten von mir. Doch dessen Hinweis, dass die Zahl der Krankheitstage 15 Prozent unter dem Bundesdurchschnitt lag, konnte den Irrenhaus-Direktor nicht besänftigen. Der Chef wollte die Krankentage wie eine Ungezieferplage ausmerzen, mit allen Mitteln.

Im Januar erreichte die 150 Mitarbeiter der Firma eine Rundmail ihres Chefs: Fürs Jahresende wurde eine »Sonderprämie« in Höhe von 500 Euro in Aussicht gestellt – und zwar allen, die bis zum 31. Dezember keinen Fehltag hätten. Es sei »an der Zeit, diese Leistungsträger, die oft für andere mitarbeiten, angemessen zu belohnen«.

Natürlich lasen die Mitarbeiter auch den Text zwischen den Zeilen: »*Viele von euch sind faule Hunde! Ihr macht krank, ohne krank zu sein. Gegen diese Leistungsverweigerung ist nur ein Kraut gewachsen: der Prämienscheck. Wollen wir wetten, dass eure Gesundheit auf einmal zum Höhenflug ansetzt?!*«

Ein Teil der Mitarbeiter war empört. Sah der Chef denn nicht, wie zuverlässig die Arbeit erledigt wurde – auch dann, wenn mal jemand krank war? Wie kam er darauf, sie für eine Bande von

Simulanten zu halten? Ein anderer Teil der Mitarbeiter hielt sich beim Schimpfen zurück und rechnete im Kopf schon mal aus, was von den 500 Euro netto übrigblieb. Und wofür sich das Geld verwenden ließe.

Im Juli ließ sich der Geschäftsführer von seinem Personalchef eine Zwischenbilanz ausdrucken. Zufrieden studierte er die Tabelle: Die Zahl der Krankheitstage war um 20 Prozent gesunken. Triumphierend sagte er: »Sehen Sie, es gibt keine bessere Medizin als eine Prämie!«

Doch dann kam der Herbst. Und mit ihm eine Grippewelle. Die Mitarbeiter wichen keinen Schritt zurück: Sie husteten, röchelten, hielten sich an Taschentüchern fest – aber schleppten sich tapfer in die Firma. Keiner wollte den 500-Euro-Scheck durch einen Krankheitstag in den letzten Monaten des Jahres verlieren.

Wer als Besucher über den Firmenflur ging, kam sich vor wie in einem Menschenzoo: Da trompeteten Elefanten (Ausschnupfen ins Taschentuch), da bellten wilde Hunde (Hustenanfälle) und da sausten Ren(n)tiere über den Flur (durchfallerkrankte Mitarbeiter auf dem schnellsten Weg zur Toilette).

Bei Sitzungen, in der Kantine und in der Kaffeeküche vermischten sich die kranken mit den noch gesunden Mitarbeitern. Man tauschte nicht nur Tratsch aus, sondern reichte beim Sprechen, Lachen und Händeschütteln auch die Influenza-Viren weiter. Nach einigen Tagen glich die Firma einem Lazarett: Immer mehr Mitarbeiter machten schlapp. Mit Frösteln und Schweißausbrüchen ging es los. Mit Husten ging es weiter. Dann kamen Kopf- und Gelenkschmerzen hinzu. Der Bedarf an Feldbetten stieg.

Von Tag zu Tag wurden die Büros leerer: Die Mitarbeiter meldeten sich mit hohem Fieber krank. Die Temperaturen, die im Angebot waren, begannen bei 38 Grad und reichten bis 40. Schließlich lag sogar der Geschäftsführer mit Fieber und Schüttelfrost im Bett.

Von 150 Mitarbeitern waren am Ende 38 zur gleichen Zeit krank – das hatte es in der Geschichte der Firma nie zuvor gegeben. Bei etlichen dauerte es über eine Woche, ehe sie wieder arbeitsfähig waren.

Mein Klient, der als Personaler besonders viele Hände schüttelte, hatte zu den ersten Opfern der Grippewelle gehört. Als er am Ende des Jahres eine Bestandsaufnahme machte, war das Ergebnis erschütternd: Die Zahl der durchschnittlichen Krankheitstage war von sechs auf acht gestiegen. Die Maßnahme des Geschäftsführers, die Fehltage reduzieren sollte, hatte sich als Krankheitsbeschleuniger erwiesen.

Die beiden Lazarett-Wochen haben den Zulieferer viel Geld gekostet – nicht in erster Linie durch Lohnfortzahlung, denn die meisten Mitarbeiter waren loyal genug, die Rückstände nach ihrer Genesung selbst wieder aufzuholen. Vielmehr konnte ein vertraglich zugesagter Liefertermin nicht gehalten werden. Das zog eine saftige Konventionalstrafe nach sich.

Der Gesundheit ihrer Mitarbeiter auf die Sprünge helfen, das wollen die Direktoren in etlichen Irrenhäusern. Zum Beispiel gehen immer mehr Firmen dazu über, ein ärztliches Attest schon am ersten Krankheitstag zu fordern. Oder sie schreiben bei Krankmeldungen vor, der Mitarbeiter habe persönlich seinen Vorgesetzten anzurufen. Diese Schikanen sollen die Insassen von dem abhalten, was als ihr Lieblingshobby gilt: vom Krankfeiern.

Die Irrenhäuser zeigen damit nur, dass sie ihre Mitarbeiter schlecht kennen. Eine große Umfrage, der Gesundheitsmonitor der Bertelsmann Stiftung, deckt die Wahrheit auf: Sieben von zehn Mitarbeitern schleppen sich im Jahr mindestens einmal zur Arbeit, obwohl sie sich krank fühlen. Und jeder Dritte tauchte am Arbeitsplatz auf, obwohl ihm sein Arzt davon abgeraten hat.[55] Offenbar gefährden die Mitarbeiter lieber ihre Gesundheit als ihren Arbeitsplatz, gerade in Krisenzeiten.

Der Krankenstand in Deutschland lag im ersten Quartal 2010 nur einen Hauch über dem historischen Tief; seit dem Jahr 2000 ist er um rund 20 Prozent gesunken.[56] Wenn die Kurve weiter so verläuft, sind die Krankheiten in wenigen Jahrzehnten ausgestorben, die Arztpraxen können dichtmachen, und ewige Gesundheit herrscht unter den Arbeitnehmern.

Oder auch nicht. Denn wenn Menschen, die ins Krankenbett gehören, doch zur Arbeit gehen, sind die Folgen für die Firmen fatal. Eine amerikanische Studie kommt zu einem spektakulären Ergebnis: Kranke bei der Arbeit kommen ein Unternehmen 750 Prozent (!) teurer zu stehen, als wenn sie zu Hause blieben.[57] Weil die Qualität der Arbeit leidet. Weil der Fehlerteufel zuschlägt. Und weil die Krankheiten sich rasend über die ganze Firma ausbreiten.

Das sollte der Irrenhaus-Direktor des Sportartikel-Vertreibers einmal nachrechnen – sofern er nicht gerade mit einem Virus im Krankenbett liegt.

### Betr.: Wie mein Chef, ein Betriebswirt, zum Oberarzt wurde

Eines Tages ließ unser Management seine »lieben Mitarbeiter« per Hausmitteilung wissen, dass man die Informationspolitik der Abteilungen verbessern wolle, auch gegenüber kranken Mitarbeitern nach ihrer Rückkehr. Daraus leitete sich eine Maßnahme ab: das »Rückkehrer-Gespräch«.

Ein paar Monate später kam ich nach zweiwöchiger Krankheit in den Genuss eines solchen Termins. Ich dachte, mein Vorgesetzter würde mich darüber informieren, was in meiner Abwesenheit passiert sei. Umso verblüffter war ich, als er mich mit Fragen nach meiner Krankheit löcherte: »Was genau hat Ihnen eigentlich gefehlt?«, »Seit wann ging es aufwärts?«, »Wie fühlen Sie sich im Moment?«

Eigentlich war das meine Privatsache. Aber er blieb hartnäckig: »Schließlich muss ich als Vorgesetzter wissen, inwieweit ich wieder mit Ihnen planen kann.« Unter diesem Druck rückte ich mit Details zu meinem Leiden heraus, einer rheumatischen Erkrankung. Darauf redete er mir ins Gewissen, besser auf meine Gesundheit zu achten. Zwischen den Zeilen kam bei mir an: »Erlaub dir bloß keine weitere Krankschreibung – sonst gibt's Zoff.«

Dieser Psychoterror, den auch mehrere Kollegen erdulden mussten, hatte sich dreist als Fürsorge, als Hilfe für den Wiedereinstieg getarnt. Tatsächlich habe ich mich danach mehrfach krank in die Firma geschleppt. Eine solche Demütigung wollte ich kein zweites Mal erleben.

*Patricia Behr, Industriekauffrau*


**§ 41 Irrenhaus-Ordnung:** Ein Mitarbeiter gilt so lange als kerngesund, wie er ohne Infusion an den Arbeitsplatz kommen und die Firma ohne Sarg verlassen kann.

## TEIL ZWEI

Raus aus der Anstalt!

# 1.
# Der große Irrenhaus-Test

*Die genauen Zuständigkeitsbereiche im
Vorstand sind noch nicht geklärt …*

Geht's noch? Oder sitzt die Schraube Ihrer Firma schon allzu locker? Die Einschätzung, zu der Sie kommen, sagt auch viel über Ihre Maßstäbe aus. Hier erfahren Sie …

- warum Ihre Werte entscheiden, was Sie für Irrsinn halten,
- inwieweit der Wahn Ihrer Firma schon auf Sie abgefärbt hat,
- warum ein Pinguin in der Wüste nicht glücklich werden kann
- und welche Noten Ihre Firma im »Großen Irrenhaus-Test« bekommt, allgemein und im Detail.

## Erforschen Sie, was Sie verrückt macht

Der Projektingenieur schleicht in die Karriereberatung, als hätte er Blei in den Schuhen. Seine Schultern hängen tief, sein Blick ist erloschen. Und Augenringe wie Bierdeckel überschatten sein Gesicht. Wer ihn so zugerichtet hat, daran lässt er keinen Zweifel: seine Firma.

»Unser Laden ist völlig durchgeknallt!«, mosert er. »Mein Chef reißt seinen Mund auf und sagt den Kunden utopische Termine zu. Und wir reißen uns – pardon – den Hintern auf, um diese Zusagen zu halten. Die Terminplanung ist eine Katastrophe. Ich fahr immer Vollgas, immer Überholspur – dabei ist mein Tank längst leer!«

Sein Beratungsziel: Er will raus aus diesem Irrenhaus. Egal wohin.

Ein paar Monate später. Nun sitzt eine andere Mitarbeiterin derselben Abteilung bei mir in der Beratung. In Gedanken mache ich mich auf den zweiten Akt eines Irrenhaus-Theaters gefasst. Umso verblüffter bin ich, als die Ingenieurin zu plaudern beginnt:

»Wissen Sie, was mir an unserer Firma so gefällt? Wir sind kein Schlafwagen, keine Wiederholungstäter. Jeder Tag ist spannend, bringt neue Herausforderungen. Ich darf improvisieren, Dinge selbst entscheiden. Die engen Termine liebe ich – das weckt meinen sportlichen Ehrgeiz. Dann laufe ich zur Hochform auf, wie eine Sprinterin im Finale.«

Ihr Beratungsziel: Sie will in dieser Firma aufsteigen. Genau hier.

Was ich Ihnen mit dieser Geschichte sagen will? Dass die Frage, ob Ihre Firma ein Irrenhaus ist, von *zwei* Faktoren abhängt: nicht nur von Ihrer Firma – sondern auch von Ihnen. Zwar werden Sie am Ende dieses Kapitels einen »Großen Irrenhaus-Test« finden, mit dem Sie die Macken Ihrer Firma im Detail untersuchen können. Und Sie werden gleich erfahren, dass einige Firmen von Wissenschaftlern mit lupenreinen Psychopathen verglichen werden.

Aber das *absolute* Irrenhaus, dessen Wahnsinn sich wie Fieber nachweisen lässt, ist die Ausnahme. Häufiger werden Ihnen Firmen am Rande des Irrsinns begegnen, *relative* Irrenhäuser. Dann hängt es nicht zuletzt von Ihrer Wahrnehmung ab, ob Sie diese Firma als »schnelle Truppe« sehen (wie die Ingenieurin oben) oder als »irrsinnig hektisch« (wie der Ingenieur), als »enorm geschäftstüchtig« oder »von krankhafter Profitgier getrieben«, als »ausgeschlafen in Steuerdingen« oder als »waschechte Betrügerbande«.

Was zwischen Ihnen und der Firma passiert, nenne ich als Coach eine »systemische Wechselwirkung«. Das ist wie mit zwei Chemikalien. Wenn Sie beide zusammenkippen, kommt es zu einer Reaktion. Wie diese ausfällt, ob es duftet oder stinkt, hängt immer von den Eigenschaften *beider* Chemikalien ab.

Eine Firma, auf die *Sie* allergisch reagieren, die *Ihnen* Pickel auf die Stirn treibt, die *Sie* als »das letzte Irrenhaus« erleben – diese Firma kann von einem Kollegen vollkommen anders erlebt werden. Für den Apfel-Allergiker ist jeder Apfel eine Bombe – für den Apfelfreund hingegen eine Delikatesse. Beides ist (subjektiv) wahr.

Eine Firma, die 6000 Mitarbeiter hat, existiert 6000 Mal. Jeder Mitarbeiter nimmt seine eigene Firma wahr. Die Brille, durch die Sie schauen, ist Ihre »Wahr-Nehmung«. Und der Maßstab, mit dem Sie messen, sind Ihre Werte. Die konstruktivistische Psychologie geht davon aus: Wahr ist, was ein Mensch (für) wahr nimmt.[58]

Um eine Substanz zu meiden, die für ihn schädlich ist, muss der Allergiker zunächst wissen: »Was ist mit mir los, worauf genau reagiere ich allergisch?« Dasselbe gilt im Umgang mit Irrenhäusern. Je besser Sie *sich* kennen, Ihre Werte und Maßstäbe, desto klarer werden Sie erkennen: Welche Eigenarten Ihrer Firma stören Sie? Welche Situationen verursachen Leidensdruck? Und warum genau erleben Sie gewisse Verhaltensweisen, gewisse Strukturen, gewisse Menschen als irrenhausreif?

Diese Selbsterkenntnis nützt Ihnen dreifach: Erstens können Sie die Dosis des täglichen Irrsinns senken, die Sie bislang schlucken. Zweitens können Sie das Ausmaß Ihrer allergischen Reaktion einschätzen und daraus Konsequenzen ableiten – zum Beispiel einen Ausbruch aus dem Irrenhaus. Und drittens können Sie bei einem Wechsel gezielt nach einer Firma suchen, die bei Ihnen (höchstwahrscheinlich) nur freudige Reaktionen hervorruft, aber keine allergischen.

Nun könnten Sie fragen: »Aber was ist, wenn viele Menschen vom selben Apfel essen, und etliche verderben sich den Magen, etliche übergeben sich, etliche leiden?« Dann ist es unwahrscheinlich, dass sie alle Allergiker sind – aber wahrscheinlich, dass der Apfel vergiftet ist.

Leider stimmt es: Einige Firmen sind so durchgeknallt, dass sie objektiv als Irrenhäuser gelten müssen. Diese absoluten Irrenhäuser – die gefährlichste Kategorie – erkennen Sie daran, dass die *Mehrzahl* Ihrer Kollegen leidet. Wo das Mobbing sich wie eine Seuche ausbreitet, wo immer mehr Beschäftigte in psychische Krankheiten stürzen, wo die Mitarbeiter ihre Köpfe hängen lassen wie Schnittblumen ohne Wasser – dort hat der Irrsinn oft herzlich wenig mit den Beschäftigten, aber viel mit den Firmen an sich zu tun.

Der Psychologie-Professor Robert Hare von der University of British Columbia kam nach Untersuchungen zu dem Standpunkt: Etliche Großunternehmen müssen unter klinischen Gesichtspunkten als waschechte »Psychopathen« gelten. Sie weisen die klassischen Eigenschaften einer antisozialen Persönlichkeitsstörung auf. Sie lügen für ihren Vorteil, boxen ihre Interessen auf Teufel komm raus durch, sind selbstsüchtig, kaltblütig, hinterlistig – eine Bande von Moralverbrechern, die der kanadische Dokumentarfilm »The Corporation« eindrucksvoll entlarvt.[59]

Je mehr Mitarbeiter Ihrer Firma beim großen Irrenhaustest auf Seite 214 ein schlechtes Zeugnis ausstellen, desto eher haben Sie es mit einem *absoluten* Irrenhaus zu tun (was sich aufgrund eines einzelnen Testergebnisses, einer subjektiven Einordnung, nicht nachweisen ließe).

In diesem zweiten Buchteil erfahren Sie, wie Sie den Irrsinn Ihrer Firma einordnen und auf welchen Wegen Sie ihm entfliehen können. Ein Frühwarnsystem hilft Ihnen, beim Wechseln garantiert keiner Psychopathen-Firma mehr vors Messer zu laufen (ab Seite 260).

## Aufgabe: Wahnsinn färbt ab – ein irres Experiment

Halten Sie Ihre Firma für ein Irrenhaus? Und wollen Sie wissen, ob dieser Irrsinn schon auf Sie abgefärbt hat? Dann nehmen Sie bitte einen Zettel zur Hand und schreiben Sie alle negativen Eigenschaften auf, die Sie an Ihrem Arbeitgeber beobachten. Auf wie viele Eigenschaften kommen Sie?

Ein Klient von mir, leitender Informatiker, war in die Beratung gekommen, um die Ursachen für sein diffuses Unbehagen in der Firma zu erforschen. Ich bat ihn, die Negativliste zu schreiben. Dort stand schließlich: »Unehrlichkeit, Geiz, Profitgier, Rücksichtslosigkeit, Egoismus, Arroganz, Kleinkariertheit, Starrhalsigkeit, Desinteresse, Grobheit, Ausbeutung.«

Tippen Sie Ihre Liste ab und legen Sie diese zwei bis drei vertrauten Menschen vor. Sagen Sie nun (ohne Bezug zu Ihrer Firma): »Ich mache gerade einen kleinen Selbsttest. Kreuzt du bitte einmal an, welche dieser Eigenschaften du schon an mir wahrgenommen hast? Ein Kreuz heißt: ganz gelegentlich. Zwei Kreuze heißen: mehrfach. Drei Kreuze heißen: häufig. Bitte sei so ehrlich und kritisch wie möglich.«

Der Informatiker war vom Ergebnis schockiert: Seine Frau machte bei »Geiz« und »Unehrlichkeit« je zwei Kreuze. Er hakte nach: »In welchen Situationen hast du diese Eigenschaften an mir beobachtet?«, »Seit wann genau?« und »Kannst du eine Tendenz beobachten, ob das zu- oder abnimmt?«

Als Beispiel für Geiz nannte seine Frau: »Seit einiger Zeit gibst du im Lokal kein Trinkgeld mehr, wenn der Rechnungsbetrag rund ist. Das hast du früher nie gemacht.« Als Beispiel für Unehrlichkeit: »Ich finde es merkwürdig, dass du dir Bücher von einem Online-Versand schicken lässt, sie sofort liest und dann gegen Erstattung des Kaufpreises als ›Fehlbestellung‹ reklamierst.«

Wann hatten diese Verhaltensweisen begonnen? Es kam heraus: etwa vor einem halben Jahr, kurz nach dem Ende seiner Probezeit bei einem mittelständischen Computerunternehmen. Dort wurden Geiz und Unehrlichkeit wie Tugenden gelebt. Zum Beispiel hatte er gelernt, die Rechnungen von Zulieferern grundsätzlich zu kürzen, auch ohne jeden Grund. »Anfangs habe ich das gehasst«, erzählte er, »aber nach einiger Zeit gehörte es einfach dazu. Ich habe mir eingeredet: Die Zulieferer kennen das Spielchen schon, die schlagen bei ihrer Rechnung bestimmt was drauf.«

Die Unehrlichkeit machte sich beim Abrechnen des Stundenaufwands bemerkbar: »Mein Chef bläute mir ein: ›Stunden immer runden!‹ Das klingt harmlos, meint aber: Rechne Arbeitsleistung ab, die nicht erbracht wurde.«

Mein Klient hatte die irren Spielregeln, die er in seiner Firma lebte, *unbewusst* in sein Privatleben übernommen. Der Test machte ihm klar: Nicht nur er ging jeden Tag in ein Irrenhaus – das Irrenhaus ging auch in ihn. Er war ein Teil des Irrsinns geworden. Diese Erkenntnis war umso bitterer für ihn, als Aufrichtigkeit und Großzügigkeit immer wichtige Werte für ihn gewesen waren. Dass er diese Werte jeden Tag mit Füßen trat, mittlerweile sogar in seinem Privatleben, beschwor eine Unzufriedenheit mit seinem Job herauf, die er sich zunächst nicht hatte erklären können.

Statt sich weiter über das Irrenhaus zu ärgern, zog er eine Konsequenz. Er bewarb sich bei einem Unternehmen, dessen offene Kultur ihm ein Kommilitone empfohlen hatte, der dort arbeitete. Ein Dreivierteljahr später verließ er seine »irre« Firma.

## Die verpassten Wechseljahre

Muss man den Arbeitgeber wechseln, wenn man es in seinem Job nicht mehr aushält? Ach was, meint ein populärer Ratgeber – es reiche, die eigene Haltung zu verändern. Haben nicht alle Firmen ihre Macken? Ist das Einzige, was man bei jedem Wechsel mitnimmt, nicht die eigene Persönlichkeit? Und liegt es daher nicht nahe, an der eigenen Reife so lange zu feilen, bis man mit seiner aktuellen Firma eine produktive Beziehung pflegt – statt von einem Firmenunglück ins nächste zu stolpern?

Diesen Ansatz vertreten Volker Kitz und Manuel Tusch, Autoren des »Frustjobkillerbuches«. Die Kernaussage der beiden jungen Psychologen: »Alle Jobs sind gleich. Es ist egal, für wen Sie arbeiten.«[60]

Ist das vollkommen falsch? Nein, einen Zipfel der Wahrheit haben die beiden erwischt. Wer eine Schwierigkeit hat, die vor allem *in ihm* liegt – zum Beispiel ein Autoritätsproblem –, kann zwar den Arbeitsplatz wechseln, nicht aber sein Verhaltensmuster; er wird in neuen Firmen eine Wiederholung des alten Films erleben. Weil er dort auf neue Vorgesetzte trifft – und damit auf das alte Problem.

Und doch basiert das »Frustjobkillerbuch« auf zwei grundlegenden Irrtümern. Erstens erweckt es den Eindruck, die Mitarbeiter der deutschen Firmen seien wie Reisende, die ihre aktuellen Firmen nur als Zwischenbahnhöfe nutzten, immer auf dem Sprung zu einem neuen Arbeitgeber. 85 Prozent aller Arbeitnehmer würden – »offen oder heimlich« – nach einem neuen Arbeitgeber suchen.

Aber wie sieht diese »heimliche« Suche aus? Die meisten Arbeitnehmer schauen in die Stellenanzeigen wie in einen Reisekatalog. Sie malen sich traumhafte Erlebnisse an den fernen Stränden der neuen Arbeitgeber aus – aber sie buchen den Flug nicht, verschicken keine Bewerbung, bleiben an ihrer alten Position wie an einer

Ölpest kleben. Auf einen Wechselfreudigen kommen mindestens drei Arbeitnehmer, die in ihrer Firma hilflos festsitzen.

Die größten Katastrophen, in die Arbeitnehmer getrieben werden, Verzweiflung und Unglück, psychische Krankheiten und Selbstmord, haben ihre Wurzel eben *nicht* in einer zu großen Wechselfreude; sie resultieren aus dem Gegenteil: Menschen gehen zugrunde, weil sie zu lange in irren Firmen verharren, zu wenig Mut zum Wechsel beweisen, zu selten auf ihre innere Stimme hören, zu viel Leidensdruck entstehen lassen. Sie bleiben so lange in Irrenhäusern, bis sie des Wahnsinns fette Beute oder zumindest vom Frust gebeutelt werden. Opfer der verpassten Wechseljahre!

Wenn man einem solchen Arbeitnehmer zuruft, »Das Problem bist du selbst, nicht dein Arbeitgeber«, dann verstärkt das nur die Macht der Verharrungskräfte. Alles beim Alten zu belassen, nichts zu tun, im Irrenhaus zu bleiben, ist immer einfacher, als den Fuß auf Neuland zu setzen. Denn so katastrophal der alte Zustand auch sein mag, er hat einen Vorteil: Man kennt ihn!

Der zweite Haken des »Frustjobkillerbuches«: Die Autoren haben ihren Ansatz offenbar einem anderen Bereich entlehnt, nämlich der Paarberaterin Eva-Maria Zurhorst und ihrem Bestseller »Liebe dich selbst und es ist egal, wen du heiratest« – als wäre das Verhältnis zu einem Arbeitgeber mit einer Liebesbeziehung vergleichbar.

In einigen Punkten stimmt diese Parallele sogar (siehe Seite 18), aber in einem ganz entscheidenden Punkt eben nicht. In einer Paarbeziehung begegnen sich *zwei* Menschen auf *Augenhöhe*. Die Möglichkeiten, durch das eigene Verhalten den anderen zu beeinflussen, sind enorm. Jedes Wort, jedes kleine Tun und Lassen kann zu einer neuen Paardynamik führen.

Aber wie, bitte schön, soll eine solche Veränderung gelingen im Verhältnis zwischen Mitarbeiter und Irrenhaus? Kann der Mitarbeiter, indem er seiner Firma Blumen schenkt, der Beziehung neue Impulse verleihen? Kann er, indem er Ehrlichkeit lebt, seine ganze

Firma auf den Pfad der Tugend bringen? Kann er als einzelne Stimme im großen Firmenkonzert die Tonlage verändern?

Niemals! Eine Arbeitsbeziehung basiert *nicht* auf Gleichheit, sondern auf einem kleinen Unterschied: Der Arbeitnehmer bekommt sein Geld dafür, dass er sich den Spielregeln der Firma anpasst. Er soll tun, was dort üblich, und lassen, was dort unüblich ist. Er soll sich den Chefs, den Kollegen, der Firmenkultur angleichen. Wer die bestehenden Gewohnheiten übernimmt, wird in die Familie aufgenommen. Wer sich wie ein störrischer Esel auflehnt, bekommt eine Kündigung als Laufpass (siehe Seite 61).

Zwar stimmt es, dass der Irrenhaus-Insasse sein Verhältnis zu *einzelnen* Menschen verbessern kann, etwa zum Chef oder den Kollegen. Aber auch diese Funktionsträger sind nur Rädchen in einem größeren Getriebe. Den Takt gibt die (Un-)Kultur der Firma vor. Ein einzelner Insasse kann niemals den ganzen Laden umkrempeln.

In Liebesbeziehungen kann es gelingen, erst sich selbst zu verändern, dadurch den anderen und dadurch die Beziehung. In Arbeitsehen gelingt es nicht.

Was bleibt dem Mitarbeiter eines Irrenhauses übrig, wenn er nach seiner Einweisung bzw. Einstellung in einem Irrenhaus nicht gleich seine Entlassung riskieren will? Nur dreierlei:

1. Der Insasse kann sich *anpassen*. Keine gute Idee, denn wer sich dem Irrsinn anpasst, wird selber irre. Das ist flapsig formuliert, aber ernst gemeint: Wer sich verbiegt, bis er im Spiegel einen Fremden sieht, deformiert seine Persönlichkeit und kann in eine Identitätskrise stürzen.

2. Der Insasse kann *Anpassung vortäuschen*, sich innerlich von der Firma distanzieren. Diese Taktik wenden viele Mitarbeiter an. Sie kommen zur Arbeit, aber lassen ihr Herz zu Hause, gehen in die in-

nere Emigration. Aber wie soll ein Leben gelingen, wenn fast die Hälfte der wach erlebten Zeit, das Arbeitsleben, ein Martyrium ist? Wie will ein Mensch im Privatleben echt und fröhlich sein, wenn er im Job unecht und bedrückt ist? Wer garantiert, dass der Wahnsinn nicht ein steter Tropfen ist, der seinen Kopf schließlich doch aushöhlt? Hat der Philosoph Theodor W. Adorno nicht einst postuliert, dass es kein richtiges Leben im falschen gebe?

Wer sich auf diese Weise in einem Irrenhaus durchmogeln will, dem kann es wie in einem Löwenkäfig gehen: Am Ende wird er doch gefressen. Zum Beispiel von einer völlig irren Entlassungswelle.

3. Der Insasse kann einsehen: *Hier bin ich falsch!* Er kann begreifen, dass er seine persönlichen Werte bei diesem Arbeitgeber nicht verwirklichen kann. Die Hoffnung, dass die Firma sich ihm anpasst, wäre naiv. Genauso gut könnte ein Pinguin in der Wüste hoffen, es möge die nächste Eiszeit kommen. Realistischer wäre die Einsicht:

Es gibt nur einen Weg, der aus diesem Irrsinn führt – er muss sich einen Arbeitgeber suchen, der besser zu ihm passt, einen Arbeitgeber, bei dem er seine persönlichen Werte mit Leben füllen kann. Nur wenn diese Wertegrundlage stimmt, hebt sich die Schranke vor dem Glück.

Leider sitzen viele Arbeitnehmer in ihren Firmen wie Pinguine in der Wüste fest. Und der Klimawandel lässt auf sich warten.

## Die Werte-Fährte

Zwölf Millionen Dollar sollte sie kosten, die Statue eines griechischen Jünglings, die dem Getty Museum in Los Angeles angeboten wurde. Der Preis ging in Ordnung, war das Kunstwerk doch 2500 Jahre alt. Zu dieser Überzeugung war eine Gruppe von

Wissenschaftlern gelangt. Monatelang hatte sie die Statue begutachtet – mit den modernsten Geräten.

In letzter Sekunde schauten sich noch ein paar Kunstkenner die Figur an. Das einzige Untersuchungsinstrument, das sie mitbrachten, war ihr Instinkt. Die Tendenz fiel einhellig aus: Thomas Hoving, ehemaliger Leiter des Metropolitan Museum oft Art in New York, dachte beim ersten Anblick des Jünglings, dieser sei frisch angefertigt worden. Ein renommierter Chefarchäologe aus Griechenland verspürte sofort ein Frösteln und fühlte sich von dem Kunstwerk wie durch eine unsichtbare Wand getrennt.

Am Ende wurde aufgedeckt: Die Statue war eine raffinierte Fälschung. Alle wissenschaftlichen Tests hatten versagt. Recht behalten hatten der erste Blick, das Bauchgefühl, die Intuition.[61]

Ein Zufall? Nein, der Instinkt ist dem Verstand in vielen Situationen voraus. Jeder von uns weiß mehr, als er zu wissen glaubt. Das Problem ist nur: Die meisten Menschen haben verlernt, auf ihren Instinkt zu hören – vor allem am Arbeitsplatz, wo scheinbar nur das zählt, was sich auch zählen lässt.

Wenn ich in der Karriereberatung das Gefühl habe, dass ein Mitarbeiter in einem Irrenhaus arbeitet, dann stelle ich immer dieselbe Frage: »Welche Situationen fallen Ihnen ein, in denen Sie bei der Arbeit ein schlechtes Gefühl im Bauch hatten? Das kann ein deutliches Gefühl gewesen sein, zum Beispiel Wut oder Traurigkeit, aber auch ein *leises* Gefühl, der Hauch eines Unbehagens, eine winzige Verstimmung.«

Das ist eine Einladung an die Intuition. Probieren Sie es selbst aus, indem Sie an solche Situationen denken. Welche fallen Ihnen ein?

Ich wette, Sie werden eine Gemeinsamkeit feststellen: Es geht Ihnen *immer* dann schlecht, wenn Sie gegen das verstoßen müssen, was Ihnen heilig ist, gegen das, was Sie als Persönlichkeit ausmacht – gegen Ihre eigenen Werte.

Einzelne Verstöße sind oft bezeichnend und weisen auf einen grundlegenden Wertekonflikt zwischen der Firma und Ihnen hin. Hier ein Beispiel aus einer Beratung:

Eine Marketing-Assistentin erzählte mir auf die Frage nach unguten Gefühlen: »Neulich habe ich ein Mailing verfasst. Mein Chef las drüber und hatte noch zwei winzige Korrekturen. Das waren keine Fehler, nur Geschmacksfragen. Er bat mich, die Änderungen einzupflegen und ihm den Text noch einmal vorzulegen. Das habe ich gemacht. Alles o. k. Doch eine halbe Stunde später sagte eine Kollegin zu mir: ›Mensch, was ist denn mit dir los – du wirkst so geknickt?‹ Ich hatte das gar nicht bemerkt, aber es stimmte: Ich fühlte mich schlecht.«

Was steckte dahinter? Die Beratung ergab, dass die Marketing-Assistentin eine zupackende und selbständige Frau war. Als Kind hatte sie im Geschäft ihrer Eltern mitgeholfen, seit vielen Jahren leitete sie die Jugendgruppe eines Vereins. Sie liebte es, Dinge in der Hand zu haben, Verantwortung zu tragen, selbst zu entscheiden.

Doch welche Spielräume hatte sie in ihrer Firma? Warum hatte ihr Chef es für nötig gehalten, in das Mailing durch kleine Geschmackskorrekturen einzugreifen? Warum ließ er sich sogar diese Mini-Korrekturen noch einmal vorlegen? Die Assistentin räumte ein: Solche Vorgänge waren typisch für dieses Irrenhaus. Es herrschte eine Verdachtskultur, ein System der Kontrolle. Ihr Chef glaubte nur, was er selbst gesehen hatte. Und sein Chef wiederum belauerte sie. Die Arbeitszeiten wurden mit der Stechuhr erfasst, Dienstreisestrecken mit dem Fahrtroutenplaner nachgerechnet. Und sogar bei einer Kundenbefragung, die sie organisierte, drängten sich gleich zwei Vorgesetzte wie Kontrollkommissare dazu – obwohl ihre Anwesenheit sachlich nicht begründet war.

Die höchsten Werte im Leben der Marketingassistentin waren Entscheidungsfreiheit und Verantwortungsgefühl. Wo sie diese

Werte leben konnte, etwa in ihrer Jugendgruppe, blühte sie auf. Dagegen lief sie in ihrer Firma täglich gegen die Gitterstäbe der Kontrolle und des Hierarchiedenkens. Ihr eigenes Wertesystem und das des Unternehmens waren diametral entgegengesetzt.

In der Beratung kamen wir zu dem Ergebnis: In dieser Firma konnte sie nicht glücklich, höchstens irrsinnig werden.

Eine Firma muss zu Ihren Werten passen; sonst beschwören Sie ein irrsinniges Arbeitsverhältnis, Ihren persönlichen Niedergang herauf. Wer die Ehrlichkeit liebt, stürzt bei der »Münchhausen AG« ins Unglück; wer die Gründlichkeit liebt, versauert bei der »Hauptsache-schnell GmbH«; wer Sicherheit schätzt, wird bei der »Hire-and-fire-Company« wahnsinnig. Und was sollte ein Liebhaber von Kooperation und Miteinander in der »Gebrüder Haifischbecken OHG« sehen, wenn nicht ein absolutes Irrenhaus?

Darum prüfe, wer sich (ewig) an eine Firma bindet – und zwar zweierlei: seine Werte; und die Werte der Firma. Je größer die Schnittmenge, desto geringer der *gefühlte* Irrsinn – und desto glücklicher die Arbeits-Ehe.

## Aufgabe: Fünf Glücksmomente Ihres Lebens

Erinnern Sie sich bitte an fünf Situationen, in denen Sie absolut glücklich waren. Schreiben Sie in kurzen Worten auf, was passiert ist. Beispiel: »Wir haben eine Tour mit dem Wohnmobil durch die USA gemacht. Jeden Tag auf der Straße, jeden Tag neue Anblicke, jede Nacht auf einem anderen Parkplatz – das war ein tolles Gefühl.«

Nun leiten Sie aus jedem der fünf Erlebnisse drei Werte ab, die Sie so haben leben können. Bei der US-Tour könnten das sein: »Freiheitsliebe, Abenteuerlust und Veränderungsdrang.«

Am Ende der Aufgabe haben Sie fünfzehn Werte auf einem Blatt

Papier stehen. Achten Sie darauf, welche Werte mehrfach vorkommen oder miteinander verwandt sind. Diese scheinen Ihnen besonders viel zu bedeuten.

Nun streichen Sie so lange Werte durch, bis nur noch die drei wichtigsten stehen bleiben. Fragen Sie sich bei jedem der Werte: Inwieweit ist er in meiner Firma gefragt, inwieweit kann ich ihn verwirklichen? Erteilen Sie je eine Schulnote von 1 bis 6. Wie sieht der Notendurchschnitt am Ende aus?

Wenn Sie auf eine Eins oder eine Zwei kommen, passt die Firmenkultur perfekt zu Ihren Werten. Wenn Sie auf eine Drei oder eine Vier kommen, stellt sich die Frage: Was können Sie dazu beitragen, diese Werte ausgeprägter zu leben? Falls Ihnen zum Beispiel die Veränderungsfreude wichtig ist: Wäre es möglich, dass Sie neue Projekte auf den Weg bringen? Oder in eine Abteilung wechseln, wo diese Eigenschaft gefragt ist, etwa die Entwicklung?

Wenn Ihre Durchschnittsnote dagegen zwischen Fünf und Sechs liegt, ist die Wahrscheinlichkeit groß, dass Sie sich als Pinguin in die Wüste verirrt haben – dass alles, was Ihnen wichtig ist, der Firma nichts bedeutet. Und umgekehrt. Kein Wunder, dass Sie diesen Laden als Irrenhaus erleben!

Dann hilft nur eine radikale Konsequenz: Sie müssen sich einen neuen Arbeitgeber suchen. Achten Sie auf den Zyklus eines Unternehmens. Wenn Sie Werte wie »Freiheit« und »Abenteuer« schätzen, dann passt das gut zu einem beweglichen Unternehmen in der Gründungs- oder Dschungelphase – aber weniger zu einem bürokratischen Großkonzern mit Stadtkultur (siehe Seite 28).

Übrigens: Ihre Arbeitserfolge können sich in der passenden Kultur vervielfachen. Das sehen Sie an Fußballtrainern, die beim einen Verein jämmerlich scheitern – aber beim nächsten, der besser zu ihnen passt, sofort die Meisterschaft holen.

# Der große Irrenhaus-Test:
# Spinnt Ihre Firma?

Ist Ihre Firma irre? Dieser Test hilft Ihnen, dem Wahnsinn auf die Schliche zu kommen. Hier finden Sie 40 Aussagen über Ihr Unternehmen. Kreuzen Sie an, inwieweit Sie zustimmen oder ablehnen. Maximale Zustimmung drücken Sie durch eine 5, maximale Ablehnung durch eine 1 aus.

Nach dem Test erwarten Sie zwei Auswertungen: eine generelle (»Der Irrsinn im Allgemeinen«), die Ihnen eine Gesamteinschätzung Ihrer Firma erlaubt; und eine spezifische (»Der Irrsinn im Besonderen«), die Ihnen verraten wird, welche Formen von Irrsinn in Ihrer Firma regieren (oder: nicht regieren).

Machen Sie sich auf irre Ergebnisse gefasst!


Der Ankreuzschlüssel:

> stimmt überhaupt nicht = 1
> stimmt so gut wie nicht = 2
> stimmt einigermaßen = 3
> stimmt so ziemlich = 4
> stimmt absolut = 5

1. Meine Firma hat sich im Bewerbungsverfahren so dargestellt, wie ich sie jetzt als Mitarbeiter erlebe.

☐ ☐ ☐ ☐ ☐
1　2　3　4　5

2. Meine Stelle ist tatsächlich so, wie sie mir beschrieben wurde.

☐ ☐ ☐ ☐ ☐
1　2　3　4　5

3. Die Arbeitsbedingungen im Haus passen zum öffentlichen Auftreten der Firma.

☐ ☐ ☐ ☐ ☐
1　2　3　4　5

4. Die Aussagen zur Unternehmenskultur, z. B. auf der Homepage, werden im Alltag gelebt.

☐ ☐ ☐ ☐ ☐
1　2　3　4　5

5. Die Firma hält ein, was sie Mitarbeitern zusagt, z. B. Aufstiegschancen.

☐ ☐ ☐ ☐ ☐
1　2　3　4　5

6. Das Unternehmen ist ehrlich zur Öffentlichkeit, zum Beispiel bei Presseterminen.

☐ ☐ ☐ ☐ ☐
1　2　3　4　5

7. Das Firmenangebot hält, was Werbung und Verkäufer versprechen.

☐ ☐ ☐ ☐ ☐
1　2　3　4　5

8. Die Preis- und Verhandlungspolitik gegenüber Kunden und Partnerfirmen ist fair.

☐ ☐ ☐ ☐ ☐
1　2　3　4　5

9. Die Firma tut alles für die Qualität ihres Angebots.

☐ ☐ ☐ ☐ ☐
1　2　3　4　5

10. Kunden sind immer willkommen, auch mit Reklamationen.

☐ ☐ ☐ ☐ ☐
1　2　3　4　5

11. Die Fluktuation unter Mitarbeitern und Lieferanten ist gering.

☐ 1  ☐ 2  ☐ 3  ☐ 4  ☐ 5

12. Die Sicherheit der Mitarbeiter, etwa in der Produktion, hat höchste Priorität.

☐ 1  ☐ 2  ☐ 3  ☐ 4  ☐ 5

13. Standorte werden/würden nicht verlagert, nur um den Gewinn zu maximieren.

☐ 1  ☐ 2  ☐ 3  ☐ 4  ☐ 5

14. Arbeitsverträge werden nur aus schwerwiegenden Gründen gekündigt.

☐ 1  ☐ 2  ☐ 3  ☐ 4  ☐ 5

15. Leihmitarbeiter überbrücken allenfalls Engpässe, ersetzen aber keine Stammbelegschaft.

☐ 1  ☐ 2  ☐ 3  ☐ 4  ☐ 5

16. Ältere Mitarbeiter werden geschätzt und sind bis zum Renteneintritt willkommen.

☐ 1  ☐ 2  ☐ 3  ☐ 4  ☐ 5

17. Mobbingfälle sind die Ausnahme.

☐ 1  ☐ 2  ☐ 3  ☐ 4  ☐ 5

18. Wenn die Gewinne steigen, steigen meist auch Gehälter und Boni.

☐ 1  ☐ 2  ☐ 3  ☐ 4  ☐ 5

19. Bestehende Gesetze werden eingehalten, auch wenn keiner von außen hinsieht.

☐ 1  ☐ 2  ☐ 3  ☐ 4  ☐ 5

20. Wer einen Gesetzesverstoß meldet, gilt nicht als Verräter, sondern als verantwortungsbewusst.

☐ 1  ☐ 2  ☐ 3  ☐ 4  ☐ 5

21. Eine Hand in der Firma weiß, was die andere tut.    1 2 3 4 5

22. Die Abteilungen ziehen an einem Strang.    1 2 3 4 5

23. Die Firma verfolgt einen klaren Kurs, den ich als Mitarbeiter kenne.    1 2 3 4 5

24. Restrukturierungen im Management sind die Ausnahme.    1 2 3 4 5

25. Die Zahl der Meetings beschränkt sich aufs Nötige.    1 2 3 4 5

26. Bürokratische Anforderungen, etwa definierte Prozesse, halten sich in Grenzen.    1 2 3 4 5

27. Die meisten Entscheidungen zielen auf die Zukunft, nicht auf Effekthascherei.    1 2 3 4 5

28. Wechsel auf meiner Vorgesetztenebene sind selten.    1 2 3 4 5

29. Ich bin über wichtige Vorgänge in meinem Bereich und der Firma informiert.    1 2 3 4 5

30. Ich werde nach meiner wahren Leistung beurteilt, nicht nur nach Selbst-PR.    1 2 3 4 5

31. Mein Vorgesetzter ist kompetent und handelt verantwortungsvoll.
    1 2 3 4 5

32. Mein Chef gibt mir regelmäßig konstruktive Rückmeldungen auf meine Arbeit.
    1 2 3 4 5

33. Bei Fehlern habe ich die Rückendeckung meines Vorgesetzten.
    1 2 3 4 5

34. Der beste Vorschlag setzt sich bei uns durch – egal, von wem er kommt.
    1 2 3 4 5

35. Vor wichtigen Entscheidungen holt das Management die Meinung der Mitarbeiter ein.
    1 2 3 4 5

36. Ich fühle mich als Mensch ernst genommen, nicht nur als Arbeitskraft.
    1 2 3 4 5

37. Die Firma unterstützt mich bei meiner persönlichen Weiterentwicklung.
    1 2 3 4 5

38. Bei Krankheit fühle ich mich nicht unter Druck, schnell wieder zur Arbeit zu kommen.
    1 2 3 4 5

39. Der Umgangston ist zivilisiert und freundlich.
    1 2 3 4 5

40. Ich glaube, die Firma vertraut mir, charakterlich und fachlich.
    1 2 3 4 5

Joker 41. Ich würde mich jederzeit wieder
für diese Firma entscheiden.

☐ ☐ ☐ ☐ ☐
1   2   3   4   5

Bitte tragen Sie Ihre Punktzahl ein!

| Fragen | Punktzahl |
|--------|-----------|
| 1 – 10 | ............................. |
| 11 – 20 | ............................. |
| 21 – 30 | ............................. |
| 31 – 40 | ............................. |

_____

Gesamtpunktzahl       ═══════════

# Generelle Auswertung:
# Der Irrsinn im Allgemeinen

Bitte zählen Sie Ihre Punkte von Frage 1 bis 40 zusammen (die Joker-Frage 41 wird gesondert ausgewertet).

**40 – 80 Punkte:** Herzliches Beleid! Das Irrenhaus, in dem Sie arbeiten, hat seinen Namen wirklich verdient. Offenbar fehlt es an allem, was einen vernünftigen Arbeitsplatz ausmacht, von der Aufrichtigkeit bis zur Führungskultur. Ein solcher Arbeitgeber ist wie eine ansteckende Krankheit – geben Sie acht, dass der Irrsinn nicht auf Sie überspringt. Wenn andere Mitarbeiter Ihrer Firma in der Mehrzahl zum gleichen Ergebnis kommen, haben Sie es mit einem *absoluten Irrenhaus* zu tun.

**81 – 119 Punkte:** Ihre Firma ist ein *relatives Irrenhaus* – durchgeknallt genug, um Mitarbeiter manchmal in den Wahnsinn zu treiben. Aber normal genug, um das Rad des Geschäftes, mal schlecht, mal recht, am Laufen zu halten. Achten Sie unten in der detaillierten Auswertung darauf, in welchen Punkten Ihre Firma Schwächen aufweist. Inwieweit kollidieren diese mit Ihren persönlichen Werten? Davon hängt es ab, ob Sie bleiben oder die Beine in die Hand nehmen sollten.

**120 – 135 Punkte:** Ihre Firma enthält Spurenelemente des Irrsinns, ohne durchgeknallt zu sein. Es kann sich um Quartalsirrsinn handeln, in einzelnen Bereichen oder zu bestimmten Zeiten. Oder um harmlosen Irrsinn, um skurrile Marotten mit Unterhaltungswert. Ob Ihre Motivation leidet oder unberührt bleibt, hängt wieder davon ab, ob Sie Ihre persönlichen Werte leben können.

**136 – 160 Punkte:** Wer ist schon ohne Fehler? Auch in Ihrer Firma können Sie es – wie überall – mal mit einem irren Vorgang, einem durchgeknallten Kollegen, einem spinnenden Vorgesetzten zu tun haben. Aber insgesamt kann Ihre Firma *nicht* als Irrenhaus gelten. Ich versichere Ihnen: Im Gebäude der Nachbarfirma haust wahrscheinlich ein Irrsinn, gegen den Ihre Firma ein Muster an Normalität ist.

**161 – 200 Punkte:** Gratulation! Offenbar arbeiten Sie für eine Firma, in der das gesprochene und das gelebte Wort dicht beieinander wohnen, in der man über den Quartalsgewinn hinausblickt, in der die Bürokratie kein Selbstzweck ist und in der die Vorgesetzten Sie als Menschen wahrnehmen, nicht nur als Arbeitsmaschine. Einzige Gefahr: Bei so viel Vernunft und Normalität kann einem schon wieder langweilig werden – oder wie sehen Sie das?

## Spezifische Auswertung: Der Irrsinn im Detail

Diese detaillierte Auswertung liefert Ihnen eine Landkarte des Irrsinns, mit deren Hilfe Sie die Stärken und Schwächen Ihrer Firma genauer lokalisieren können.

### 1. Kennt Ihre Firma nicht nur Lügen – sondern auch die Wahrheit?

**Frage 1 – 10:** Zählen Sie die Punkte zusammen.

**10 – 20 Punkte:** Ihre Firma hat sich auf ein besonderes Geschäftsfeld spezialisiert: auf Heuchelei. Die Worte, die verkündet, und die

Fassaden, die aufgebaut werden, haben mit der Realität nichts gemeinsam. Was hat Ihre Firma zu verbergen? Warum haut sie Mitarbeiter und Kunden in die Pfanne? Und aus welchen Gründen machen *Sie* dieses Theater mit, statt sich aus den Krallen dieses Irrsinns zu befreien?

**21 – 29 Punkte:** Ihre Firma ist kein reines Lügengebäude – hier und dort hat auch die Wahrheit Zutritt. Aber an vielen Stellen wird für wahr erklärt, was dem Vorteil der Firma dient. Entscheidend ist nun die Frage, in welchen Bereichen gelogen, geheuchelt und geblendet wird. Lässt sich dieses Verhalten mit Ihrem inneren Wertesystem vereinbaren? Oder fühlt es sich für Sie schlecht an, zur Arbeit zu gehen?

**30 – 37 Punkte:** Muss im Business alles der Wahrheit entsprechen, sogar die Werbung und die Pressemitteilung? Nicht unbedingt. Ein wenig Trommeln, ein wenig Übertreiben gehört zum Geschäft. Auch Ihre Firma haut auf den Putz, spricht gelegentlich mit zwei Zungen. Aber insgesamt sind das eher übliche als irrsinnige Übertreibungen. Einige davon sind für den Geschäftserfolg wohl notwendig – denn die Mehrheit der Firmen setzt Maßstäbe.

**ab 38 Punkte:** Gratulation! Ihre Firma ist offenbar kein Fassadenbauer, sondern lebt zu weiten Teilen das, was sie sich auf die Fahnen schreibt. Wenn Ihnen Ehrlichkeit und Aufrichtigkeit wichtig sind, haben Sie die richtige Adresse gewählt.

## 2. Kennt Ihre Firma nicht nur Gewinnsucht – sondern auch Moral und Werte?

**Frage 11 – 20:** Zählen Sie die Punkte zusammen.

**10 – 20 Punkte:** Die einzige Moral, die Ihre Firma kennt, ist das Klingeln der Kasse. Menschlichkeit und Verantwortungsgefühl sind Fremdwörter. Offenbar sind Sie als Mitarbeiter nur ein Mittel zum Zweck – ein Werkzeug, das man zum alten Eisen wirft, sobald man es nicht mehr braucht. In dieser Firma ist es wie im Western: Wenn Sie den Colt Ihrer Kündigung nicht zuerst ziehen, tut es möglicherweise Ihr Duellgegner. Handeln Sie!

**21 – 29 Punkte:** Einige Firmen nennen sich »Kapitalgesellschaften« – dieser Titel würde auch zu Ihrer passen. Die Gewinnmaximierung ist eine heilige Kuh und trampelt gelegentlich über die Fairness und die Interessen der Mitarbeiter hinweg. Allerdings gibt es Ansätze von sozialem Verhalten. Sind das echte Lichtblicke? Lassen sie sich ausbauen? Oder gehen sie nur auf den Druck des Betriebsrats oder der Öffentlichkeit zurück?

**30 – 37 Punkte:** Klar, Ihre Firma strebt auch nach Gewinn. Und manchmal ist das Dollarzeichen in den Augen größer als die Moral. Aber im Allgemeinen geht das Verantwortungsgefühl Ihres Arbeitgebers über Euro und Cent hinaus. Hat Ihre Firma auch im ersten Punkt der Detailauswertung, der Ehrlichkeit, gute Werte bekommen? Das kann ein Hinweis auf eine leicht überdurchschnittliche Firmenkultur sein.

**ab 38 Punkte:** Gratulation! Ihre Firma schätzt ihre Mitarbeiter. Offenbar reicht das Denken in den meisten Punkten über eine volle Kasse hinaus.

## 3. Widmet sich Ihre Firma dem Geschäft – oder nur sich selbst?

Frage 21–30: Zählen Sie die Punkte zusammen.

**10 – 20 Punkte:** Der Alltag riecht nach Krawalltag. Offenbar tut Ihre Firma alles, um sich vom eigentlichen Geschäft abzuhalten. Sie baut am bürokratischen Apparat oder verbreitet Chaos, statt sich dem Kunden zu widmen. Es besteht die Gefahr, dass Sie sich ausgebremst fühlen. Wie ein Porsche, der nur im ersten Gang fährt. Mit der Zeit zerschleißt das die Kupplung, in diesem Fall: Ihre Motivation.

**21 – 29 Punkte:** Es läuft nicht gerade rund in Ihrer Firma. Offenbar bekommen Sie aus der Chefetage immer wieder Hindernisse in den Weg gelegt. Einige Arbeiten gehen zwar gut über die Bühne, etliche werden jedoch ausgebremst. Bürokratie und Chaos verschlingen Zeit und Nerven. Allerdings: Ein solches Maß an Selbstbehinderung ist nicht ungewöhnlich, besonders nicht für große Firmen.

**30 – 37 Punkte:** Ihre Firma schafft es gelegentlich, sich selbst ein Bein zu stellen. Aber dabei gerät sie nur ins Taumeln, ohne schwer zu stürzen. Denn trotz organisatorischer Beschwernisse geht die Arbeit insgesamt gut über die Bühne. Offenbar haben Sie es mit einer Organisation zu tun, die insgesamt – wie das Wort schon hoffen lässt – einigermaßen organisiert ist. Die Chaostage sind Ausreißer.

**ab 38 Punkte:** Gratulation! Ihre Firma schlägt Wege ein, statt sich selbst im Weg zu stehen. Das ist ein irrer Glücksfall. Oder eben: nicht irre.

## 4. Kennt Ihre Firma Führungsstil – oder führt sie in die Irre?

**Frage 31 – 40:** Zählen Sie die Punkte zusammen.

**10 – 20 Punkte:** In der Bibel heißt es (Matthäus 15,14): »Wenn aber ein Blinder den anderen leitet, so fallen sie beide in die Grube.« Offenbar ist der Führungsstil in Ihrer Firma verkommen, die Informationspolitik hinkt, und Sie als Mitarbeiter sind weniger wert als das Papier Ihres Arbeitsvertrages. Einschlägige Studien beweisen: Kein Faktor ist für die Zufriedenheit am Arbeitsplatz so wichtig wie der Führungsstil, vor allem der des direkten Vorgesetzten. Wie halten Sie das bloß aus in diesem Irrenhaus?

**21 – 29 Punkte:** Ach ja, Mitarbeiter gibt es auch noch … Offenbar gehört die Führungskultur nicht zum Kerngeschäft Ihrer Firma, auch wenn sie hier oder dort vorkommt. Kann sein, Ihr Vorgesetzter ist überfordert. Oder er praktiziert, was an der Spitze des Unternehmens gelebt wird: starres Hierarchiedenken. Wenn Ihre Firma gleichzeitig beim Punkt Aufrichtigkeit schlecht abgeschnitten hat, ist das ein Alarmzeichen – offenbar eine ungesunde Kultur.

**30 – 37 Punkte:** Manchmal führt die Führung Ihrer Vorgesetzten zu nichts. Aber solche Total-Reinfälle sind eher die Ausnahme. In den meisten Fällen weiß Ihre Firma nicht nur, dass sie Mitarbeiter hat – sondern auch, was sie an ihren Mitarbeitern hat. Im besten Fall bekommen Sie Wertschätzung durch Ihren Vorgesetzten entgegengebracht und haben Spielräume für Ihre persönliche Entwicklung.

**ab 38 Punkten:** Gratulation! Ihre Firma praktiziert einen Führungs und Organisationsstil, der Mitarbeiter wertschätzt und Ihnen die Chance zum Wachsen gibt.

## 5. Joker: Die Wahrheit im Rückblickspiegel

**Frage 41:** Bitte denken Sie über Ihre Antwort nach.

Die Jokerfrage, ob Sie jederzeit wieder bei Ihrer Firma anfangen würden, kann den Pegelstand Ihrer Motivation beleuchten.

Wenn Sie spontan nur zu *ein oder zwei Punkten* tendieren, sind Sie definitiv ins falsche Boot gestiegen – und sollten schauen, dass Sie Land gewinnen.

Wenn Sie *drei Punkte* vergeben, ist die entscheidende Frage: Wie hat sich dieses Urteil in den letzten Monaten (oder Jahren) verändert? Lagen Sie früher bei einer Vier? Dann ist zu befürchten, dass sich Ihre Motivation im Sinkflug befindet und bald bei einer Zwei (oder Eins) zerschellt. Kommen Sie dagegen von einer Zwei, ist ein Aufwärtstrend zur Vier möglich.

Wenn Sie sich *vier oder gar fünf Punkte* zusprechen, stellt sich mir nur eine Frage: Warum haben Sie dieses Buch gekauft?

# 2.
# Lästern ist keine Lösung

*Kottelmann, in Ihrem Vertrag ist glasklar geregelt,
dass Sie Auslandseinsätzen zustimmen ...*

Das Lästern ist eine Waffe, mit der sich die Insassen gegen den Irrsinn wehren. Doch leider geht dieser Schuss nach hinten los. Hier lesen Sie ...

- welche Ausreden die Mitarbeiter in Irrenhäusern verharren lassen,
- warum dieselben Menschen, die den Irrsinn bejammern, seine treusten Diener sind,
- weshalb das Lästern wie eine Lupe wirkt und das Elend vergrößert
- und welche sieben eigenen Fehler zur Einweisung ins Irrenhaus geführt haben.

### Keine Ausreden mehr!

Wie ist der Irrenhaus-Test bei Ihnen ausgefallen? Hat Ihre Firma noch alle Tassen im Schrank? Oder hat sich der Irrsinn wie ein Bullterrier von der Leine gerissen und Ihrer Firma so fest in die Wade gebissen, dass er kaum mehr abzuschütteln ist?

So mancher Mitarbeiter, der sein Unternehmen für irre hält, wehrt sich verbal: Seine Sätze sind Sprengsätze, die er – natürlich hinter vorgehaltener Hand – gegen die Firma zündet: »Irrsinn, was der Chef verlangt!«, »Dieser ganze Laden geht den Bach runter!«, »Wenn Dummheit weh täte, würden hier alle schreien!«

Aber wie sehen seine Taten im Arbeitsalltag aus? Ich wette mit

Ihnen: Er spricht die Landessprache des Irrsinns; sonst wird er in seinem Unternehmen nicht verstanden. Er respektiert die Gesetze des Irrenhauses; sonst wird er abgemahnt. Er tanzt nach der Pfeife des Irrenhaus-Direktors; sonst wird er gefeuert. Und er führt die irrsten Befehle aus; sonst macht er sich der Arbeitsverweigerung schuldig.

Ist das nicht merkwürdig? Der Kritiker des Irrsinns ist zugleich ein Teil des Irrsinns, ein Rädchen im Getriebe. Jenes Regime des Irrsinns, das er mit seinen Worten attackiert, erhält er durch seine eigenen Taten aufrecht.

Dieses Verhalten sollte das Selbstbetrugs-Dezernat auf den Plan rufen. Wer *gleichzeitig* einem Irrenhaus dient und es kritisiert, ist ein lebender Widerspruch. Wie kann ihm dieser schmerzhafte Spagat gelingen, ohne dass es ihn in Stücke reißt? Er braucht eine Legende, die sein Verhalten erklärt, eine Schwindelei, mit der er sein Gewissen beruhigen und sein Gesicht vor anderen wahren kann.

Jede Woche begegne ich in der Beratung Menschen, die einerseits den Irrsinn ihrer Firma anklagen – die aber andererseits tausend Gründe nennen, warum sie diesem Irrsinn weiter dienen *müssen*.

Die Palette der Ausreden ist breit. Hier vier Beispiele, von mir kommentiert:

Der Mitarbeiter sagt: *Wenn ich weggehe, …*

**1. … dann geht es mit der Firma noch mehr den Bach runter.**
*Gesponnene Legende:* Ich bin der einzige Normale hier, trage das Licht der Vernunft und will es nicht erlöschen lassen – sonst versinkt die Firma in Dunkelheit. Zum Nachteil aller.
*Mein Kommentar:* Dieses Licht der Vernunft kann nicht allzu weit reichen – oder warum sonst herrscht finsterer Irrsinn? Hier

macht sich einer keine Sorgen um das Unternehmen, sondern um sich selbst: *Er* könnte den Bach runtergehen, wenn er das vertraute Terrain des Irrsinns verlässt.

Menschen lieben Konstanz. Und ein Irrenhaus bietet immerhin konstanten Irrsinn. An ihm kann sich der Mitarbeiter abarbeiten wie Don Quijote an den Windmühlenflügeln. Der Kampf mit dem Irrsinn scheint dem Leben einen Sinn zu geben – auch wenn der wahre Sinn dabei abhandenkommt.

**2. ... dann lasse ich die Kollegen im Regen stehen.**
*Gesponnene Legende:* Dieser Irrsinn ist nicht auszuhalten – es sei denn, all diese Minuszeichen werden durch ein Mega-Pluszeichen, durch einen Ausbund an Charakterstärke, durch meine Anwesenheit ausgeglichen!

*Mein Kommentar:* Wer zu feige ist, sich selbst retten, kann diese Feigheit in ein hübsches Kleid stecken – und sie als Solidarität gegenüber den Kollegen tarnen. Aber wäre es nicht fairer, den anderen einen Weg zu weisen, der aus dem Irrsinn hinausführt – statt dem Irrsinn, der gegenwärtig herrscht, durch Ausharren in der Firma zur Allgegenwart zu verhelfen?

**3. ... dann hätte ich ein Problem auf dem Arbeitsmarkt, weil ich – jetzt wechselweise – zu alt oder zu jung bin, zu über- oder zu unterqualifiziert, zu spezialisiert oder zu generalisiert usw.**
*Gesponnene Legende:* Das Irrenhaus ist ausbruchsicher. Ich will zwar raus – aber es gibt keine Möglichkeit, den Gitterstäben zu entfliehen.

*Mein Kommentar:* Bei allen Irrenhaus-Mitarbeitern, die mir mit diesem Argument kommen, stelle ich die Frage: »Was genau haben Sie bislang unternommen, um eine Firma zu finden, die besser zu Ihnen passt?« Die meisten antworten: »Noch nichts.« Dass es keinen Zweck habe, ist nur eine Mutmaßung, ein Alibi.

Die Gitter, hinter denen diese Mitarbeiter sitzen, habe nichts mit dem Irrenhaus zu tun – sondern mit ihren eigenen Überzeugungen. Sie haben sich mit dem Irrsinn eingerichtet wie mit einem verschlissenen Möbelstück, das man eigentlich erneuern müsste, aber es aus einer Mischung von Trägheit und Gewohnheit dann doch nicht tut.

**4. ... dann würde ich all meine Ansprüche aufgeben, zum Beispiel auf die jährliche Prämie, auf die lange Kündigungsfrist, auf die Betriebsrente.**
*Gesponnene Legende:* Der einzige Grund, warum ich diese Hochburg der Unvernunft nicht verlasse, heißt: Vernunft. Nur die materiellen Fußfesseln, die sich auf Heller und Cent errechnen lassen, halten mich hier fest; sonst wäre ich schon lange in die Freiheit gestürmt.
*Mein Kommentar:* Ja was denn nun? Wird jedes psychopathische Irrenhaus zur nährenden Mutter, an der man sich festsaugt, solange nur Geld fließt? Und was sind lange Kündigungsfristen eigentlich wert, wenn sie einen nur im falschen Leben, im Irrsinn, festhalten? Können solche materiellen Erwägungen wirklich schwerer wiegen als die Tatsache, dass man jeden Tag gegen seine Werte, seine Überzeugungen, seine Natur lebt?
Wenn ja, gibt es dafür nur eine Erklärung: Der Irrsinn ist bereits auf den Insassen übergesprungen.

Verurteile ich diese Ausreden? Weit gefehlt. Solche Sätze sind mir selbst schon über die Lippen gesprungen. Aber meine Beobachtung war: Wenn man sich selbst in die Tasche lügt, wird die Tasche immer voller, die seelische Belastung immer größer. Und eines Tages fallen einem die Lügen auf die Füße, ist die Realität nicht mehr zu leugnen. Dann hat sich der Zahn des Irrsinns schon weit ins eigene Leben hineingefressen – zu weit!

Je früher Sie ehrlich in den Spiegel schauen und reinen Tisch machen, desto eher können Sie Ihre Selbstachtung und Ihre Arbeitsfreude zurückerobern – und den Irrsinn in seine Schranken verweisen.

## Aufgabe: Plädoyer vor Gericht

Es gibt eine Übung, mit der Sie herausfinden können: Sind die Gründe, die Sie in einem Irrenhaus festhalten, stimmige Gründe für Sie? Oder handelt es sich dabei nur um Vorwände, die sich nicht mit Ihrem Empfinden decken? Idealerweise beziehen Sie in diese Übung zwei vertraute Menschen oder einen professionellen Coach ein.

So geht's: Notieren Sie auf einem Zettel alle Gründe, die Sie in Ihrer irren Firma halten. Kommen Sie auf mindestens fünf? Wenn nicht: Denken Sie noch einmal nach, ergänzen Sie.

Und nun stellen Sie sich vor, Sie wären ein Anwalt vor Gericht. Es geht um einen wichtigen Prozess, die Emotionen schaukeln sich hoch, Sie dürfen theatralisch und emotional sein. Halten Sie nun zu den Geschworenen – Ihren beiden Vertrauten – je zwei Plädoyers, während Sie den Zettel mit Ihren Gründen durchgehen: eines für Ihr Argument (»Ich bleibe, weil ich auf dem Arbeitsmarkt keine Chancen habe«); und eines, das Ihr Argument als Scheinalibi zerschlägt (»In Wirklichkeit bin ich zu feige und habe mich mit dem Irrsinn arrangiert«). Probieren Sie, in beiden Fällen möglichst überzeugend zu wirken.

Nach der Übung geben Sie erst eine Selbsteinschätzung ab (man kann die Übung auch alleine absolvieren!): Welche Argumentation haben Sie mit mehr Leidenschaft, mehr Lebendigkeit vorgetragen? Welche Begründung hat Sie wie ein reißender Fluss gepackt und Ihre Worte förmlich getragen? In den meisten Fällen werden Ihre Stimme, Ihre Körpersprache, ja sogar das Funkeln in

Ihren Augen verraten, welche Sichtweise Ihnen wirklich am Herzen und welche Ihnen nur auf der Zunge liegt.

Nach Ihrer Selbsteinschätzung fragen Sie Ihre »Geschworenen«: Was ist ihnen aufgefallen? Bei welchen Argumenten haben Sie echt gewirkt, waren Ihre Wort- und Ihre Körpersprache im Einklang? Und welche Begründungen kamen glaubwürdiger rüber?

Lassen Sie dieses Feedback auf sich wirken und warten Sie nach der Übung einige Tage ab, ehe Sie aufschreiben: Welche neuen Erkenntnisse haben Sie aus der Übung gewonnen? Was bedeutet das für Ihre berufliche Zukunft? Und was genau werden Sie bis wann unternehmen, um diesen Einsichten auch Taten folgen zu lassen?

## Die Lästerfalle

Zwei Voraussetzungen müssen erfüllt sein, damit der typische Irrenhaus-Insasse zu einem typischen Irrenhaus-Gegner wird: Der Irrsinn muss vollbracht und der Chef außer Hörweite sein. Dann, erst dann, zieht er vom Leder. Am liebsten in der Gruppe. Die Gleichgesinnten stecken ihre Köpfe zusammen, etwa in der Raucherecke, und lassen so viel Dampf ab, dass der Zigarettenrauch nicht mehr ins Gewicht fällt.

Eine Umfrage von stern.de ergab: Der durchschnittliche Mitarbeiter lästert jede Woche vier Stunden über seinen Chef.[62] In einem Konzern mit 12 000 Mitarbeitern summiert sich das pro Woche auf 48 000 Lästerstunden – und im Jahr auf über zwei Millionen.

Den Arbeits-Irrsinn durch den Kakao zu ziehen, ihn zu verlachen und zu verspotten, zu verfluchen und zu beschimpfen – das lieben die Mitarbeiter. Das Lästern ist ihr Rettungsring im Meer des Irrsinns, es bereitet ihnen diebische Freude. Die Untertanen proben den Aufstand. Verbal. Und heimlich.

Ich finde diese Reaktion nur allzu menschlich. Seit jeher lästern die Untertanen über den König, die Schüler über den Lehrer und die Mitarbeiter über den Chef. Aber sind diese Lästerorgien auch klug? Verschaffen sie Erleichterung? Bringen sie Veränderung? Im Gegenteil, wer Dreck in die Hände nimmt, macht sich selbst die Finger schmutzig. Und wer seine Hände verwendet, um diesen Dreck zu schleudern, hat keine Hand mehr frei, um den kritisierten Zustand *tatsächlich* zu verändern.

Welche psychologischen Funktionen erfüllt das Lästern? Erstens: Wer seinen Arbeitgeber anklagt, ihn verwünscht und verflucht, lenkt damit von seiner eigenen Rolle ab. Er muss sich keine selbstkritischen Fragen stellen, zum Beispiel, warum er den Irrsinn nicht aus seinem Büro fernhält – oder warum er, wenn der Irrsinn unaufhaltsam ist, nicht in eine erträglichere Firma abwandert.

Zweitens wirkt das Lästern moralisch befreiend. Wer dem Irrsinn als Handlanger dient, gegen die eigenen Werte handelt, sich die weiße Weste beschmutzt, der kann das Lästern als Waschmittel gebrauchen. Verbal zeigt er genau das, was seine Taten vermissen lassen: Widerstand. Das scheint ihn über die Niederungen des Irrsinns zu heben. So wie die willigen Helfer einer politischen Diktatur sich nach deren Zusammenbruch als heimliche Vorhut des Widerstands zu erkennen geben. (»Wir haben das System unterwandert, um Schlimmeres zu verhindern.«)

Drittens ist das Lästern so herrlich einfach: Es reicht, die Sackgassen aufzuzeigen – statt die Wege zu weisen; es reicht, den Finger in die Wunde zu legen – statt die Wunde zu heilen. Der Lästerer muss keine Lösungen vorschlagen, keine konstruktiven Vorschläge machen, seine eigenen Ideen nicht unter Beweis stellen; er bleibt in der unverbindlichen und damit ungefährlichen Anklage hängen.

Und viertens hat das Lästern einen wunderbaren Vorteil: Es schweißt zusammen. Die einen bilden einen Fanklub, weil sie Musikgruppen lieben. Die anderen bilden Lästerklubs, weil sie ihre Firma hassen. Beides verbindet. Wenn Menschen dasselbe verachten, führt das zu Achtung untereinander. Ein gemeinsamer Feind sorgt für Zusammenhalt – und lenkt von Problemen ab, die man mit sich selbst oder miteinander hat.

Warum ich Ihnen diese Vorzüge des Lästerns schildere? Weil jedes Irrenhaus für Lästermäuler ein gefundenes Fressen ist. Der Lästerstoff wird hier am Fließband produziert, man kann sich von morgens bis abends das Maul zerreißen. Und so tun einige Mitarbeiter beim Arbeiten, was sie beim Lästern kritisieren. Und so kritisieren sie beim Lästern, was sie beim Arbeiten tun.

Doch Lästerorgien sind wie Wunderkerzen. Beim Abbrennen sprühen sie wunderschön. Aber dann bleibt nur Schwefelgeruch zurück. Und genau so, sagt man, riecht die Hölle. Das Lästern kann den Insassen nicht über die Leere seiner Tätigkeit, nicht über die Fremdheit zwischen ihm und der Firma, nicht über ein wert(e)-loses Arbeitsleben hinwegtäuschen. Im Gegenteil, es stürzt ihn noch tiefer in die Verzweiflung.

Mir fällt immer wieder auf: Lästern wirkt wie eine Lupe; es lässt die Schwierigkeiten größer erscheinen. Und je mehr Aufmerksamkeit der Insasse einem Problem widmet (statt der Lösung!), desto unlösbarer wirkt es.

Denn jede Klage fällt auf den Klagenden zurück, erobert Raum in seinem Bewusstsein, macht ihn dem Gegenstand seiner Anklage ähnlicher – also (relativ) irre. Niemand hat dieses Dilemma so treffend auf den Punkt gebracht wie Bertolt Brecht in seinem Gedicht »An die Nachgeborenen«: »Auch der Hass gegen die Niedrigkeit verzerrt die Züge. Auch der Zorn über das Unrecht macht die Stimme heiser.«

Die fataleste Wirkung des Lästerns: Es verbraucht Energie, die fürs Handeln nötig wäre. Die Mitarbeiter reden nur über Missstände, statt das Heft des Handelns in die Hand zu nehmen und aus der Dunkelheit des Irrsinns mit aller Kraft aufs Licht eines glücklichen Arbeitslebens zuzustreben.

Verschwenden Sie Ihre Energie nicht länger auf die Schwächen der Firma, nicht länger auf den Irrsinn, nicht länger auf das, was Sie unzufrieden macht. Denken Sie besser darüber nach, was Sie bräuchten, um ein erfülltes Arbeitsleben im Einklang mit Ihren Werten zu führen, ein Leben, von dem Sie schwärmen könnten.

Übersetzen Sie jeden Lästersatz, der Ihnen über die Zunge kommen möchte, in einen konstruktiven Wunsch. Sagen Sie nicht mehr: »Diese Firma macht mich irre, weil sie immer über meinen Kopf hinweg entscheidet«, sondern: »Ich sehne mich nach einer Firma, in der ich bei Entscheidungen ein Wörtchen mitreden kann. Denn dann kann ich meine Kompetenz einbringen, fühle mich ernst genommen und sorge für sinnvollere Entscheidungen.«

Diese Konzentration auf Ihre Wünsche und Sehnsüchte wirkt genau umgekehrt wie das Lästern: Sie hält Sie nicht im Problem fest, sondern füllt den Tank Ihres Veränderungsmotors allmählich mit Treibstoff. Je öfter und je konkreter Sie daran denken, was Sie wirklich wollen, desto größer wird Ihre Sehnsucht danach, desto klarer wird das Bild Ihrer Wunschfirma – und desto eher können Sie schließlich das Jammertal des Irrsinns hinter sich lassen.

## Sieben Fehler, die ins Irrenhaus führen

Werden Sie in ein Irrenhaus eingewiesen? Nein, Sie weisen sich selber ein – indem Sie einen Arbeitsvertrag unterschreiben. Wer einmal drin ist, sollte vor lauter Jammern über seine Situation nicht vergessen: Er hat selbst zu seiner Einweisung beigetragen.

Was passiert, ehe sich die Zwangsweste eines Arbeitsvertrages schließt? Warum verkennt ein Bewerber, dass die neue Abteilung, um deren Gunst er buhlt, eine »geschlossene Abteilung« ist? Und mit welchen Lockmitteln und Augenwischereien tragen die Irrenhäuser dazu bei? Nur wer diese Irrtümer kennt, wer seinen eigenen Anteil am Entstehen der Misere beleuchtet, kann daraus für die Zukunft lernen – für die Flucht aus dem Irrenhaus (von der das nächste Kapitel handelt):

## 1. Irrglaube: Es kann nur besser werden

Wer seine aktuelle Firma für ein Irrenhaus und seinen Job für die schlimmste Strafe seit Abschaffung der Folterkammer hält, neigt zu einem fatalen Fehler: Jeder andere Job scheint ihm wie ein Notausgang. Da ist jemand so fixiert auf die Hölle, die er verlässt, dass er die Hölle übersieht, die möglicherweise vor ihm liegt.

Neulich sagte ein Klient zu mir: »In der nächsten Firma kann es nur besser werden!« Ich habe geantwortet: »Der Irrsinn ist wie ein Adjektiv: Er lässt sich steigern!« Das fällt aber erst *nach* Einzug in ein neues Irrenhaus auf, wenn die nette Fassade aus dem Vorstellungsgespräch zu bröckeln beginnt und der Putz einer durchgeknallten Realität sichtbar wird.

## 2. Reinfallen auf Falschgold

Aufgeregt wie bei ihrem ersten Rendezvous – das sind viele Bewerber, wenn sie das Gebäude eines potentiellen Arbeitgebers betreten. Erst recht, wenn sie den Namen der Firma bislang nur aus den Wirtschaftnachrichten kennen. Und nun, oh Wunder, schreiten sie in diese heiligen Hallen.

Und worauf achtet der kleine Mann, wenn er einen Palast betritt? Nicht darauf, ob der Palast gut genug für ihn ist – sondern darauf, ob *er* gut genug für den Palast ist. Die meisten Bewerber sind so mit dem Schinden von Eindruck beschäftigt, dass sie selbst keinen Eindruck von der Firma gewinnen. Der Irrsinn entgeht ihnen. Aber sie entgehen (später) nicht dem Irrsinn.

### 3. Kleine Signale übersehen

Was tun Firmen, um offensichtlichen Irrsinn doch zu verbergen? Sie behandeln ihn wie einen großen Pappkarton. Sie falten ihn, setzen sich darauf und trampeln auf ihm herum, nur um ihn kleiner zu machen, verschwinden zu lassen. Doch der Irrsinn ist widerborstig wie der Karton: Er richtet sich immer wieder auf.

Irrsinn lässt sich nicht *komplett* vor einem Bewerber verbergen. Den meisten neuen Mitarbeitern fallen *nach* ihrer Einweisung per Arbeitsvertrag tausend Kleinigkeiten ein, die sie schon im Bewerbungsverfahren *in* der Firma hätten stutzig machen können. Zum Beispiel, dass der Chef nur sie selbst hofiert hat – aber seinem Assistenten keinen Blick widmete, als der ihm ein Papier brachte (siehe Frühwarnsystem, Seite 260).

### 4. Vom Balztanz verführt

Es ist wie in der Liebe. Am Anfang einer (Arbeits-)Beziehung steht das Balzen. Die Firmen wenden eine Doppeltaktik an: Zum einen rücken sie ihre schönste Seite ins Rampenlicht, etwa das demokratische Firmenleitbild. Zum anderen vermitteln sie dem Bewerber den Eindruck, sein Eintritt in die Firma sei ein großes Ereignis. Das Ego des Bewerbers schnurrt wie ein Kätzchen. Er denkt sich heimlich: Kann eine Firma, die ein so scharfes Auge für meine Qualitäten hat, wirklich blind sein? Oh ja, sie kann!

### 5. Glaube an Besserung

Mancher Bewerber sieht sich als Herkules, stark genug, den ganzen Schweinestall auszumisten: Noch ist die neue Firma zwar ein Irrenhaus (wie er hellsichtig erkennt) – aber das wird sich ändern, wenn er erst einmal zur Forke greift. Als könnte man, wie ein Teufelsaustreiber, die Firma vom Irrsinn befreien.

Doch bald wird er merken: Wo jeden Tag Berge an irrsinnigem Mist produziert werden, ist die Forke der Vernunft nur eine Kuchengabel, viel zu klein, um etwas auszurichten. Wer ein Irrenhaus als vernünftiger Mensch betritt, hat keine Garantie dafür, dass er es im selben Zustand wieder verlässt. Der Irrsinn färbt ab.

### 6. Das vorschnelle Ja-Wort

Die meisten Bewerber sehen eine Firma zwei Stunden und zwei Vorstellungsgespräche lang von innen, ehe sie vertraglich ihrer Einweisung zustimmen. Das ist so, als würde man einen Partner heiraten, den man zwei Stunden zuvor kennengelernt hat. Nur dass Arbeitsverhältnisse meist nicht durch Tod, sondern durch Kündigung geschieden werden. Oder durch Irrsinn, der nicht auszuhalten ist.

Selbst eine einfache Maßnahme könnte das vorschnelle Ja-Wort verhindern: Wie wäre es, *vor* Unterschrift des Arbeitsvertrages einmal nach Feierabend an der Bushaltestelle vor der Firma einzusteigen, die Gesichter zu studieren und große Ohren zu machen? Dann würde sich mancher Bewerber die Sache noch einmal überlegen.

### 7. Wiederholungsfehler

Kann es sein, dass irre Firmen vor allem irre Mitarbeiter anlocken – so wie Kuhfladen unterverhältnismäßig oft von Fliegen und Castingshows von geltungssüchtigen Dummköpfen angesteuert werden?

Wahr ist: Etliche Mitarbeiter wiederholen immer wieder ihre alten Fehler. Zum Beispiel kenne ich eine Assistentin, die ein ausgesprochenes Talent dafür hat, sich unter allen möglichen Chefs immer wieder die größten Psychopathen herauszupicken. Jedes Mal, wenn sie einen Irren hinter sich lassen will, läuft sie einem neuen in die Arme.

Wer mehrfach an irre Firmen derselben Bauart gerät, muss sich fragen: »Was zieht mich an diesen Typen so an? Auf welche Augenwischereien falle ich immer wieder herein? Welche Anstalten mache ich, um in solche Anstalten zu kommen?«

# 3.
# Ausbruch mit Köpfchen: So entwischen Sie!

*Einsam und verlassen auf einer Insel mit Palmen??? – mir kommen gleich die Tränen, Kottelmann!*

Wollen Sie den Irrsinn hinter sich lassen? Träumen Sie von einer Firma, die noch alle Tassen im Schrank hat? Dieser Ausbruch wird Ihnen nur gelingen, wenn Sie Mut und einen perfekten Plan haben. Hier erfahren Sie …

- in welchen Fällen der Irrsinn einer Firma vergeht – und wann er auf ewig besteht,
- wie Sie herausfinden, ob ein Wechsel Sie wirklich glücklicher macht,
- wie Sie einen perfekten Fluchtplan schmieden und umsetzen
- und wie Sie das »große Frühwarnsystem« nutzen, um sich nie wieder in ein Irrenhaus zu verirren.

## Lässt der Irrsinn sich vertreiben?

Hegen Sie noch die Hoffnung, dass Ihre Firma sich bessert? Spekulieren Sie darauf, dass der Irrsinn bald vom Hof gejagt und die Vernunft hofiert wird? Ob es zu einer solchen Wachablösung kommt, hängt nicht zuletzt von der Frage ab: In welcher Phase befindet sich Ihre Firma – Dorf- oder Dschungel-, Stadt- oder Wanderkultur (siehe Seite 22)? Die ersten beiden Stadien bieten einen Vorteil. Der Irrsinn, der sie begleitet, ist ein *vorübergehender* Irrsinn, kein Endstadium – sofern Ihre Firma sich noch entwickelt.

Ein hohes Maß an Unprofessionalität, wie es eine Familienkultur mit sich bringen kann, ein heilloses Durcheinander, wie es eine

Dschungelkultur begleitet: Das können Kinderkrankheiten sein, die nach einigen Jahren auskuriert sind – unter der Voraussetzung, dass die Irrenhaus-Direktoren einsehen: So kann es nicht weitergehen! Damit ein Irrsinn verbannt werden kann, muss er erst einmal *erkannt* werden – und nicht geleugnet.

Wie gehen Ihre Chefs mit den Macken der Firma um? Sehen sie ein, dass es Bedarf an Verbesserungen gibt? Haben sie schon erste Schritte eingeleitet? Leben sie das, was sie optimieren wollen, selber vor? Dann kann der Irrsinn auf dem Rückmarsch sein.

Doch halten Ihre Nerven so lange durch, bis Vernunft einkehrt? Oder beißen Sie Ihrem Chef ins Bein, wenn Sie nur einen Monat länger als Teilchenbeschleuniger in diesem Chaos mitmischen müssen?

Je größer Ihr Leidensdruck und je geringer das Veränderungstempo Ihrer Firma ist, desto eher sollten Sie über einen Fluchtplan nachdenken. Dagegen kann das Abwarten eine kluge Strategie sein, wenn Ihr Unternehmen sich zügig bessert.

Ein Rückzug des Irrsinns, daran ist in der dritten Firmen-Phase, der Stadtkultur, nicht mehr zu denken. Hier geht der Irrsinn nicht in Rente – sondern bleibt Ihnen bis zur Rente erhalten. Er ist chronisch, hat die Abteilungen wie ein Schimmelpilz befallen, nistet in den Büros und in den Köpfen. Oberflächliche Maßnahmen können ihn nicht vertreiben, keine Restrukturierungen, keine Richtlinien, keine neuen Firmen-Leitbilder.

Die Kultur einer Firma ist wie eine Landessprache: tief verwurzelt. Natürlich können sich mit der Zeit neue Begriffe einbürgern. Aber der Grundwortschatz bleibt. Und wie die Sprache von den Älteren an die Jüngeren weitergereicht wird, so impfen in der Firma die Erfahrenen den Neulingen den Irrsinn ein. Nicht in erster Linie durch das, was sie beim Einarbeiten sagen – sondern durch das, was sie vorleben.

Neulich hat mir eine Klientin, Senior Consultant einer Unternehmensberatung, folgende Geschichte erzählt: Bei einem Jubiläum setzte sie sich zu Ruheständlern ihrer Firma und hörte ihren Geschichten zu: »Die Leute waren seit zehn, zwanzig Jahren im Ruhestand. Doch als sie erzählten, wo es bei uns klemmt, traute ich meinen Ohren kaum. Das waren dieselben Probleme, mit denen ich jeden Tag zu kämpfen hatte. Zum Beispiel die unerträgliche Arroganz der Teilhaber gegenüber den Angestellten. Oder unsere Feigenblatt-Mentalität gegenüber reformunwilligen Unternehmen. Oder die Tatsache, dass bei der Personalauswahl der Notendurchschnitt alles und die soziale Kompetenz nichts bedeutet.«

Meine Klientin hatte bis dahin gehofft, der Irrsinn ihrer Firma könne schrumpfen. Diese Begegnung machte sie zur Realistin: »Mir wurde schlagartig klar: Diese Marotten sind ein Teil der Firma. Sie werden so lange bestehen, wie es die Firma gibt – ob mir das gefällt oder nicht.«

Diese Erfahrung machen viele Mitarbeiter. Die Jahre gehen – aber der Irrsinn bleibt. Er ist wie eine Erbkrankheit, springt über Generationen hinweg.

Soll ich ehrlich sein? In einer irren Stadtkultur können Sie tun, was Sie wollen – rodeln oder jodeln, sich auf den Kopf stellen oder ein vorbildliches Verhalten an den Tag legen. Doch am Irrsinn zu wackeln, das wird Ihnen nicht gelingen. Nicht Sie verändern die Stadtkultur – die Stadtkultur verändert Sie.

Heißt das, Sie sollen die Hände in den Schoß legen? Nein! Tun Sie, was Sie können! Bauen Sie einen besseren Draht zu Ihrem Chef auf. Sorgen Sie dafür, dass Sie in Ihrem Job mehr von dem tun können, was Sie erfüllt, und weniger vom dem, was Sie langweilt. Schrauben Sie Ihre Ansprüche auf ein Maß, das vielleicht nicht idealistisch, dafür aber realistisch ist. Das alles sind Trostpflaster; sie helfen *ein wenig*.

Aber machen Sie sich keine Illusionen! Den Schimmelpilz des Irrsinns, der sich über viele Jahre ausgebreitet hat, werden Sie nicht beseitigen können. Es sei denn, Sie wären selbst der oberste Chef des Unternehmens, Sie hätten einen unbändigen Reformwillen und Sie würden sich von Widerständen nicht abschrecken lassen.

Denken Sie an Michail Gorbatschow, den ehemaligen Staatschef der Sowjetunion, Wegbereiter der deutschen Wiedervereinigung. Durch den irrsinnigen Apparat der kommunistischen Partei hat er sich nach oben gedient, bis er selbst an der Spitze war. Und dort läutete er, gegen alle Widerstände, das Ende des Kommunismus, die Perestroika ein.

Aber wie ist es ihm überhaupt gelungen, in diese Position zu kommen? Wie viele Kompromisse musste er auf dem Weg nach oben eingehen, wie viele Grundsätze brechen? Vor allem gelingt dieser Durchmarsch in Systemen des Irrsinns bevorzugt Menschen, die zu solchen Systemen passen: Irrsinnigen; Gorbatschow war eine Ausnahme. Die meisten Reformer werden von ihren Systemen unschädlich gemacht, *ehe* sie das System unschädlich machen.

Statt dort Vernunft zu säen, wo sie nicht anwächst, empfehle ich Ihnen: Schauen Sie sich nach einer Firma um, in der Sie sich nicht verstellen müssen; einer Firma, in der Sie Ihre Stärken leben und Ihre Werte mit Leben füllen können.

Das gilt erst recht, wenn Ihre Firma bereits von einer Stadt- in eine Wanderkultur abgestürzt ist. Eine hohe Fluktuation kann ein Warnzeichen sein. Die Matrosen springen ab, das Narrenschiff sinkt. Wer nun an Bord bleibt, muss selbst die Folgen ausbaden. Denn eine große Insolvenz spült zur gleichen Zeit Tausende von Mitarbeitern in den Arbeitsmarkt. Die freien Stellen sind in null Komma nichts dicht. Vorher stehen die Wechselchancen besser.

Und wenn die Wanderkultur mit unternehmerischem Erfolg einhergeht? Dann frage ich mich: Halten ausgerechnet Sie auf Dauer aus, was die anderen reihenweise vertreibt? Die meisten meiner Klienten, die das von sich behauptet haben, stellten sich als heiße Burn-out-Anwärter heraus.

Wie gehen Menschen mit schweren Problemen um? In der ersten Phase tun sie immer dasselbe: Sie leugnen, überhaupt ein Problem zu haben. Die Flut steigt, doch der Ertrinkende tut so, als würde er ein gemütliches Bad nehmen.

Schwimmen Sie besser davon – ehe Ihnen Ihre Felle davonschwimmen.

## Fliehen Sie nicht mit den Beinen – sondern mit Köpfchen

Nehmen wir an, es steht für Sie fest: Ihre Firma ist ein chronisches Irrenhaus, ohne Aussicht auf Besserung. Was nun? Die Entscheidung, ob Sie *wirklich* gehen wollen, ist damit noch nicht gefallen. Drei Fragen sollten Sie sich vorher stellen, um Ihre Motive zu klären:

*1. Was ist positiv an diesem Irrsinn?*
Jede negative Situation hat positive Seiten. Das gilt auch für den Irrsinn in Firmen. Nehmen wir an, Ihr Chef entreißt Ihnen alle wichtigen Aufgaben – dann können Sie nie einen schweren Fehler machen. Nehmen wir an, Sie arbeiten in einer Chaostruppe – dann kommt Ihr Organisationstalent erst richtig zum Tragen. Und nehmen wir an, Sie sind von Dummköpfen umgeben – dann kann der Stern Ihrer Klugheit umso heller leuchten.

Vor jeder Veränderung steht die Abwägung: Welchen Nutzen bringt Ihnen die jetzige Situation? Und welchen Preis bezahlen Sie dafür? Wenn sich beides die Waage hält, fehlt Ihnen der Anreiz für die Veränderung.

Eine solche Erstarrung verrät sich mir durch ein untrügliches

Zeichen – eine »Eigentlich-Mentalität«. Ein solcher Mitarbeiter sagt, *eigentlich* hänge ihm sein Irrenhaus zum Hals heraus, *eigentlich* wolle er seinem Chef die Meinung sagen, *eigentlich* letztes Wochenende drei Bewerbungen geschrieben haben. Aber rätselhafterweise tat er nichts davon. Eine unsichtbare Macht hielt ihn vom Handeln ab.

Wer seine Arbeits-Ehe lauthals bejammert, aber nichts für eine Scheidung unternimmt, sollte sich fragen: Inwieweit erfüllt mich dieses irre Arbeitsverhältnis eben doch? Welchen heimlichen Nutzen bietet es mir? Und ist dieses Irrenhaus am Ende doch das, was ich will und verdient habe?

Dieser Verdacht ist umso begründeter, wenn jemand schon mehrfach in dieselbe Art von Irrenhaus gestolpert ist. Zum Beispiel habe ich einen Klienten, der immer wieder an extrem ausbeuterische Unternehmen gerät. Dort findet er ein Umfeld, das den »Weltverbesserer« in ihm aufblühen lässt: Er kandidiert für den Betriebsrat, streichelt die Seelen der Gemobbten und legt sich im Namen seiner Kollegen mit tyrannischen Vorgesetzten an. Auf diesem Umweg verwirklicht er einen Wert, der in seinem Leben viel bedeutet: den Kampf für (soziale) Gerechtigkeit.

Was würde er bloß in einer Firma tun, wo die anderen gar keine Hilfe brauchen? Dort lägen seine Talente brach. Deshalb geht er mit dem Irrsinn (unbewusst) eine Symbiose ein. Dieser Mechanismus wurde ihm erst in der Beratung bewusst.

Wie kommen Sie Ihren verdeckten Motiven auf die Schliche? Nehmen Sie ein A4-Blatt und schreiben Sie zehnmal folgenden Satzanfang auf: »Trotz allem, was mir in meiner Firma nicht gefällt, finde ich gut, dass …« Lassen Sie Platz, damit Sie den Satz vollenden können. Und sammeln Sie zehn Argumente.

Danach prüfen Sie: Welcher dieser Gründe ist oberflächlich? Solche Argumente, wie das gute Kantinenessen, können Sie vernachlässigen. Viel interessanter ist die Frage: Welche Vorteile sorgen dafür, dass Sie wichtige Werte Ihres Lebens trotz – oder wegen – des unwirtlichen Umfelds verwirklichen können?

Zum Beispiel könnte es sein, dass jemandem das Gemeinschaftsgefühl heilig ist – und dass er diesen Wert an seinem Arbeitsplatz befriedigen kann, weil das Lästern ihn und die Kollegen zusammenschweißt.

Zu dieser Aufstellung gibt es ein Gegenstück: Nehmen Sie ein neues A4-Blatt und schreiben Sie nun zehnmal folgenden Satzanfang auf: »Wenn ich tief in mich hinein horche, stört mich an meiner Firma ...« Vollenden Sie wieder die Sätze und filtern Sie am Ende Punkte heraus, die mit Ihren persönlichen Werten kollidieren.

Nach dieser kleinen Übung wägen Sie ab: Wie schwer wiegen die Vorteile einer Flucht? Wie schwer die Nachteile? Nur wenn die Vorteile *eindeutig* mehr Gewicht haben, wird Ihre Motivation ausreichen, um einen Fluchtplan zu schmieden und umzusetzen.

## 2. Welche Alternativen gibt es?

Entscheidend ist nicht nur, dass Sie fliehen wollen – sondern vor allem: wohin? Wie verhindern Sie, von einem Irrenhaus ins nächste zu eilen? Zuerst müssen Sie herausfinden, ob es realistische Alternativen zu Ihrer Firma gibt.

Zwei Formen von Verrücktheit lassen sich unterscheiden: der branchenspezifische Irrsinn, der fast alle Firmen eines Wirtschaftszweiges umnachtet; und der firmenspezifische Irrsinn, der von Haus zu Haus variiert. Unterscheiden Sie beides, damit Sie nicht vom Regen in die Traufe geraten.

Ein Beispiel: Sie arbeiten für eine große Bank. Aber es stört Sie, dass Ihr Unternehmen zugunsten der Rendite die Moral über die Klinge springen lässt. Der typische Wechsel würde Sie nun in die nächste Großbank führen. Aber damit wäre Ihr Problem genauso wenig gelöst, wie wenn Sie vom Löwenkäfig in den Krokodilgraben fliehen würden. Vielmehr ist die starke Profit- und die geringe Moralorientierung das Kennzeichen nahezu aller großen Bankhäuser.

Die grundlegende Frage ist: Passt diese Branche überhaupt zu Ihren Vorstellungen? Hat der Irrsinn, den Sie empfinden, vielleicht damit zu tun, dass Sie sich bei der Berufswahl verlaufen haben? Und könnten Sie mit Ihren Fähigkeiten nicht eine Tätigkeit ausüben, die eher zu Ihrem Wertesystem passt – zum Beispiel zu einer kleineren Familienbank wechseln, die ihre Kunden gewissenhaft betreut? Oder Ihre Fähigkeiten in den Dienst einer Verbraucherschutzorganisation stellen? Oder gar als Wirtschaftsjournalist kritische Artikel über jene Branche schreiben, deren Irrsinn Sie aus dem Effeff kennen?

Definieren Sie sich nicht über Ihre Branche, nicht über Ihren Beruf und schon gar nicht über Ihre Firma – fragen Sie sich einfach: Was kann ich Besonderes? Und in welchen Firmen, welchen Branchen, welchen Zusammenhängen sind diese Fähigkeiten gefragt?

Bedenken Sie: Jede Veränderung hat ihren Preis. Wer das Gehalt eines Spitzenbankers anstrebt, aber die moralische Reinheit eines Verbraucherschützers erlangen will, wird an dieser Quadratur des Kreises scheitern; hier oder dort müssen Sie Abstriche machen.

Ist der Irrsinn hingegen firmenspezifisch, dann haben die Unarten vor allem mit der Kultur Ihres Unternehmens zu tun, zum Beispiel dem Führungsstil. Nehmen wir an, in einer Bank würde ein Umgangston wie auf dem Kasernenhof gepflegt. Dieses Problem könnten Sie durch einen Wechsel der Firma hinter sich lassen, auch innerhalb der Branche.

Schauen Sie auch über Ihre Tätigkeit hinaus: Welchen höheren Zweck verfolgt Ihre Firma? Eine langweilige Bürotätigkeit, die Sie für einen geldgierigen Konzern ausüben, ist einfach nur eine langweilige Bürotätigkeit. Aber würden Sie als engagierter Umweltschützer denselben Job für Greenpeace machen, dann wäre Ihre Bürotätigkeit der Teil einer sinnvollen Sache – Sie könnten stolz darauf und mit einem anderen Engagement bei der Sache sein.

### 3. Wie finden Sie eine Nicht-Irrenhaus-Firma?

Nehmen Sie bitte noch einmal Ihre Liste zur Hand, in der Sie zehn Punkte aufgeführt haben, die Sie in Ihrer alten Firma stören. Zum Beispiel könnte dort stehen, dass Sie die weltfremden Entscheidungen des Managements hassen, dass Ihnen der rüde Ton Ihres Vorgesetzten auf den Magen schlägt und dass Sie das Konkurrenzdenken unter den Kollegen verabscheuen. Nun gehen Sie die wichtigsten Kritikpunkte auf einem dritten A4-Blatt durch, indem Sie jeweils schreiben: »... stattdessen wünsche ich mir ...«

Nun sind Sie gezwungen, zum konstruktiven Denken überzugehen. Wenn Sie weltfremde Entscheidungen des Managements hassen – welche Form von Unternehmensführung wünschen Sie dann? Definieren Sie Ihre Erwartungen. Zum Beispiel: »... stattdessen wünsche ich mir eine Firma, die ihre Mitarbeiter an der Basis wertschätzt, sie in Entscheidungen einbindet und eine möglichst demokratische Führungskultur pflegt.«

Auf diese Weise entsteht das Profil einer Firma, die Sie garantiert nicht als Irrenhaus, sondern als vorbildlichen Arbeitgeber empfinden würden.

Wenn Ihre Liste steht, denken Sie scharf nach: Welche Firmen, welche Institutionen verwirklichen diese Werte besser als Ihr jetziges Unternehmen? Wen könnten Sie befragen, um Informationen aus erster Hand zu bekommen? Was ist mit Kommilitonen oder Ausbildungskollegen, Ex-Chefs oder Ex-Kollegen, Menschen aus Ihrem Freundes- und Bekanntenkreis? Und haben Sie in der Zeitung nicht gerade einen Artikel über die »Arbeitgeber des Jahres« gelesen? Schauen Sie auch dort: Welche Firma passt am ehesten zu dem Bild, das Sie nun gezeichnet haben?

Eine Klientin von mir, bis dahin für eine Supermarktkette tätig, wurde bei dieser Recherche auf die Drogeriekette dm aufmerksam. Dort wird nach demokratischen Prinzipien geführt. Die Mitarbeiter wählen ihre Vorgesetzten, bestimmen ihre Gehälter selbst und genießen eine hohe Achtung. Das stimmte haargenau mit ihren Werten überein.

Diese Botschaft bekam sie in ihrer Initiativbewerbung und in zwei Vorstellungsgesprächen transportiert – gar nicht so schwer, wenn man sich nicht verstellen muss, sondern ehrlich für eine Unternehmenskultur schwärmen kann. So gelang meiner Klientin ein Wechsel, den sie nicht bereut hat. Noch zwei Jahre später, als ich zuletzt mit ihr gesprochen habe, lobte sie ihre Firma in höchsten Tönen.

Aber ein solcher Fluchtplan geht nur auf, wenn Sie sich nicht nach dem Zufallsprinzip auf Ausschreibungen bewerben – sondern wenn Sie wie ein Polizist ans Werk gehen: Erst Indizien sammeln. Dann ein Phantombild der Firma entwickeln. Und dann – aber auch erst dann – den passenden Job durch eine Initiativbewerbung »verhaften«. Idealerweise nutzen Sie dabei die Hilfe eines Betriebsspions, der Ihnen nicht nur wichtige Informationen über die Firma liefern kann (siehe Seite 257), sondern auch wichtige Kontakte vermittelt.

## Ach wie gut, dass niemand weiß ...

Die Flucht aus einem Irrenhaus will von langer Hand eingefädelt sein. Die wichtigste Regel: Sprechen Sie in der Firma mit niemandem über Ihre Fluchtgedanken! Denn was passiert, wenn Sie sich als potentieller Ausreißer zu erkennen geben? Dann müssen Sie mit Widerständen rechnen, die Ihnen die Flucht erschweren. Wie sehen diese Risiken aus?

*Rache droht*
Psychopathische Firmen sind von einer irrationalen Rachsucht erfüllt. Wenn sie eines hassen, dann verlassen zu werden – statt rauszuwerfen. Wenn Sie verkünden, dass Sie sich aus dem Staub machen wollen, kann das zur Folge haben, dass Sie selbst zu Staub gemacht werden: durch den Hammerschlag einer Kündigung.

Ich habe es schon mehrfach erlebt, dass Chefs auf diese Weise ihren Mitarbeitern zuvorgekommen sind. Aus lauter Sorge, durch die Kündigung schlecht dazustehen, haben sie den Spieß umgedreht – und den Mitarbeiter im hohen Bogen rausgeworfen. Heimliches Motto: Wem die Firma nicht gut genug ist, der ist auch nicht gut genug für die Firma!

Offizielle Gründe für eine solche Kündigung sind schnell gefunden. Schon ein Firmenbleistift, den Sie mit nach Hause genommen haben, kann einen rechtskräftigen Rauswurf begründen.

Damit hätten Sie das Problem, sich aus einer gekündigten Position bewerben zu müssen – eine schlechte Voraussetzung, um einen attraktiven Job zu finden.

*Fluchtpläne unter Beschuss*
Gut möglich, dass Ihr Chef den Fluchtplan auf subtile Weise torpediert. Dann werden Sie immer, wenn Sie kurzfristig einen Tag Urlaub wollen (für ein Vorstellungsgespräch), keinen Tag Urlaub bekommen. Dann brechen solche Arbeitsfluten über Sie herein, dass Sie um 20 Uhr nicht zu Hause an Ihrer Bewerbung, sondern in der Firma an einem Quartalsbericht feilen. Und woher wissen Sie eigentlich, dass Ihr Irrenhaus-Direktor nicht mit dem Megaphon durch die Branche läuft und Ihren Ruf zerstört – so dass sich alle Türen vor Ihnen verschließen?

Eine solche Trotzreaktion könnte Ihnen das Leben *irrsinnig* schwer machen – und Ihre Bewerbungskampagne unnötig in die Länge ziehen.

*Flügellahme Ente*

Sobald Ihr Abgang sich ankündigt, werden Sie zur flügellahmen Ente. Ihr Name steht noch an der Bürotür, Sie sitzen noch auf Ihrem Stuhl – aber die anderen tun so, als wären Sie schon dahingeschieden. Oder ausgeschieden. »Läuft doch aufs selbe hinaus«, denken sich die anderen Insassen.

Die Kollegen tanzen Ihnen auf der Nase herum. Sie schlachten Ihre Projekte wie Schrottautos aus, reißen alles an sich, was ihrem Vorteil dient, und lassen alles bei Ihnen, was Kopfzerbrechen bereitet. Ihre Arbeitsfähigkeit ist zerstört. Aber bewahrt wird Ihre Fähigkeit, als Prügelknabe herzuhalten, besonders für die Fehler anderer.

Warum wollen Sie sich das antun? Es reicht doch schon, dass Sie *nach* Ihrer Kündigung automatisch in diese Rolle geraten.

*Wenn der Neid schreit*

Und schließlich könnte Ihr Fluchtgedanke bei denen, die hinter den Gittern des Irrenhauses bleiben, einen rasenden Neid freisetzen. Denn dass Sie schlau genug sind, diese Rabenfirma zu verlassen, heißt doch gleichzeitig: Die anderen sind zu dumm dazu. Oder zu träge. Oder zu inkonsequent.

Je mehr das stimmt, desto heftiger wird die Reaktion ausfallen. Es kann zu verbalen Attacken, zu Mobbing oder zu strafender Ignoranz kommen. Die Wut darüber, selbst in einem Irrenhaus festzusitzen, schleudern die Kollegen auf Sie, den Fliehenden – eine Projektion.

Darum müssen Sie Ihre Flucht so aushecken, dass es niemand mitbekommt. Wie das geht, davon handelt das nächste Kapitel.

## Der spurenlose Fluchtplan

Eine Flucht gelingt am besten auf leisen Sohlen. Tun Sie alles, um Ihre Abgangspläne so lange wie möglich geheim zu halten. Doch wie schaffen Sie das? Welche kleinen Signale müssen Sie unbedingt vermeiden, um die Irrenhaus-Direktoren und die anderen Insassen nicht auf Ihre Fährte zu bringen? Hier ein paar wichtige Hinweise:

*Riskantes Zwischenzeugnis*
Nehmen wir an, ein Gefängnisinsasse sagte zum Direktor: »Würden Sie mir einen Passierschein für den Ausgang unterschreiben? Nicht, dass ich fliehen wollte. Ich hätte ihn nur gerne schon für den fernen Tag meiner Entlassung.« Wie glaubwürdig wäre das? Und auf welche Weise würde sich dieser Wunsch auf die Sicherheitsmaßnahmen auswirken?

Dieses Beispiel leuchtet jedem ein. Aber wie kommt es dann, dass immer noch so viele zur Flucht entschlossene Arbeitnehmer um Zwischenzeugnisse bitten? Genauso gut könnten Sie Ihrem Chef sagen: »Ich hätte gern ein Reiseticket zu einem neuen Arbeitgeber.« Oder: »Ich halte dich, Chef, für ein rachsüchtiges Monster. Und weil ich fürchte, dass du mir nach meiner Kündigung eins auswischen willst, halte ich *vorher* schon mal den Stand meiner Leistung fest.«

Und natürlich schwingt auch mit: »Du, Irrenhaus-Direktor, bist ein patentierter Dummkopf – deshalb wirst du mir das Zeugnis ausstellen, aber meine Absicht nicht durchschauen. Ich tarne sie einfach durch einen Satz wie: ›Ich bin jetzt exakt fünf Jahre hier. Deshalb hätte ich gerne ein Zwischenzeugnis.‹«

Merke: Ein Irrenhaus, das behandelt wird, als sei es ein Irrenhaus, verhält sich noch irrer. Ich habe schon Dutzende von Zwischenzeugnissen gelesen, gegen die eine Stange Dynamit harmlos erscheint. Solche Zeugnisse sprechen nicht durch das, was sie sagen, sondern durch das, was sie weglassen – zum Beispiel den Dank am Ende, die Ausführlichkeit und die warme und wertschätzende Tonlage.

Außerdem: Selbst das beste Zwischenzeugnis wird eine Firma, bei der Sie sich bewerben, mit der Nase auf die Einsicht stoßen: Der Haussegen zwischen Ihnen und Ihrem Arbeitgeber hängt schief. Warum sonst wären Sie das Imagerisiko eingegangen, ein Zwischenzeugnis anzufordern? Und kann ein exzellentes Zeugnis nicht auch eine exzellente Heuchelei sein, um einen ungeliebten Mitarbeiter schneller loszuwerden?

Einzige Ausnahme: Wenn es in Ihrer Abteilung eine gravierende Veränderung gibt, etwa einen Wechsel des Vorgesetzten, ist das ein natürlicher Anlass für ein Zwischenzeugnis. Ansonsten rate ich Ihnen: Fügen Sie Ihrer Bewerbung eine A4-Seite bei, auf der Sie Ihre jetzige Tätigkeit und die größten Erfolge beschreiben. Eine solche Arbeitsplatzbeschreibung erfüllt denselben Zweck wie ein Zwischenzeugnis, bringt Sie aber weder bei Ihrem Irrenhaus noch beim neuen Arbeitgeber in Verlegenheit.

### *Riskante Urlaubstage*

Wer zehn Jahre lang seinen Urlaub immer in Blöcken von mindestens einer Woche genommen hat, womöglich mit einem halben Jahr Vorlauf, wird mit kurzfristigen Urlaubswünschen – je einem Tag, im Abstand weniger Wochen – auch den schlafendsten Hund wecken.

Aber was bleibt Ihnen übrig, um Vorstellungsgespräche führen zu können? Zum Beispiel: Fragen Sie bei Arbeitgebern im Mittelstand, ob Abend- oder Samstagstermine möglich sind – Sie hätten im Moment sehr viel zu tun. Ein solcher Wunsch kommt bei den meisten Firmen *gut* an, weil er suggeriert: Sogar dann, wenn Sie auf dem Absprung sind, arbeiten Sie noch volle Pulle. Aus diesem Verhalten gegenüber Ihrem alten Arbeitgeber werden immer Schlüsse auf Ihr künftiges Verhalten gezogen.

Ansonsten: Legen Sie sich eine Legende zurecht. Kündigen Sie Ihrem Chef so früh wie möglich an, dass Sie in den nächsten Monaten immer wieder mal einen einzelnen Tag frei nehmen müssen, zur Kinderbetreuung, zur Krankengymnastik, zur Pflege eines kranken Verwandten …

Sagen Sie, was Sie wollen – nur nicht die Wahrheit!

## *Riskante Kleidung*

Wie sieht die Fluchtkleidung eines Insassen aus? Drei Nummern feiner als seine Anstaltskleidung! Wer plötzlich nicht mehr im Holzfällerhemd zur Arbeit kommt, sondern im Jackett, nicht mehr in den Schlabberlatschen, sondern in polierten Lackschuhen, und sich dann auch noch am frühen Nachmittag auf leisen Sohlen in die Büsche schlägt – der könnte sich auch auf die Stirn schreiben: »Habe ein *Date* mit dem neuen Arbeitgeber!«

Bei solchen Fluchtansätzen ist die richtige Reihenfolge: Erst das Gelände des Irrenhauses verlassen, dann die Anstaltskleidung wechseln.

## *Riskante Telefonate*

Wenn ein Headhunter (oder ein potentieller Arbeitgeber) Sie anruft, etwa weil Sie ihm Ihre Unterlagen geschickt haben, sollten Sie dieses Gespräch am Arbeitsplatz ganz schnell beenden und an einem intimeren Ort fortführen. Denn schon ein Wortfetzen, der an das Ohr eines Kollegen dringt, schon Ihre gedämpfte Stimme, ein konspirativer Gesichtsausdruck, ein hastiges Schließen Ihrer Bürotür mit dem Hörer am Ohr können das Gerücht schüren: Da bereitet jemand seine Flucht vor!

Und wenn Sie ein perfekter Schauspieler sind und am Telefon ganz cool auf Allerweltsthemen schwenken? Dann stoßen Sie Ihren Gesprächspartner am anderen Ende der Leitung vor den Kopf. Denn bei jedem Telefonat mit einem potentiellen Arbeitgeber oder Vermittler gilt: Sie müssen genauso gut wie in einem Vorstellungsgespräch sein.

Je unbemerkter Sie Ihren Fluchtplan schmieden, desto weniger Störfeuer ist zu erwarten. Und desto eher wird Ihre Flucht aus dem Irrenhaus gelingen. Jetzt müssen Sie nur noch herausfinden, wohin Sie eigentlich fliehen wollen. Welche Firma wird Ihnen keinen Irrsinn, dafür berufliche Erfüllung bieten?

## Nutzen Sie einen Betriebsspion

Was tun Staaten, wenn sie herausfinden wollen, ob die Christbaumkugeln, die der Nachbarstaat angeblich produziert, nicht doch Atombomben sind? Verlassen sie sich auf die Auskünfte der Regierungen? Ach was, sie schleusen Spione ein, die sich *innerhalb* eines Landes umschauen, versteckte Winkel ausleuchten und schließlich einen Bericht mit der *inoffiziellen* Wahrheit liefern.

Auf die Dienste solcher Spione können auch Sie zurückgreifen. So finden Sie heraus, ob der potentielle Arbeitgeber, der so vernünftig wirkt, nicht doch ein potentielles Irrenhaus ist.

Wie das gehen soll? Ganz einfach: Nutzen Sie die sozialen Netzwerke im Internet, zum Beispiel das Business-Portal Xing. Dort haben sich mittlerweile Millionen von Arbeitnehmern versammelt. Die Chancen stehen sogar gut, auf mehrere Mitarbeiter einer Firma zu stoßen, sogar eines Mittelständlers. Von Großunternehmen, deren halbe Belegschaft dort campiert, ganz zu schweigen.

Es ist mir unbegreiflich, warum diese Schatzkiste von den meisten Bewerbern nicht geöffnet wird. Selbst wenn, holen sie meist nur Tipps und Kontakte für ihre Bewerbung ein. Dabei ist eine andere

Frage noch wichtiger: Ergibt es überhaupt Sinn, sich bei diesem Unternehmen zu bewerben? Oder käme eine Zusage nur einem Unglück, einer Einweisung in ein Irrenhaus gleich?

Bei der Recherche in diesen Netzwerken sollten Sie großflächig beginnen, zum Beispiel mit dem Firmennamen als Suchbegriff. Wenn Sie auf viele Mitarbeiter stoßen, können Sie Ihre Suche verfeinern – etwa durch die Eingabe von Berufsbezeichnungen oder Abteilungen. Idealerweise finden Sie Menschen, die in jenem Bereich arbeiten oder gearbeitet haben, bei dem Sie sich jetzt bewerben. Aber auch Auskünfte von anderer Stelle im Unternehmen können Bände über die Firmenkultur sprechen.

All diese »Betriebsspione«, diese Firmen-Insider, wissen genau das, was Sie nur allzu gerne wüssten: wie es hinter der Fassade der Firma zugeht. Herrschen dort Dummheit und Diktatur, Lug und Trug, Gier und Größenwahn? Werden Mitarbeiter gepeitscht, Kunden getäuscht und nur die Aktionäre gehätschelt?

Oder ist die Firma so modern und offen, so mitarbeiter- und kundenfreundlich, wie sie es in der Stellenausschreibung und in ihrer Eigenwerbung darstellt? Es geht nicht darum, dass eine Firma keine Schwächen haben darf – jede Firma hat, von innen betrachtet, ihre Fehlerchen. Es geht darum, dass der Gesamteindruck positiv sein sollte. Dass Sie es eben *nicht* mit einem Irrenhaus zu tun haben!

Welche Betriebsspione sollten Sie bevorzugen? Ich empfehle solche, die nichts mehr zu verlieren haben, wenn sie die Wahrheit sagen, auch keine Selbstachtung – *ehemalige* Mitarbeiter. Dagegen laufen Sie bei aktuellen Mitarbeitern Gefahr, dass sie Ihnen dasselbe Märchen wie sich selbst erzählen: Man könne es hier schon aushalten (auch wenn es nicht auszuhalten ist!).

Mailen Sie mehrere Kontaktleute an, mit dem freundlichen Wunsch, sich mit Ihnen über die Ex-Firma auszutauschen. Verabreden Sie sich, wann immer es geht, zu einem Telefonat. Vergessen

Sie nicht: Sie sind für Ihren »Spion« ein Fremder. Wer Ihnen schriftliche Auskünfte gibt, muss fürchten, dass diese in falsche Hände geraten. Das mündliche Wort sitzt lockerer. Zumal der Gesprächspartner von Ihnen beim Reden einen persönlichen Eindruck gewinnt.

Welche Fragen verhelfen Ihnen zu einer Einschätzung der Firma? Erkundigen Sie sich besonders nach Punkten, die in Ihrem Wertesystem einen hohen Rang einnehmen (siehe Seite 209). Und fahnden Sie nach heimlichen Spielregeln und Gepflogenheiten, die in einer Firma gelten.

Folgende zehn Fragen haben sich bei meinen Klienten bewährt:

- Wenn Sie das Image des Unternehmens vergleichen mit dem, was Sie innerhalb des Hauses erlebt haben – wo liegen die Unterschiede?
- Auf einer Skala von eins (für sehr niedrig) bis zehn (für sehr hoch) – wie groß ist die Wertschätzung für die Mitarbeiter?
- Und für die Kunden?
- Wie würden Sie den Führungsstil des Hauses beschreiben?
- Welche Rolle spielt der Profit?
- Worüber beklagen sich die Mitarbeiter am häufigsten?
- Was hat Sie bei Ihrer Arbeit am meisten behindert?
- In welchen Situationen haben Sie gedacht: »Ich arbeite in einem Irrenhaus!«?
- Wie schätzen Sie die Zukunftschancen der Firma ein?
- Würden Sie in der Firma noch einmal anfangen oder nicht? Und warum?

Je länger ein Mitarbeiter in der Firma war und je kürzer sein Ausscheiden zurückliegt, desto relevanter sind seine Auskünfte. Finden Sie auch diskret heraus, warum der Mitarbeiter die Firma verlassen hat. Wer einen Tritt bekam, ist wahrscheinlich weniger objektiv als jemand, der in eine attraktive Position gewechselt oder in Rente gegangen ist.

Achten Sie auf Signale zwischen den Zeilen. Sprudeln die Sätze Ihres Spions, als würde er sich gerne an die Firma erinnern? Oder rutscht seine Stimme in eine monotone Traurigkeit ab? Oder dreht er seinen Lautstärkeregler vor lauter Wut so weit auf, dass Sie am liebsten einen Arzt zur Kontrolle des Blutdrucks riefen?

Ich garantiere Ihnen: Nach zwei bis fünf Gesprächen dieser Art werden Sie ein Gefühl für die Eigenarten, aber auch die Unarten eines Unternehmens bekommen – und sicher unterscheiden können, ob Sie es mit einem ehrenwerten Haus zu tun haben oder mit einem Irrenhaus.

Zudem bekommen Sie wertvolle Auskünfte über die Spielregeln, den Führungsstil und die Herausforderungen einer Firma. Diese Informationen werden Ihnen helfen, im Vorstellungsgespräch den richtigen Ton anzuschlagen und mit Wissen über die Firma aufzutrumpfen.

## Das große Frühwarnsystem: So meiden Sie irre Firmen

Können Sie bei einem Blick aufs Meer sehen, ob in den Tiefen ein Taucher gleitet? Das geht nicht unmittelbar. Aber wenn Sie genau hinschauen, werden Sie entdecken, dass winzige Sauerstoffblasen aufsteigen. Diese Bläschen verraten, dass da unten ein Taucher unterwegs ist. Und in welche Richtung er schwimmt.

Jede Firma, bei der Sie sich bewerben, ist ein tiefes Gewässer. Der Irrsinn versteckt sich unter der Oberfläche, er wird Ihnen nicht unmittelbar begegnen. Aber mit scharfen Augen können Sie als Bewerber Sauerstoffbläschen an der Oberfläche, winzige Hinweise auf Irrsinn entdecken.

Kann die Tatsache, dass ein Headhunter den Job besetzt, nicht schon auf eine Kultur der Geheimniskrämerei hinweisen? Kann der Umstand, dass Sie Ihre Anreise zum Vorstellungsgespräch selbst bezahlen müssen, nicht das erste Aufblitzen eines krankhaften Geizes sein? Und muss es Sie nicht misstrauisch machen, dass die Ausschreibung einer Stelle nun schon zum dritten Mal in den letzten zwölf Monaten erscheint?

Als Karriereberater gehört es zu meinem Job, Bewerber auf mögliche Risiken einer Firma hinzuweisen. Deshalb studiere ich seit Jahren die kleinen Symptome des Irrsinns, auch indem ich gezielt die Bewerbungsverfahren von Firmen verfolge, deren Wahnsinn mir durch Mitarbeiter bekannt ist: Welche Sprache verwenden Irrenhäuser in ihren Inseraten? Wie behandeln sie Bewerber mit ihren Antwortbriefen? Und auf welche Weise gehen sie mit den Kandidaten im Vorstellungsgespräch um?

Je genauer man auf den Meeresspiegel des Bewerbungsverfahrens schaut, desto mehr Bläschen werden sichtbar. Die 25 wichtigsten Frühwarnsignale, die auf Firmen-Irrsinn hinweisen können, habe ich für Sie herausgearbeitet und analysiert. Damit Sie sich bei der Suche nach Ihrer Traumfirma nie mehr in ein Irrenhaus verirren.

Doch Vorsicht: Nicht jedes einzelne Symptom macht eine Firma zum Irrenhaus – wie aus der Tiefsee auch manchmal ein Bläschen aufsteigt, ohne dass jemand taucht. Aber wenn eine Bläschenkette entsteht, wenn mehrere Symptome zusammenkommen und in dieselbe Richtung weisen, dann ist Gefahr bzw. Irrsinn im Verzug.

## Frühwarnungen der Anzeige

*1. Wie oft erschienen?*
Recherchieren Sie, ob die Stellenausschreibung schon mehrfach erschienen ist, womöglich Monate zuvor. Das kann dreierlei bedeuten: Entweder war die Stelle nicht zu besetzen, weil der Arbeitgeber utopische Ansprüche hat. Oder die Top-Bewerber sind beim Anblick eines Irrenhauses abgesprungen. Oder – am wahrscheinlichsten – jemand trat den Job an, wurde aber noch in der Probezeit abserviert. Das kann auf eine ruppige Firmenkultur, auf einen schwierigen Vorgesetzten und auf wenig Geduld bei der Einarbeitung hindeuten.

*2. Größe*
Passt die Größe der Anzeige zur Bedeutung der Firma? Große Firmen, die kleine Anzeigen schalten, sind oft vom Geiz zerfressen. Seien Sie sicher, dass eine solche Firma *nicht* in die Spendierhosen schlüpft, wenn Sie mehr Gehalt wollen oder eine wichtige Investition für die Zukunft ansteht. Dagegen können großformatige Anzeigen unbekannter Firmen auf Hochstapelei und unseriöse Geschäftsmodelle hinweisen – erst recht, wenn hohe Gehälter für wenig Arbeit versprochen werden: »10 000 Euro, halbtags, von zu Hause«.

*3. Erscheinungsmedium*
Die Reichweite der Anzeige sagt viel über den Horizont der Firma aus. Eine Firma, die nur im Stadtblättchen inseriert, denkt nicht über die eigene Region hinaus. Das wird beim Geschäftsmodell kaum anders sein. Hier müssen Sie mit starren Strukturen und einer Abwehrhaltung gegenüber neuen Ideen rechnen.

Wenn eine Ausschreibung *nur* auf der Firmenhomepage steht, kann ein Unternehmen knapp bei Kasse sein. Oder ein Knauserverein. Oder nur schlampig genug, eine schon längst besetzte Stelle nicht aus dem Angebot genommen zu haben.

Großformatige Print-Anzeigen in *mehreren* überregionalen Tageszeitungen, in denen das Unternehmen sich selbst bejubelt, sind oft Teil einer Imagekampagne. Das kann auf Geltungsdrang, auf Gigantomanie und darauf hinweisen, dass die ausgeschriebenen Positionen gar nicht existieren.

## 4. Stil und Gestaltung

Je steifer der Schreibstil, je konservativer das Layout der Anzeige, desto bürokratischer und verbohrter die Firma. Wenn zum Beispiel die »mangelnde Förmlichkeit der firmeninternen Abwicklungen« gepriesen wird, zählt der hölzerne Stil mehr als der von ihm transportierte Inhalt (Lockerheit); dagegen wäre die Formulierung »Wir arbeiten flott und unbürokratisch« glaubwürdiger.

Achten Sie gezielt auf solche Inkongruenzen, auf Abweichung zwischen Form und Inhalt – sie können auf verschleierten Irrsinn hinweisen.

## 5. Headhunter sucht

Eine Firma, die über Headhunter sucht, hat gute Gründe dafür. Zum Beispiel: Derjenige, dessen Job neu vergeben wird, weiß noch nichts von seinem Unglück. Oder die Mitarbeiter sollen nicht in Unruhe versetzt werden, weil der x-te Vorgesetzte in kurzer Zeit bei ihnen aufschlagen wird. Oder bei Kunden und Geschäftspartnern soll die Illusion von Konstanz aufrechterhalten werden.

All das lässt ein Klima der Geheimniskrämerei, starres Hierarchiedenken und mangelnde Wertschätzung der Mitarbeiter befürchten – gerade dann, wenn die ausgeschriebene Position keinen seltenen Spezialisten oder hochrangigen Manager erfordert, sondern auch durch ein Eigeninserat zu besetzen gewesen wäre.

*6. Ansprechpartner*

Ist ein Ansprechpartner genannt, mit Mail- und Telefondaten? Werden Sie ausdrücklich eingeladen, sich bei Rückfragen an ihn zu wenden? Falls keine Kontaktperson, ja nicht mal eine Telefonnummer genannt ist, scheint dieses Unternehmen direkte Kommunikation für Zeitverschwendung zu halten – erst recht gegenüber Mitarbeitern, die ihren Arbeitsvertrag schon unterschrieben haben.

*7. Eintrittstermin*

»Zum nächstmöglichen Zeitpunkt« heißt: »Bei uns brennt die Hütte! Seien Sie Feuerwehrmann! Retten Sie, was noch zu retten ist!« Klar, dass Sie sich an solchen Jobs die Finger verbrennen und nicht mit einer geregelten Einarbeitung rechnen können. Außerdem: Warum ist der Job so kurzfristig frei? Heißt der Cheforganisator »Chaos«? Hat der bisherige Stelleninhaber das Handtuch geworfen? Oder wurde er vor die Tür gesetzt?

Fragen Sie im Vorgestellungsgespräch unbedingt nach, wo der Vorgänger geblieben ist. An dieser Firmenkultur kann etwas faul sein.

*8. Leistungsgerechtes Gehalt*

Das Wort »leistungsgerecht« verwenden Firmen gerne dann, wenn das Gehalt eben *nicht* gerecht ist, sondern allzu sehr von der Leistung abhängt. Eine solche Formulierung kann der Vorbote eines geringen Grundgehalts, einer Abhängigkeit von Prämie und Provision sein. Solche Firmen rennen blind dem Profit hinterher und führen ihre Mitarbeiter nicht mit reizvollen Tätigkeiten und Zielen (also intrinsisch), sondern nur mit einem gewedelten Geldschein (also extrinsisch). Sind die Arbeit und die Firma an sich denn so reizlos?

*9. Flexibilität*

Der Wunsch nach »hoher Flexibilität« – zumal prominent betont – kann ein Hinweis sein, dass es in einer Firma drunter und drüber geht. Pfeift der scharfe Wind einer Restrukturierung durchs Haus? Stehen Fusionen oder Umzüge an? Wird eine Reisetätigkeit von Ihnen verlangt? Oder ständige Ortswechsel? Das klingt nach Stress, nach Zickzack-Kurs und nach nur einer Konstanten: dem Irrsinn.

*10. Teamfähigkeit*

Eigentlich selbstverständlich, dass Sie sich als Neue(r) in ein bestehendes Team einfügen. Wenn die »Teamfähigkeit« auffallend betont wird, kann das zwei versteckte Signale beinhalten: Entweder ist dieses Irrenhaus-Team eine besondere Zumutung und nur mit der Geduld eines Engels auszuhalten. Oder die Aufstiegswege sind so verrammelt, dass Sie auf ewig das Mitglied eines Teams bleiben werden – und keines führen dürfen.

*11. Verantwortung*

Wird der Wunsch, dass Sie »Verantwortung im hohen Maße« übernehmen, wie ein Refrain wiederholt? Obwohl es sich nicht um eine leitende Position handelt? Gut möglich, dass dann Halsbrecher-Arbeit an Sie delegiert, Verantwortung auf Sie abgewälzt und Zeitbomben unter Ihren Schreibtisch gerollt werden. Die wahre Tätigkeitsbeschreibung kommt in der Anzeige nicht vor: »Sündenbock«.

## Frühwarnungen beim Bewerben

*12. Wartezeit*

Wie lange dauert es, bis Sie von der Firma hören? Gut organisierte Unternehmen schicken Ihnen nach Eingang Ihrer Unterlagen einen Zwischenbescheid mit Auskunft, wie das Verfahren weitergeht und bis wann Sie wieder etwas hören. Wenn dagegen das Erste, was nach drei bis vier Wochen bei Ihnen eintrudelt, eine Einladung zum Vorstellungsgespräch ist – das womöglich auch noch übermorgen stattfindet –, könnte das der Vorbote eines irrsinnigen Durcheinanders und mangelnder Empathie gegenüber (künftigen) Mitarbeitern sein.

## 13. Ton des Briefes
Liest sich die Einladung zum Vorstellungsgespräch *einladend*? Oder eher wie eine gerichtliche Vorladung? Werden die Namen und Funktionen der Gesprächsteilnehmer genannt? Und bittet man Sie, bei Rückfragen anzurufen? Wenn nicht, kann der kühle Ton auf eine kühle Firma hinweisen – und die mangelnde Bewerberfreundlichkeit auf mangelnde Mitarbeiterorientierung.

## 14. Anreisekosten
Laut Bürgerlichem Gesetzbuch[63] muss der Arbeitgeber die Anreisekosten des Bewerbers übernehmen. Doch einige Firmen setzen sich darüber hinweg und sagen im Einladungsbrief unverblümt: Wir tragen die Kosten nicht.

Die erste Geste gegenüber Ihnen, dem Bewerber, ist also keine ausgestreckte Hand – sondern ein Schlag in die Magengrube. Offenbar zählt ein gesparter Cent mehr als ein Imageverlust und die abschreckende Wirkung auf potentielle Mitarbeiter.

Wenn sich eine Firma in der Flirtphase schon so ruppig zeigt – wie soll das erst werden, wenn Sie eingestellt sind? Meist geht der materielle Geiz mit einem Zwilling einher: dem Knausern mit Anerkennung, Motto: »Wenn ich Sie nicht kritisiere, ist das doch auch ein Lob!«

# Frühwarnungen am Rande des Vorstellungsgesprächs

## 15. Gebäude-Innenansicht

Schauen Sie sich das Firmengebäude genau an. Wirkt es von außen modern und hochwertig, aber von innen altmodisch und billig? Solche Differenzen können eine Kluft zwischen Selbstdarstellung und Wirklichkeit signalisieren. Zum Beispiel kenne ich einen Mittelständler, der nach außen Glas und Offenheit zeigt, aber dessen Inneneinrichtung aus den 1970er Jahren stammt. Ebenso verstaubt ist auch der Führungsstil.

## 16. Tonlage der Mitarbeiter

Wie wirken die Mitarbeiter, die Ihnen auf den Gängen der Firma begegnen? Sieht man ihnen an, dass sie Spaß an der Arbeit haben? Plaudern sie unbeschwert und fröhlich? Nickt man Ihnen als Firmenfremdem zu? Oder werden Sie – wie in einer Verdachtskultur üblich – misstrauisch als »Eindringling« beäugt?

Fällt Ihnen auf, dass Unterhaltungen im gedämpften Flüsterton geführt werden? Oder schweigen sich die Leute an? Wirken sie gedrückt? Bedrückt sogar? Dann scheint in der Firma ein Klima vorzuherrschen, das die Lebendigkeit und das Wachstum der Mitarbeiter nicht gerade fördert. Wollen Sie sich dieser Trauergemeinde wirklich anschließen?

## 17. Gehgeschwindigkeit

Achten Sie auf das Tempo, in dem die Mitarbeiter der Firma sich bewegen: Gehen sie schnell? Rennen sie über den Flur, als wäre der Teufel hinter ihnen her? Das könnte ein Zeichen für große Hektik sein – und dafür, dass dieser »Teufel« ihr Chef und seine Forke der Termindruck ist.

Oder schleichen die Mitarbeiter wie Schlafwandler durch die

Gänge? Das könnte von einer depressiven Grundstimmung in der Firma zeugen, denn Niedergeschlagenheit kann die Gehgeschwindigkeit bis um die Hälfte verlangsamen; das hat eine legendäre Studie in Marienthal am Beispiel von Arbeitslosen nachgewiesen.[64]

In der Praxis sehe ich das oft bestätigt: Solche Firmen bremsen ihre Mitarbeiter im wahrsten Sinne des Wortes aus – und bewegen sich an den Märkten so langsam, bis eine Insolvenz sie einholt.

*18. Pünktlichkeit*

Beginnt Ihr Gespräch zur angesetzten Zeit? Oder lässt man Sie warten? Wenn Sie den Besprechungsraum betreten: Sind alle Teilnehmer dort? Oder eilen sie erst jetzt aus allen Himmelsrichtungen zusammen? Auch wenn der letzte Teilnehmer erst während des Gespräches hinzustößt, kann das ein Zeichen für Hektik, für hohen Arbeitsdruck und für mangelnden Respekt Ihnen – also Mitarbeitern – gegenüber sein.

*19. Ton gegenüber Untergebenen*

Achten Sie genau darauf, ob der freundliche Chef, der Ihnen aus dem Mantel hilft, seinen Mitarbeitern gegenüber genauso auftritt. Wie behandelt er die Sekretärin, die den Kaffee serviert? Bedankt er sich? Beachtet er sie überhaupt? Wie geht er mit dem Azubi um, der auf dem Flur geschwind eine Frage stellt? Gerade gegenüber Untergebenen, die im Irrenhaus schon festsitzen, zeigen die Direktoren ihr wahres Gesicht, ohne es selbst zu merken. Jede Unfreundlichkeit, jede kühle Tonlage gibt Ihnen einen Ausblick, was Sie selbst erwartet. Nicht selten ist ein solcher Vorgesetzter keine Ausnahme – sondern das Produkt einer menschenfeindlichen Firmenkultur.

# Frühwarnungen im Vorstellungsgespräch

## *20. Vorbereitung*

Sprechen Ihre Gesprächspartner Sie mit Ihrem Namen an? Sind sie mit Ihrem Lebenslauf vertraut? Oder beobachten Sie während des Gespräches, dass die Augen mehr auf Ihre Unterlagen als auf Ihr Gesicht schauen? Stellen Sie fest, dass Fragen gestellt werden, die durch Ihre Unterlagen hinfällig werden? Also nicht: »Wie sah Ihre Tätigkeit in Amerika aus?«, sondern: »Haben Sie eigentlich auch Auslandserfahrung?«

Eine schlechte Vorbereitung lässt den Schluss zu, dass ein Unternehmen seine Personalpolitik und die Entwicklung der Mitarbeiter hinter das Alltagsgeschäft zurückstellt. Man schöpft offenbar lieber Wasser aus einem lecken Boot – statt die Löcher klug zu schließen.

## *21. Sie- oder Ich-Orientierung*

Lassen sich Ihre Gesprächspartner wirklich auf Sie ein? Zeigen sie Interesse an Ihrem Berufsleben und Ihrer Persönlichkeit? Oder missbrauchen sie das Vorstellungsgespräch, um Ihnen die Firmengeschichte von Adam bis Eva zu verklickern, die eigenen Heldentaten auszubreiten und die Konkurrenz zu schmähen? Dann lässt dieses egozentrische Verhalten auf eine Firma schließen, die sich für Sonne und Erde zugleich hält – und nur um sich selbst kreist. Hier müssen Sie mit mehr Schein als Sein, mehr Selbstsucht als Gemeinwesen rechnen.

## *22. Gehalt*

Wenn's ums Geld geht, hört nicht nur die Freundschaft auf – sondern (manchmal) auch die Heuchelei. Wie gehen Ihre Gesprächspartner mit dem Thema Vergütung um? Scheint es für sie etwas Natürliches zu sein, dass eine gute Leistung auch ein gutes Gehalt verlangt? Sucht man mit Ihnen nach einer Lösung, auch wenn Ihre Forderung über dem geplanten Etat liegt? Oder treibt dieses Thema Ihre Gesprächspartner in eine spürbare Abwehrhaltung? Tun sie so, als gäbe es kaum Verhandlungsspielraum? Drücken sie Ihnen die Pistole eines Angebots an den Kopf?

Dieses Verhalten lässt einen wenig kooperativen Führungsstil vermuten. Und auch eine mangelnde Wertschätzung der Mitarbeiter. Denn das Gehalt, das Sie einem Arbeitgeber wert sind, und die Wertschätzung, die er Ihnen sonst entgegenbringt, hängen nach meinen Beobachtungen als Gehaltscoach eng miteinander zusammen.[65]

## 23. Negatives ausgeblendet

Wird Ihnen der neue Job als Himmelreich angepriesen? Klingt die Beschreibung so einladend, dass Sie sich schon die Frage stellen, warum Sie für diese Arbeit Geld bekommen – und keines bezahlen sollen? Und gibt man Ihnen selbst dann, wenn Sie nach Hindernissen fragen, immer die Antwort: Kein Problem, eitel Sonnenschein! Dann dürfen Sie sicher sein, dass Ihnen hier das Blaue vom Himmel erzählt wird. Denn jede Firma, die eine Stelle ausschreibt, hat ein Problem. Und der Bewerber soll es lösen. Wer nicht einmal das bekennt und näher umreißt, scheint von Offenheit so viel zu halten wie eine zugeschnappte Auster.

## 24. Umgang mit Fragen

Spätestens am Ende des Gesprächs können Sie eigene Fragen stellen. Vielleicht wollen Sie wissen, ob die Stelle bislang schon besetzt war oder aus welchen Gründen der Vorgänger ausgeschieden ist. Oder Sie erkundigen sich, warum die Firma eine aktuelle Entwicklung am Markt in ihrem Angebot noch nicht aufgegriffen hat. Oder Sie wollen hören, auf welche Weise das Unternehmen seine (neuen) Mitarbeiter fördert.

Einsilbige Antworten lassen den Schluss zu: Ihre Gesprächspartner wollen über diese Fragen nicht sprechen – wohl deshalb, weil es nichts zu sagen gibt. Oder zumindest nichts Gutes. Auch zeugt diese Haltung von einem antiquierten Herrschaftsdenken: als würde sich der Arbeitgeber im Vorstellungsgespräch nur für Sie entscheiden – und nicht genauso umgekehrt (wie es Firmen mit demokratischer Führungskultur begriffen haben, weshalb sie solche Fragen gerne ausführlich beantworten).

## 25. Einigkeit der Gesprächsführer

Ein Klient von mir hat folgende Situation erlebt: Er sollte in einem mittelständischen Unternehmen als Controller anfangen. Seine Gesprächspartner waren zwei Brüder, die das Unternehmen geerbt hatten und gemeinsam leiteten. Beide fragten aus völlig unterschiedlichen Richtungen: Der eine Bruder, Leiter des Finanzwesens, sang Loblieder auf das Controlling und suchte einen Fachdialog. Der andere Bruder, Leiter des Marketings, hinterfragte das Controlling kritisch und gab zu verstehen, dass er nicht viel davon hielt. Die Brüder stritten sich fast. Doch mein Klient bekam den Job.

Im Alltag stellte sich heraus: Die Uneinigkeit im Vorstellungsgespräch war bezeichnend. Die Brüder pfuschten einander ins Handwerk, wo sie konnten. Mein Klient geriet zwischen die Fronten. Zum Beispiel verweigerte ihm der Marketing-Chef gewisse Zahlen, die er für seine Arbeit gebraucht hätte. Bald schon bereute er, dass er die Warnsignale im Vorstellungsgespräch zu wenig beachtet und einen Vertrag unterschrieben hatte. Drei Monate später kündigte er in diesem Irrenhaus.

Merke: Wenn sich Ihre Gesprächspartner untereinander nicht grün sind, erwartet Sie nach Ihrer Einstellung ein blaues Wunder – und ein großes Irrenhaus!

## Macht die Irrenhäuser dicht!

Wer ist mächtig genug, die Irrenhäuser dichtzumachen? Die Mitarbeiter sind es! Stellen Sie sich vor, da ist ein Irrenhaus – und keiner geht hin.

Bislang ist dieser Boykott nur an einem einzigen Hindernis gescheitert: Die Arbeitnehmer verkennen ihre Macht. Nehmen Sie den typischen Bewerber, er kennt nur ein Ziel: Er will den Arbeitgeber *von sich* überzeugen. Er will zeigen, dass er den Job verdient hat. Er will die Firma für sich gewinnen.

Warum so untertänig? Es gäbe gute Gründe, den Fragenspieß umzudrehen: »Hat der Arbeitgeber *mich* überzeugt? Hat die Firma *mich* verdient? Hat das Unternehmen genug getan, *mich* zu gewinnen?«

Diese Haltung führt zu einem neuen Blick: Nicht der Umsatz einer Firma zählt, sondern die Umsetzung der Werte; nicht die Marktführerschaft, sondern der Führungsstil; nicht der Klang des Firmennamens im Lebenslauf, sondern die gelebte Firmenkultur.

Ein *bewusster* Bewerber wird nicht in erster Linie von einer Firma ausgewählt. Sondern *er* wählt eine Firma. Er ist kein Bittsteller, sondern Partner auf Augenhöhe. Ebenso wie ein bereits eingestellter Mitarbeiter immer wieder entscheidet: »Ist die Firma so attraktiv, dass ich bleibe? Oder gehe ich?« Mit solchen Entscheidungen für oder auch gegen eine Firma ließe sich der Irrsinn in die Defensive drängen.

Ließe! Denn im Moment haben die Irrenhäuser leichtes Spiel: Ein Geschäftsmodell kann noch so durchgeknallt, eine Führungskultur noch so heruntergekommen, eine Bürokratie noch so erwürgend sein – immer finden sich Heerscharen von Arbeitnehmern, die bei solchen Firmen als Bewerber anklopfen und später die Geschäfte des Irrsinns vorantreiben.

Die durchgeknallten Firmen folgen dem Gesetz von Angebot und Nachfrage. Solange das Arbeitsklima, das bei ihnen herrscht, eine ausreichende Nachfrage bei qualifizierten Bewerbern auslöst und genügend Mitarbeiter in der Firma hält – so lange sehen sie keinen Reformbedarf.

Doch umgekehrt wird ein Schuh daraus: Was würde passieren, wenn immer mehr qualifizierte Mitarbeiter um diese Irrenhäuser einen weiten Bogen machten? Wenn es dort zu einem Mangel an Leistungsträgern käme – während die Top-Leute zu werteorientierten Wettbewerbern wechselten, bei denen der Irrsinn nichts zu melden hat?

Einen solchen Fall habe ich im Mittelstand schon erlebt. Bei einem bis dahin erfolgreichen Maschinenhersteller drehte sich das Personalkarussell nach einem Führungswechsel im Höllentempo. Fast jeden Monat nahm ein hochqualifizierter Ingenieur seinen Hut. Der Grund war immer derselbe: Der Geschäftsführer, ein Mann mit Allmachtsphantasien, riss alle wichtigen Aufgaben an sich und pfuschte seinen Spezialisten ins Handwerk. Zwei eilfertige Führungshelfer gingen ihm dabei zur Hand.

Nachschub vom Arbeitsmarkt floss zunächst noch reichlich. Doch dann ließ die Zahl der Bewerbungen spürbar nach, ebenso die Qualität der Bewerber. Der Grund lag auf der Hand: In der kleinen Branche hatten die Irrenhaus-Abgänger herumerzählt, welcher Wahnwitz hinter den Firmenmauern regiere. Dieser Hölle wollte sich kein qualifizierter Spezialist freiwillig aussetzen.

Mit jeder Position, die nicht adäquat besetzt wurde, sank die Arbeitsqualität, wurden Kunden unzufriedener und blieben schließlich Aufträge aus. Am Ende zogen die Inhaber die Notbremse. Der Geschäftsführer musste gehen. Seine beiden treuen Führungsadjutanten ebenfalls. Ein neuer Mann kam, baute eine moderne Firmenkultur auf und schaffte es nach einigen Jahren sogar, ehemalige Mitarbeiter zurückzugewinnen.

In diesem Fall war es den Mitarbeitern gelungen, dem Irrsinn den Garaus zu machen. Wollen wir wetten, dass dieses Prinzip auch andernorts funktioniert? Denn was tut eine Firma, wenn sie nicht mehr genügend Leistungsträger finden oder halten kann? Zum Beispiel fragt sie sich: »Was könnte diese Hochqualifizierten reizen? Welche Entwicklungschancen, welche Mitspracheinstrumente, welche Firmenkultur müssen wir ihnen bieten, um sie für uns zu gewinnen?«

Diese Situation wäre neu: Nicht die Mitarbeiter würden sich den Bedürfnissen der Firmen anpassen, sondern die Firmen nach den Bedürfnissen der Mitarbeiter richten – eine Entwicklung, die der Management-Vordenker Peter F. Drucker schon lange kommen sah (siehe Seite 181) und die sich in den nächsten Jahrzehnten beschleunigen wird, weil die Arbeitskräfte knapp werden, immer weniger Junge nachrücken und immer mehr Alte in Rente gehen.

Eine solche Abstimmung mit den Füßen fällt umso eindrucksvoller aus, wenn zum Beispiel ausscheidende Mitarbeiter ihrer Firma eine *ehrliche* Rückmeldung geben. Wer gekündigt, sein Zeugnis bekommen und daher nichts mehr zu verlieren hat, sollte seinem Arbeitgeber verraten: Warum geht er?

Dabei ist ein konstruktiver Ton wichtig. Sagen Sie nicht, was Sie gestört hat – sondern leiten Sie daraus Wünsche ab. Zum Beispiel hätte ein Abgänger des oben genannten Maschinenbauers sagen können: »Ich hätte mir eine Firmenkultur gewünscht, die mein Fachwissen mehr würdigt. Ich hätte es geschätzt, wenn Entscheidungen mehr nach sachlichen Gesichtspunkten gefällt worden wären – und weniger nach Hierarchie.«

Ich garantiere Ihnen: Wenn zahlreiche Leistungsträger mit ähnlichen Begründungen kündigen, dann kommen sogar die dickköpfigsten Irrenhaus-Direktoren ins Grübeln. Weil sie ihr Geschäft in Gefahr sehen.

Denn zwischen den heutigen Firmen und den Fabriken der Industrialisierung gibt es einen gravierenden Unterschied. Damals waren die Mitarbeiter ebenso austauschbar wie die Maschinenteile. Jeder, der zwei gesunde Hände hatte, konnte die Arbeit am Fließband verrichten. Die Bewerber standen vorm Fabriktor Schlange. Man hätte alle Mitarbeiter über Nacht austauschen können. Und ein paar Tage später wäre die Produktion wieder auf altem Niveau gelaufen.

Aber was bliebe von einem heutigen Weltkonzern übrig, wenn über Nacht alle Mitarbeiter ausgetauscht würden: die Forscher und Entwickler, die Marketingstrategen und die Vertriebsprofis, die Personalentwickler und die Führungskräfte? Nichts, außer ein paar Immobilien und heilloser Inkompetenz. Ein geschäftsunfähiges Geschäft. Der Weltkonzern wäre vom Erdboden verschwunden.

Im Zeitalter der Wissensgesellschaft findet der wichtigste Teil der Arbeit an einem Ort statt, zu dem die Chefs keinen Zutritt haben: in Ihrem Kopf. Nahezu alle Arbeitnehmer sind Spezialisten, beherrschen ihr Fachgebiet besser als ihre Vorgesetzten. Die Firma ist auf Sie angewiesen. Mit Ihnen geht (oder kommt) wertvolles Wissen.

Nur wer als Mitarbeiter diese *neue* Macht realisiert, wer sich nicht blind den Ansprüchen der Firma unterwirft, sondern selbst Ansprüche stellt und sich bei seiner Firmenwahl danach richtet – nur der kann den Irrsinn hinter sich lassen. Und je mehr Mitarbeiter so handeln, desto mehr kommt es zu einer Evolution, an deren Ende die unzumutbaren Irrenhäuser ausgestorben sein werden.

Nun könnten Sie einwenden: »Die meisten Menschen sind doch froh, wenn sie heute überhaupt eine Arbeit finden. Wer kann es sich schon leisten, wählerisch beim Arbeitgeber zu sein?« Diesem Argument halte ich dreierlei entgegen:

Erstens muss man ein Masochist sein, um freiwillig ins Messer des Irrsinns zu laufen. Der Preis dafür ist viel zu hoch: Ein solches Verhalten kostet Selbstachtung, Gesundheit und am Ende nicht selten jenen Arbeitsplatz, für den Sie das ganze Elend auf sich genommen haben (denn irre Firmen gehen bekanntlich über Leichen!).

Zweitens ist die Zahl der Arbeitgeber so groß, dass Ihnen – auch nach Abzug der Irrenhäuser – noch unvorstellbar viele Möglichkeiten bleiben: In Deutschland gibt es 3,3 Millionen kleine und mittlere Betriebe, die 70 Prozent aller Arbeitnehmer beschäftigen.[66] Die meisten Jobsucher haben nur einen winzigen Bruchteil davon auf dem Zettel – oft die populären Irrenhäuser.

Und drittens erlebe ich in der Karriereberatung: Die Erfolgsquote macht einen Luftsprung, wenn die Bewerber eben *nicht* bei Irrenhäusern anklopfen, sondern bei Firmen, deren Kultur mit ihren eigenen Werten übereinstimmt. Für die Irrenhäuser haben sie sich bis zur Selbstaufgabe verbogen – und daher auch keine überzeugenden Bewerbungen geschrieben. Dagegen können diese Jobsucher bei den Nicht-Irrenhäusern ihre wahren Stärken ausspielen – ein glaubwürdiges und sympathisches Auftreten, ein Ticket zum Job.

Ich versichere Ihnen: Der Jobwechsel wird Ihnen nicht schwerer fallen, wenn Sie Irrenhäuser meiden – sondern leichter. Auch deshalb, weil Sie sich beim Bewerben mit Ihren eigenen Werten und mit der Kultur einer Firma auseinandersetzen. Einem Unternehmen, für das Sie sich bewusst entscheiden, werden Sie glaubhaft machen können: Die dortige Kultur passt zu Ihnen. Und Sie passen zur dortigen Kultur. So findet sich, was sich sucht – statt dass zusammenbleibt, was nicht zusammenpasst.

Lassen Sie den Irrsinn hinter sich. Brechen Sie auf zu neuen Ufern. Und berichten Sie Ihren alten Arbeitskollegen, wenn Sie in einer Firma jenseits des Irrsinns angekommen sind. Sicher werden andere Ihren Spuren folgen. Und auf dem Grabstein Ihrer alten Firma kann dann eines Tages stehen:

## Hier ruht das Irrenhaus

Leben konntest du,
solange wir bereit waren,
dich zu dulden.

Sterben musstest du,
als wir so mutig waren,
dich zu verlassen.

Ein Irrenhaus ohne Insassen
ist nur ein leeres Gebäude,
keine Firma mehr.

Lebe wohl!

### Deine Insassen

# Weiterführende Literatur

Bennis, Warren, *Menschen führen ist wie Flöhe hüten*. Campus, 1998
Bolles, Richard Nelson, *Durchstarten zum Traumjob*. Campus, 2002
Boyett, Joseph H. u. a., *Management Guide*. Econ, 1999
Dahrendorf, Ralf, *Der moderne soziale Konflikt*. dtv, 1994
Dehner, Ulrich, *Die alltäglichen Spielchen im Büro*. Piper, 2003
Drucker, Peter F., *Umbruch im Management*. Econ, 1996
Drucker, Peter F., *Die fünf entscheidenden Fragen des Managements*. Wiley, 2009
Faltin, Günter, *Kopf schlägt Kapital*. Hanser, 2010
Gladwell, Malcolm, *BLINK!*. Campus, 2005
Goleman, Daniel u. a., *Emotionale Führung*. Econ, 2002
Handy, Charles, *Die Fortschrittsfalle*. Gabler, 1994
Hesse, Jürgen u. a., *Die Neurosen der Chefs*. Piper, 1999
Hoover, John, *Chefs und andere Idioten*. Redline, 2007
Hugo-Becker, Annegret u. a., *Psychologisches Konfliktmanagement*. dtv, 1996
Johnson, Spencer, *Die Mäusestrategie für Manager*. Ariston, 2008
Kellner, Hedwig, *Die Teamlüge*. Eichborn, 1997
Kitz, Volker u. a., *Das Frustjobkillerbuch*. Campus, 2008
Knoblauch, Jörg, *Die Personalfalle*. Campus, 2010
Lay, Rupert, *Führen durch das Wort*. Ullstein, 1996
Leymann, Heinz, *Mobbing*. Rowohlt, 2002
Peter, Laurence J. u. a., *Das Peter-Prinzip*. Rowohlt, 2001
Malik, Fredmund, *Führen, leisten, leben*. Heyne, 2001
Neuberger, Oswald, *Führen und führen lassen*. UTB, 2002
Noelle-Neumann, Elisabeth u. a.: *Macht Arbeit krank? Macht Arbeit glücklich?*. Piper, 1985

Pascale, Richard Tanner, *Managen auf Messers Schneide*. Haufe, 1991
Prantl, Heribert, *Kein schöner Land*. Droemer, 2005
Reinker, Susanne, *Rache am Chef*. Econ, 2007
Schuler, Heinz, *Assessment Center zur Potenzialanalyse*. Hogrefe, 2007
Schur, Wolfgang u.a., *Wahnsinnskarriere*. Heyne, 2001
Senge, Peter M., *Die fünfte Disziplin*. Klett-Cotta, 2001
Sprenger, Reinhard K., *Mythos Motivation*. Campus, 1999
Sprenger, Reinhard K., *Vertrauen führt*. Campus, 2007
Sutton, Robert, *Stellen Sie Leute ein, die Sie eigentlich nicht brauchen*. Piper, 2002
Sutton, Robert, *Der Arschloch-Faktor*. Heyne, 2008
Thomann, Christoph u. a., *Klärungshilfe*. Rowohlt, 1988
Wallraff, Günter, *Aus der schönen neuen Welt*. Kiepenheuer & Witsch, 2009
Watzlawick, Paul, *Wie wirklich ist die Wirklichkeit*. Piper, 2010
Wehrle, Martin, *Geheime Tricks für mehr Gehalt*. Econ, 2003
Wehrle, Martin, *Die Geheimnisse der Chefs*. Hoffmann und Campe, 2004
Wehrle, Martin, *Der Feind in meinem Büro*. Econ, 2005
Wehrle, Martin, *Karriereberatung*. Beltz, 2007
Wehrle, Martin, *Lexikon der Karriere-Irrtümer*. Econ, 2009
Wehrle, Martin, *Das Chefhasser-Buch*. Knaur, 2009
Wehrle, Martin, *Am liebsten hasse ich Kollegen*. Knaur, 2010
Wehrle, Martin, *Die 100 besten Coaching-Übungen*. Verlag managerSeminare, 2010
Weinberger, Katharina, *Die Kopfzahl-Paranoia*. dtv, 2009
Welch, Jack u. a., *Winning*. Campus, 2005

# Quellenverzeichnis

1 Wehrle, Martin, *Der Feind in meinem Büro*. Econ, 2005
2 ftd.de, Arbeit kränkt die Psyche, 24. 03. 2010
3 Kellner, Hedwig, *Die Teamlüge*. Eichborn, 1997
4 Faltin, Günter, *Kopf schlägt Kapital*. Hanser, 2010
5 mdr.de, Erich Honecker – der Jäger, 04. 01. 2010
6 Goleman, Daniel; Boyatzis, Richard; McKee, Annie, *Emotionale Führung*. Econ, 2002
7 Der Spiegel, 15/2010
8 Institut für Mittelstandsforschung, Bonn. Auf dem Weg in die Chefetage. Betriebliche Entscheidungsprozesse bei der Besetzung von Führungspositionen, 2007
9 Knoblauch, Jörg, *Die Personalfalle*. Campus, 2010
10 ddiworld.de, Durchgefallen: Personalauswahl auf dem Prüfstand, 04. 03. 2009
11 focus.de, Personalauswahl nach Gutsherrenart, 14. 02. 2007
12 Sutton, Robert, *Stellen Sie Leute ein, die Sie eigentlich nicht brauchen*. Piper, 2002
13 Schuler, Heinz, *Assessment Center zur Potenzialanalyse*. Hogrefe-Verlag, 2007
14 manager-magazin.de, Viele verdienen den Namen nicht, 27. 8. 2008
15 Spiegel-Online, Telekom ließ Kundenbeschwerden absichtlich liegen, 06. 02. 2008
16 focus.de, Katastrophaler Service der Internetprovider, 24. 05. 2007
17 Malik, Fredmund, *Führen, leisten, leben*. Heyne, 2005
18 Simplify organisiert, Fast jedes 3. Meeting ist zu lang oder unproduktiv, 3/2006

19  sueddeutsche.de, Verlassen von allen guten Meistern, 15. 02. 2010
20  focus.de, Kassierten Mitwisser Schweigegeld, 02. 04. 2008
21  Nestler, Claudia; Salvenmoser, Steffen (PricewaterhouseCoopers); Bussmann, Kai-D. (Universität Halle-Wittenberg), *Compliance und Unternehmenskultur*, 2010
22  Boyett, Joseph H. und Jimmie T., *Management Guide*. Econ, 1999
23  ebenda
24  business-on.de, Viele ›Hidden Champions‹ in Süddeutschland, 21. 04. 2009
25  s. Wehrle, 2005
26  www.bildungsspiegel.de, Studie: Betriebliche Weiterbildung macht Unternehmen innovativ, 17. 03. 2010
27  Spiegel-Online, Wie Arbeitgeber Gehälter schleifen, 23. 12. 2009
28  sueddeutsche.de, Ein bisschen Frieden, 26. 05. 2010
29  Spiegel-Online, Ministerien verdoppeln Zahl der Aushilfskräfte, 16. 02. 2010
30  www3.ndr.de, Rüttgers: Machtlos gegen Maulwürfe?, 05. 05. 2010
31  wiwo.de, Quartalszahlen-Unsinn mit Methode, 24. 04. 2010
32  Wehrle, Martin, *Lexikon der Karriere-Irrtümer*. Econ, 2009
33  ebenda
34  focus.de, Chronik einer Auto-Ehe, 14. 03. 2007
35  sueddeutsche.de, Hochzeiten ohne Liebe, 04. 04. 2007
36  ebenda
37  Pascale, Richard Tanner, *Managen auf Messers Schneide*. Haufe Verlag, 1991
38  innovations-report.de, Studie zu Restrukturierung in Deutschland, 22. 01. 2007
39  tagesspiegel.de, Pleitewelle im Mittelstand kostet 700 000 Jobs, 08. 10. 2009
40  Spiegel-Online, Dax-Konzerne schütten dicke Dividenden aus, 30. 04. 2009
41  wiwo.de, Schlüsselpersonen halten, 22. 09. 2009

42 ftd.de, Resignation greift im Arbeitsleben um sich, 01. 04. 2010
43 Informationsdienst Wissenschaft, 18. 07. 2007
44 uni-protokolle.de, Warum sollten Frauen nicht erste Wahl sein, 28. 12. 2006
45 stern.de, Deutschlands Top-Erben, 15. 08. 2003
46 The Times, 22. 04. 2005
47 workingoffice.de, Loyal, kommunikativ, mehrsprachig und fit am PC, 08. 12. 2008
48 Johnson, Spencer, *Die Mäusestrategie für Manager*. Ariston, 2008
49 manager-magazin.de, Die Deutschen und der Tunnelblick, 23. 02. 2007
50 Psychologie heute, 7/2008
51 Drucker, Peter F., *Umbruch im Management.* Econ, 1996
52 Welch, Jack und Suzy, *Winning.* Campus, 2005
53 Wehrle, Martin, *Das Chefhasser-Buch*. Knaur, 2009
54 s. Malik, 2005
55 welt.de, Wie kranke Mitarbeiter die Firmen schädigen, 19. 11. 2007
56 welt.de, Arbeitnehmer melden sich wieder häufiger krank, 26. 04. 2010
57 s. welt.de, 19. 11. 2007
58 Watzlawick, Paul, *Wie wirklich ist die Wirklichkeit*. Piper, 2010
59 Spiegel-Online, Die Monster AG, 18. 06. 2004
60 Kitz, Volker; Tusch, Manuel, *Das Frustjobkillerbuch*. Campus, 2008
61 Gladwell, Malcolm, *BLINK!.* Campus, 2005
62 s. Wehrle, 2005
63 BGB, § 670
64 Prantl, Heribert, *Kein schöner Land*. Droemer, 2005
65 Wehrle, Martin, *Geheime Tricks für mehr Gehalt*. Econ, 2009
66 www.bundestag.de, Die Bedeutung von KMU für die nationale und internationale Wirtschaftstätigkeit

# Die geheimen Spielregeln im Job

Martin Wehrle

Martin Wehrle · **Lexikon der Karriere-Irrtümer**
Worauf es im Job wirklich ankommt
272 Seiten · Klappenbroschur
€ [D] 16,90  ·  € [A] 17,40
ISBN 978-3-430-20059-2

Wenn es um Karriereplanung geht, halten sich viele für Experten: »Ab Mitte vierzig wird's eng auf dem Arbeitsmarkt«, »Praktika sind eine einzige Karrierefalle« oder »Teamfähigkeit im Betrieb ist das A & O« sind nur ein paar der gebräuchlichsten Faustregeln. Doch Vorsicht: Dieses gefährliche Halbwissen hemmt Ihren beruflichen Erfolg. Martin Wehrle weist Ihnen den Weg aus dem Labyrinth der Karriere-Irrtümer und verrät, wie Sie die eigene Laufbahn klug und ohne Fehlschläge gestalten.

»Sein Erfahrungsreservoir ist eine Fundgrube.«
*Frankfurter Allgemeine Zeitung*

Susanne Reinker
# Rache am Chef
Die unterschätzte Macht der Mitarbeiter

ISBN 978-3-548-37202-0
www.ullstein-buchverlage.de

Immer mehr Mitarbeiter wehren sich gegen unfaire und unfähige Vorgesetzte. Phantasievoll sorgen sie für ausgleichende Gerechtigkeit – durch Rache am Chef. Innere Kündigung und stiller Boykott sind noch die harmloseren Varianten. Katastrophenchefs müssen auch mit gezielter Indiskretion und Sabotage rechnen. Mit unglaublichen Beispielen und viel Sinn für Realsatire berichtet Susanne Reinker vom Guerillakrieg im Büro. Sie erklärt, wie Chefs die Leistungslust abwürgen, beleuchtet die wirtschaftlichen Folgen von Boykott und Unterschlagung und zeigt, wie sich Mitarbeiter gegen die täglichen Zumutungen von oben zur Wehr setzen.

»Susanne Reinkers Buch sollte für Mitarbeiter und Chefs Pflichtlektüre werden.« *dpa*

# Machen Sie Karriere ...
## ... als Karriereberater.

Die erste Ausbildung in Deutschland.
8 Module von uns – 1000 Chancen für Sie.

**PERSPEKTIVE:**
»Die Nachfrage nach professionellen Karriereberatern nimmt stetig zu«, schreibt das »Manager Magazin«. Bauen Sie sich ein lukratives Geschäft auf.

**TRAINER:**
Martin Wehrle, Autor von »Karriereberatung« (Beltz 2007).
»Sein Erfahrungsreservoir ist eine Fundgrube ...« (FAZ)

**IHRE VORTEILE:**
- alle relevanten Themen (Bewerbung bis Konflikt)
- große Praxisnähe (u. a. reale Klientenberatung)
- berufsbegleitend, Sie schließen mit Zertifikat ab
- Buchung ohne Risiko; Sie können das erste Modul probeweise besuchen

Ideal für Fach- und Führungskräfte, Trainer und Coaches, Psychologen und Personaler. Alle Infos zur Ausbildung unter:
>www.karriereberater-akademie.de
>(mit Gratis-Newsletter und Leseproben)

**Wir beraten Sie gerne, auch in allen Karriere-, Gehalts- und Bewerbungsfragen.**
>www.gehaltscoach.de
>Karriereberater-Akademie
>Martin Wehrle, Moorende 49, 21635 Jork
>Tel. 04162/912358